高职高专“十三五”规划教材

太阳能光伏发电系统原理与实践

主　编　孙宏伟

副主编　宋　睿　赵　凤

甘周旺　张迪茜

北京航空航天大学出版社

内容简介

本书从实用出发，介绍了太阳能、太阳能电池、太阳能电池组件、太阳能光伏发电系统、控制器、逆变器、太阳能光伏离网系统储能装置、太阳能光伏系统设计。教材编写突出对学习者创新能力的培养，并以理论结合实践，便于理实一体化教学。

本书适合作为高等职业院校光伏发电、电气自动化技术、应用电子技术等专业的教材，也可供有关技术人员阅读参考。

图书在版编目(CIP)数据

太阳能光伏发电系统原理与实践 / 孙宏伟主编. --
北京 ：北京航空航天大学出版社，2019.1
ISBN 978-7-5124-2896-6

Ⅰ. ①太… Ⅱ. ①孙… Ⅲ. ①太阳能发电—研究
Ⅳ. ①TM615

中国版本图书馆 CIP 数据核字(2018)第 266943 号

太阳能光伏发电系统原理与实践

主　编　孙宏伟
副主编　宋　睿　赵　凤　甘周旺　张迪茜
责任编辑　王慕冰

*

北京航空航天大学出版社出版发行
北京市海淀区学院路 37 号(邮编 100191)　http://www.buaapress.com.cn
发行部电话：(010)82317024　传真：(010)82328026
读者信箱：goodtextbook@126.com　　邮购电话：(010)82316936
北京时代华都印刷有限公司印装　各地书店经销

*

开本：787×1 092　1/16　印张：13.25　字数：339 千字
2019 年 2 月第 1 版　2019 年 2 月第 1 次印刷　印数：2 000 册
ISBN 978-7-5124-2896-6　定价：39.00 元

前　言

光伏产业是具有巨大发展潜力的朝阳产业,也是我国具有国际竞争优势的战略性新兴产业,在追求低碳社会的今天,社会越来越重视太阳能的开发和利用。我国的太阳能资源丰富,为太阳能的利用创造了有利条件。为了满足高等职业教育对应用型人才的培养目标要求,以及加深相关专业学生、技术人员对光伏知识的认识,编写了此教材。

本书共有8个项目。项目1认识太阳能,项目2认识太阳能电池,项目3认识太阳能电池组件,项目4认识太阳能光伏发电系统,项目5认识控制器,项目6认识逆变器,项目7认识太阳能光伏离网系统储能装置,项目8认识太阳能光伏系统的设计。在每个项目后除配有练习与思考题外,还有实践训练项目,便于理实一体化教学,突出对学习者创新能力的培养。

本书体现了高职教育的特色,针对高等技术应用型人才的培养目标和高职高专的教学特点编写。书中正确地处理了理论知识和技术应用的关系,理论知识的讲授以技术应用为目的,以必需、够用为度,强调应用性;理论联系实际,使教材具有实用性。

本书主编为孙宏伟,副主编为宋睿、赵凤、甘周旺、张迪茜,参加部分编写工作的还有何义奎、文福林、刘晓杰、阳妮、王艳、王婷婷。

由于作者水平与经验有限,书中难免存在不足和疏漏,敬请读者批评指正。

编　者

2018年10月

目　　录

绪　　论

能源、材料与信息是人类社会发展最重要的基础条件。迄今为止，人类利用化石能源创造了空前的经济繁荣与社会进步。然而，化石能源是不可再生的，在地球上的储量也是有限的，大量化石能源的消耗在创造物质文明的同时也造成了严重的环境污染，大量温室气体的产生导致地球生态日益恶化，严重影响与制约人类社会的可持续发展。特别是 1973 年与 1978 年的两次世界石油危机，迫使世界各国将人类可持续发展问题提到重要的议事日程。美国、日本及德国等发达国家开始将可再生能源与新能源的研究开发作为重要的国家发展战略，率先进行太阳能、风能、水能、生物质能、地热能等可再生能源资源的开发，同时也加大核能、氢能、燃料电池等清洁能源技术的研发力度。近些年，美国、日本又在新的能源资源如页岩气、可燃冰等方面投入巨资，开展重点研究与开发。但总体来看，不管是煤炭、石油及天然气等传统化石能源，还是核能资源铀的储量都将分别在 100～220 年之内消耗殆尽。美国大量利用的页岩气与日本率先开发的可燃冰的储量也是有限的，而且大量开发利用这些资源的负面作用是很大的。就目前的研究来看，最终解决人类能源需求最可靠、最安全的资源就是可再生能源。

随着全球经济的快速发展，世界各国对能源的需求将不断增长，能源短缺与环境污染的形势将日益加剧。化石能源的利用在给人类造福的同时也导致不可逆转的负面作用，人们开始清醒地认识到，要保持社会经济健康、和谐及可持续发展，必须重新调整人类与自然的相互关系。为此，人们需要不断发展与开发新的能源资源和技术。从科学发展的先进观念来看，人类对能源的要求应该具备以下 5 个基本特性：

- 安全性——运行过程中不存在潜在的危险性，不会对人类与环境造成任何重大伤害。
- 环保性——使用过程中不会排放有害气体或温室气体、废水及烟尘等有害物质，不会对环境造成污染。
- 经济性——能源涉及衣食住行，是人类生活与生产最基本的必需品，应该价格低廉，能够得到普及应用。
- 持续性——所利用的能源资源是丰富的，可长期甚至永久持续利用，不存在能源资源枯竭问题。
- 普遍性——能源资源分布广泛，可以就地采用，所有国家都有同等使用的权利，不受任何组织机构的垄断与控制。

到目前为止，人类利用的地球上的绝大部分能源资源主要是化石能源和核能。关于能源的若干重要概念主要涉及的是资源、技术及环保等方面的内容。按照资源属性及特点，通常可以归类为 3 大类能源资源体系：

① 化石能源：如煤炭、石油、天然气等，最重要的特点是不可再生。首先是在资源开采时就不可避免地对地面结构造成很大的负面影响，利用时更会产生大量的温室气体及有害物质，对地球环境进一步造成破坏。

② 可再生能源：如太阳能、风能、生物质能、水能、海洋能、地热能等。其最重要的特点是可以再生，资源分布广泛，可就地利用，利用时不会产生温室气体及有害物质。

③ 新能源：新能源的概念是比较抽象而且是随时间不断变化的。实际上，所谓“新”、“旧”的概念是相对的，如果已经是成熟的技术并且得到大量使用的，就不属于“新”的范畴。

人类最早利用的能源是木材，采用燃烧产生热能的方式直接利用。后来人类才发现煤炭具有更高的热值，近代又发现石油、天然气等。至今为止，所有化石能源与可再生能源的利用都需要进行能量转换。关于太阳能与化石能源和可再生能源的关系及转换情况如图 0-1 所示。按照太阳能转换关系与能源利用方式，可以划分为一次能源与二次能源，通常可以将煤石油、天然气、太阳能、风能及生物质能等理解为一次能源；而二次能源主要是指热能、电能、化学能等。

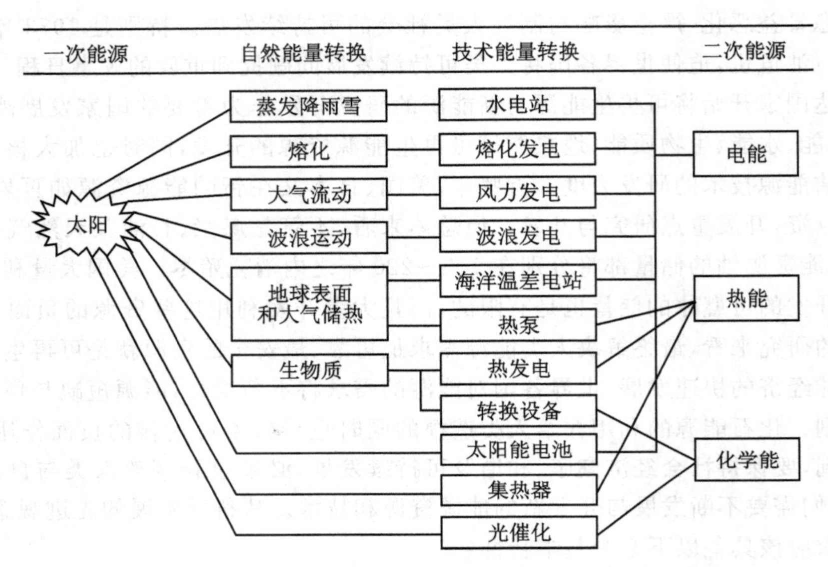

图 0-1　太阳能的自然转换与技术转换情况

人们利用能源资源主要是用于生活与生产。尽管热能是较早广泛利用的能源形式，但在现代社会，电力是快捷、方便、安全及清洁的能源形式。大多化石能源、可再生能源都将转化为电力以供人们使用。由于资源本身的特殊性以及各种能源转换过程的不同，当然更重要的是对环境产生不同的影响程度，其中化石能源发电、核电及太阳能热电转换过程相似，即要转换为电力，都要经过热能转换过程、机械过程、电磁过程等；风电与水电相似，水能与风能转换为电能的过程中也要经过机械能、电磁能过程的转换；而只有太阳能光伏发电，才是光能到电能的直接转换，没有中间过程，从转换过程来看是最简单、最环保的，如图 0-2 所示。

人类利用太阳能已经经历了漫长的发展历史，最原始又最有直接效果的是太阳能干燥、取暖及太阳灶等简单的热利用过程。农业生产更是离不开太阳能，这是农作物生长的最基本条件，所发生的光合作用就是生物利用太阳能的光-化学能转换反应，是地球上最大规模的生物合成过程，也是最广泛的太阳能利用形式。

太阳能技术主要是指人类主动利用太阳能资源并将它作为一种有效的能源形式用于生活、生产的技术方式。在 20 世纪 50 年代，太阳能技术实现了两个重大突破：一是以色列科学家 Tabor 提出光热技术的基础原理——光谱选择性吸收理论；二是美国贝尔实验室 3 位科学家研制成功具有实用价值的单晶硅太阳能电池。太阳能通过吸收材料及光热装置可以转换成热能，通过太阳能电池可将太阳能直接转换成电能。太阳能技术的发展动力来源于人类对自

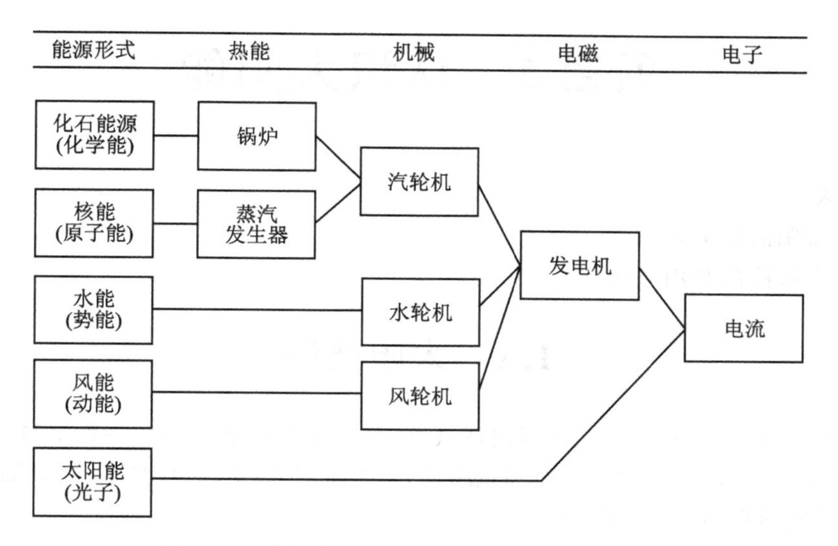

图 0－2　获得电力的几种代表性的能量转换过程

然的深入认识、自然和人类社会和谐发展的需求以及人类社会可持续发展对能源和环境最直接的要求。

太阳能技术是一门综合性的高技术行业，所涉及的基础理论与技术科学主要有物理特别是半导体物理、光学、电子学、电工学及传热学等，此外与化学、材料科学等也密切相关，涉及多个交叉学科。太阳能技术分类从能量转换方式可分为光热转换、光电转换及光化学能转换。太阳能技术按所涉及的产品范围可分为材料、器件和系统，其中材料是基础，器件是关键，而系统是具体应用形式。太阳能技术按所涉及的产品还可以进一步细分，其中涉及太阳能热利用的主要有太阳灶、热水器、干燥、空调、海水淡化、高温熔炼炉及热发电站等；涉及太阳能光伏发电的产品则更多，如太阳能电池、光伏组件、逆变器等。从应用范围来看，光伏技术应用范围更加广泛，只要有电力需求都可以涉及，如航天航空、交通、通信、照明、农业、建筑、军事等。太阳能技术按学科来划分，可以包括太阳能材料、太阳能器件、太阳能系统、太阳能装备及测试技术等领域。

项目 1　认识太阳能

项目要求

- 了解太阳的相关知识；
- 掌握太阳能的利用方式。

1.1　太阳概述

太阳是太阳系的中心天体，是距离地球最近、与地球关系最密切的一颗恒星，它是一个巨大的、呈炽热状态的气体球，主要由氢和氦组成，其中氢占 80%，氦占 19%，在太阳内部不断地进行着剧烈的热核反应（氢氦聚变）。

1.1.1　太阳的基本参数

太阳是太阳系中会发光的恒星，是太阳系的中心天体，它的质量占到了太阳系总质量的 99.86%。太阳的半径为 6.96×10^{5} km，是地球半径的 109 倍；体积为 1.412×10^{28} km^3，是地球体积的 130 万倍；质量约为 1.989×10^{30} kg，是地球质量的 33 万倍；平均密度为 1.409 g/cm^3，是地球密度的 1/4；太阳总辐射功率为 3.83×10^{26} J/s，表面有效温度为 5 770 K，核心温度可高达 1.56×10^{7} ℃，日冕层温度为 5×10^{6} ℃；日地平均距离为 1.5×10^{11} m，远日点与近日点的距离相差 5×10^{6} km；太阳活动周期为 11.04 年；目前太阳的寿命约为 50 亿年。

1.1.2　太阳的结构

太阳的质量很大，在太阳自身的重力作用下，太阳物质向核心聚焦，核心中心的密度和温度很高，使得能够发生原子核反应。这些核反应是太阳的能源，所产生的能量连续不断地向空间辐射，并且控制着太阳的活动。天文学家通常把太阳分为“里三层”和“外三层”。太阳内部的“里三层”由中心向外依次为核心区、辐射层、对流层，如图 1－1 所示。在太阳外部存在着“大气层”——太阳大气，太阳大气由内向外，大致可分为光球层、色球层、日冕层等层次，即“外三层”。一般定义太阳的半径就是从它的中心到光球边缘的距离。

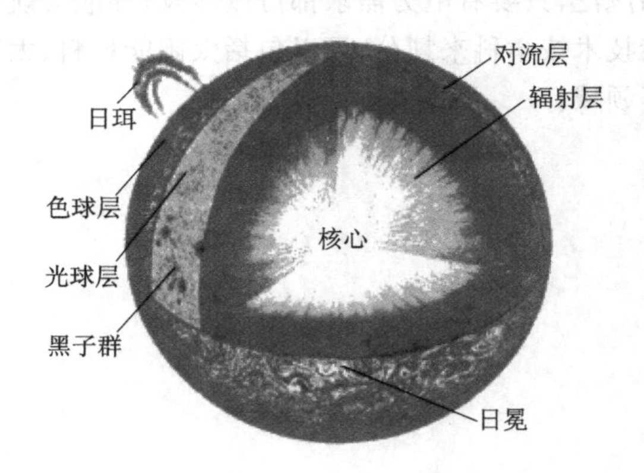

图 1－1　太阳的内部结构

太阳自身也在不断地运动和变化，如太阳表面有黑子（温度较低的区域）和耀斑（温度较高的区域）活动。太阳黑子的活动周期大约是 11 年，活跃时会对地球的磁场产生影响，严重时会对各类电子产品和电器造成损害。除了太阳活动相对强度的变化外，太阳、地球相对位置也在时刻变化着。

1.1.3 日地运动规律

地球绕地轴自西向东旋转，从北极点上空看呈逆时针方向，自转一周耗时约 24 小时，即一昼夜。地球自转的同时也在绕着太阳公转，周期为 1 年，运动轨迹近似椭圆形，被称为黄道。地球的自转和公转如图 1-2 所示。

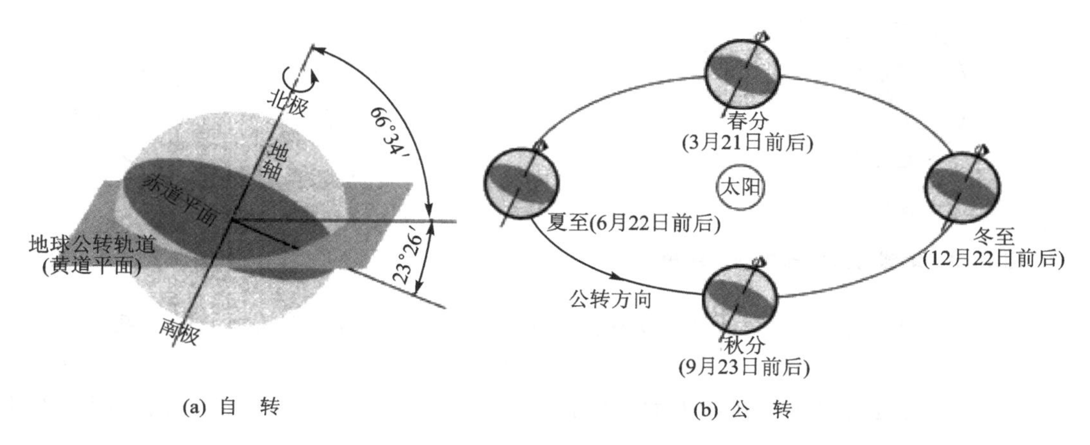

图 1-2 地球的自转和公转

地球离太阳的平均距离为 1.5×10^{8} km，冬至点最近，夏至点最远，相差约为平均距离的 6%。地球的赤道和公转轨道（黄道平面）并不是重合的，而是成 23°26′的夹角，被称为黄赤夹角。由于地球公转时地轴的方向始终指向地球的北极，这就使得太阳光线垂直入射地表的位置在赤道两侧变化。北纬 23°26′纬度圈为北回归线，南纬 23°26′纬度圈为南回归线，回归线的意思就是太阳直射到这条线就立即回转过去的意思。太阳直射点就这样在南北回归线之间来回运动，形成了地球上的一年四季。

1.1.4 太阳的视运动

由于地球的自转，使位于地球上的人觉得太阳每天都是从东方升起，又在西方落下。太阳视运动只是人的一种观测表示，也就是说以观测者为参考系，观测太阳的运动。所观测到的太阳位置与观测者所处的位置、日期以及一天中的时刻都有关。在北半球（除北极外），一年中只有在春分和秋分，太阳才从正东升起，正西落下。在正午时分，太阳高度角等于 90°减去纬度。为了便于确定太阳的位置，需要先了解一些角度的定义。

赤纬角 δ 是确定太阳位置的关键角度参量之一。通常将太阳直射点的纬度，即太阳中心和地心的连线与赤道平面的夹角称为赤纬角，如图 1-3 所示。赤纬角随着地球绕太阳公转的改变而改变，只有在春分或者秋分这一天，赤纬角才等于 0°。δ 的值可以由下式计算得到

$$\delta = 23.45^{\circ}\sin\left(360^{\circ}\times\frac{284+n}{365}\right) \tag{1-1}$$

式中：n 为一年中从元旦算起的日期序号，如在春分，$n=81$，则 $\delta=0°$。

高度角 α 是表征太阳位置的另一个重要参量。高度角就是太阳光线与其在地平面上投影线之间的夹角，如图 1-4 所示。在日出或者日落的时刻，太阳高度角都是 0°；若是在赤道上，

那么在春分或者秋分那天正午时分，太阳就在人的正上方，太阳高度角等于90°。太阳高度角在一天中都在不断变化，且跟所处的纬度和赤纬角密切相关。在北半球，太阳高度角 $\alpha=90°-\varphi+\delta$；在南半球，$\alpha=90°+\varphi-\delta$。其中 φ 是当地的纬度。

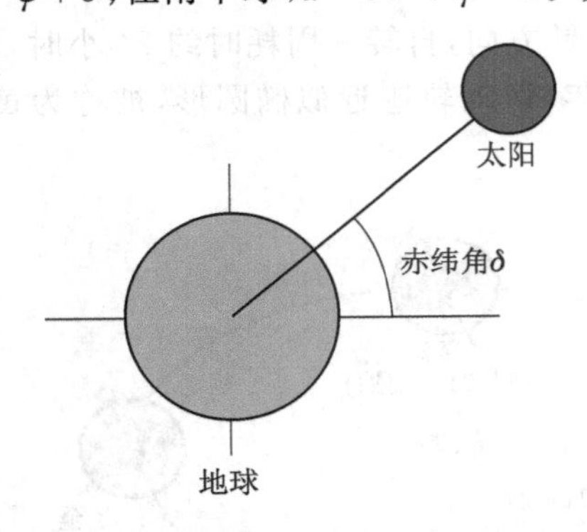

图 1-3　地球与太阳形成的赤纬角

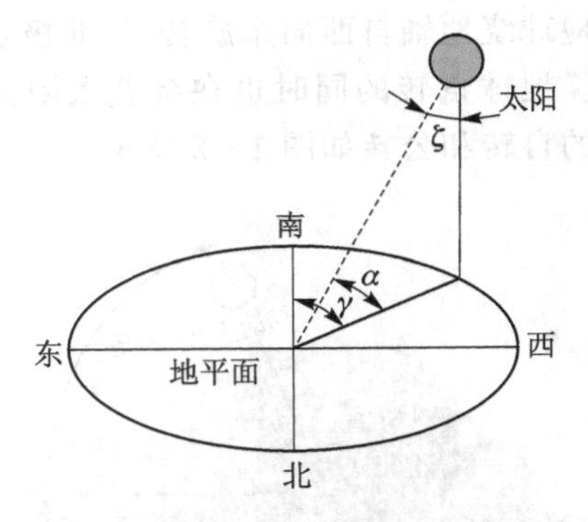

图 1-4　地平坐标系

天顶角 ζ 就是太阳光线与地平面法线之间的夹角，天顶角与高度角之间的关系为

$$\alpha+\zeta=90° \tag{1-2}$$

方位角 γ 就是太阳光线在地平面上的投影与地平面上正南（北半球）方向之间的夹角。在正午时分，方位角等于0°。

1.2　太阳辐射

地球只能接收到太阳总辐射能量的22亿分之一，即有 1.73×10^{14} kW的辐射能到达地球大气层上边缘（“地球上界”），经过地球大气层时的衰减，最终约有 8.5×10^{13} kW的辐射能到达地球表面，这个数量相当于全世界发电总量的几十万倍。根据太阳自身氢的总储量以及太阳内部产生氢聚变的速率进行估算，太阳的氢聚变过程足够维持600亿年，地球内部氢聚变过程的寿命约为50亿年。因此，从这个意义上讲，可以说太阳能是取之不尽、用之不竭的。

到达地球表面的太阳辐射能大体分为3部分。一部分转变为热能（约 4.0×10^{13} kW），使地球的平均温度大约保持在14 ℃，造成适合各种生物生存和发展的自然环境，同时使地球表面的水不断蒸发，造成全球每年约 50×10^{16} km^3 的降水量，其中大部分降水落在海洋中，少部分落在陆地上，这就是云、雨、雪、江、河、湖形成的原因。太阳辐射能中还有一部分（约 3.7×10^{13} kW）用来推动海水及大气的对流运动，这便是海流能、波浪能、风能的由来。太阳辐射能还有少部分（约 0.4×10^{13} kW）的太阳能被植物叶子的叶绿素所捕获，成为光合作用的能量来源。

太阳在单位时间内以辐射形式发射出的能量称为太阳的辐射功率，也叫辐射通量，它的单位是瓦。投射到单位面积上的辐射通量叫辐照度，单位是瓦/平方米（W/m^2）。该物理量表征的是太阳辐射的瞬时强度，而在一段时间内（如每小时、日、月、年等）太阳投射到单位面积上的辐射能量称为辐照量，单位是千瓦・时/[平方米・日（月、年）]（kW・h/[m^2・d(mon、a)]）。该物理量表征的是辐射总量，通常测量累积值。

1.2.1　地球大气层外的太阳辐射

太阳常数是指在日地平均距离处，地球大气层外（大气上界）垂直于太阳光线的平面上，单位时间、单位面积内所接收的所有波长的太阳总辐射能量值，表示为 I_{sc}。它基本上是一个恒定值，故称太阳常数，或大气质量0（AM0）的辐射。1981年世界气象组织仪器与观测方法委员会第八届会议上，将太阳常数确定为 $I_{sc}=(1\ 367\pm7)\ W/m^2$。太阳常数在一定程度上代表垂直到达大气上界的太阳辐射强度。对于不是垂直照射的情况，到达水平面上的太阳辐射强度与太阳常数之间存在着下面的关系：

$$I=I_{sc}\sin\alpha \tag{1-3}$$

式中：α 为太阳高度角；I_{sc} 为太阳常数；I 为投射到大气上界水平面上的太阳辐射强度。

式（1-3）表明：大气上界水平面上的太阳辐射强度，随太阳高度角的增大而增强。当太阳高度角为90°时，太阳辐射强度 I 就等于太阳常数 I_{sc}。因此，太阳常数就是到达水平面上的太阳辐射强度的最大值。

由于太阳居于地球运行轨道稍偏心的位置，所以日地距离有近日点和远日点之分，一年中，1月1日地球运动到离太阳最近的位置，称为近日点，这时的日地距离为 148.1×10^6 km；7月1日地球运行到离太阳最远的位置，称为远日点，这时的日地距离为 152.1×10^6 km。日地平均距离为 150×10^6 km。到达大气上界的太阳辐射与日地距离的平方成反比，因此，在近日点和在远日点的太阳辐射强度就与太阳常数有一定的差异。在近日点垂直于大气上界的太阳辐射强度比太阳常数大3.4%；而在远日点却比太阳常数小3.5%。

在设计和利用太阳能光伏发电时，一般都将太阳常数认为是一个恒定值，因此人们就采用“太阳常数”来描述地球大气层上方（大气上界）的太阳辐射强度。

1.2.2　到达地球表面的太阳辐射

太阳光谱是太阳辐射经色散分光后按波长大小排列的图案。太阳光谱包括无线电波、红外线、可见光、紫外线、X射线、γ射线等几个波谱范围。其光谱能量分布如图1-5所示。图中阴影部分，表示太阳辐射被大气所吸收的部分。

表征太阳辐射通过大气层时，衰减程度的参量称为大气透明度。太阳光线是穿过地球大气之后才到达地面的，因此大气透明度好，到达地面的太阳辐射能就多；相反，大气透明度差，则到达地面的太阳辐射能就少。例如，在晴朗无云的天气时，大气透明度高，我们就会感到太阳很热；而在天空云雾或风沙灰尘很多时，大气透明度很低，就会感到太阳不太热，甚至有时连太阳都看不见。大气透明度随地区、季节和时刻而变化。通常，城市的大气污染要高于农村，所以城市的大气透明度比农村差。一年中，以夏季的大气透明度为最低，因为夏季大气中的湿度远高于其他季节。

当太阳辐射透过地球大气层时，受到大气层的衰减，一是受到大气层中空气分子、水汽和尘埃的散射，二是受到氧、臭氧、水汽和二氧化碳等的吸收。因此，从天空到达地球表面上的太阳辐射和投射到地球大气层上方（大气上界）处的太阳辐射相比，产生了以下3大变化：

- 总辐射强度减弱；
- 投射辐射中产生了一定数量的散射辐射；
- 太阳辐射光谱能量分布曲线上产生了众多的缺口，表明某些波段受到更为强烈的衰减。

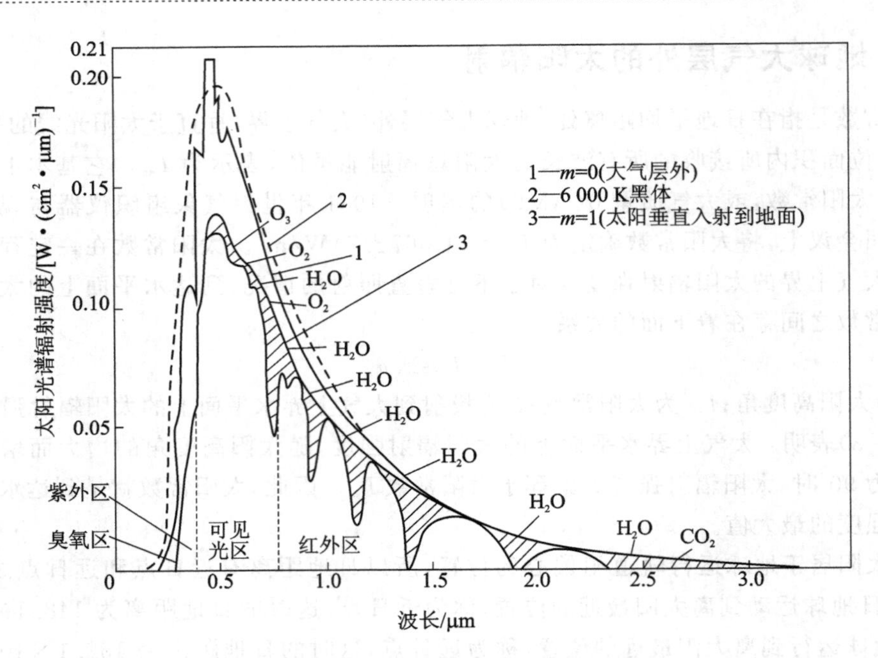

图 1－5　太阳辐射的光谱分布

综上所述，到达地球表面的太阳总辐射能量包括两大部分：一部分是以平行光的方式直接到达地面的太阳辐射，称为直接辐射；另一部分是太阳光线经大气散射，投射到地面的称为散射辐射；直接辐射与散射辐射的之和称为太阳总辐射能量。

地球表面上接收到太阳辐射能的影响因素：

- 天文因素——日地距离、太阳赤纬角和太阳时角。
- 地理因素——地理位置和海拔高度。
- 物理因素——大气透明度以及接收太阳辐射面的表面物理化学性质，包括表面涂层性质。
- 几何因素——接收太阳辐射面的倾斜度和接收太阳辐射面的方位角。

1.2.3　地球表面倾斜面上的太阳辐射

为了能够最大限度地接收太阳辐射能，太阳能利用设备的采光面应面向太阳设置，且与地平面倾斜某个角度。任意倾斜平面与水平面之间的夹角，称为该平面的倾斜角，简称倾角，用 β 表示。在北半球，平面朝南倾斜，倾斜角为正；在南半球，平面朝北倾斜，倾斜角为负。当斜面上接收到的太阳总辐射量达到最大时，称为最佳倾角，用 β_{op} 表示。

根据几何学原理，欲使阳光垂直照射在太阳电池板上，则电池板的倾角应按下式计算：

$$\beta=90^\circ-\alpha \tag{1-4}$$

由于地球以一定的倾斜角绕轨道运行，故太阳正午时在地平线以上的高度角，每年都有一个周期性的改变。如果使电池板的倾角每天跟踪太阳仰角的变化，不仅在技术上有一定难度，而且成本也很高，因此通常的光伏系统，基本上都是固定式倾角的。固定式光伏方阵结构简单，安装方便，可靠性高，但不能适应太阳光入射角度的变化，所以会造成一定的太阳辐射吸收的损失。

1.2.4 太阳辐射能的测量

在太阳能光伏系统设计时，需要掌握系统安装地点太阳辐照情况的详细记录，包括直接辐射和散射辐射数据、环境温度、环境湿度、风速和风向等。最常使用的数据是水平面太阳辐射日总量的平均值，使用的测量仪表有天空辐射计、散射辐射计、棒移式总辐射计、直接辐射计和日照时数计等。

1. 天空辐射计

天空辐射计又称太阳表，记录在全天空2°视场内投射到水平面上的全波长辐射，必须远离高的物体，如埃普雷总辐射仪等，里面采用一圆形的盘，交叉地涂布铂黑和镁白，盘由一至二层圆拱形的玻璃罩保护。通过内环吸收太阳辐射，在黑区和白区不同的温度被多重热电偶探测，输出电压作为测量信号，推算出太阳总辐射强度。

2. 散射辐射计

散射辐射计是在天空辐射计上用特制的圆盘或遮日环挡去太阳直接辐射，可直接测量散射辐射。而用标准天空辐射表减去它的读数，就是直接辐射。

3. 棒移式总辐射计

棒移式总辐射计是标准天空辐射计与影环式辐射计的巧妙结合，用棒的阴影每隔几秒经过传感器遮挡直接辐射，引起记录值下降，可测量直接辐射及散射辐射与时间的关系。

4. 直接辐射计

直接辐射计视场很小，约为6°，连续跟踪太阳，测量直接辐射。

5. 日照时数计(日长计)

早期测量太阳辐射延续时间的方法是用透镜聚焦烧穿纸记录日照时间。

1.3 全球太阳能资源分布

非洲、澳大利亚、美国西南部等地总太阳辐射量或日照时数都很大，这些地区多属于发展中国家。太阳每秒照射到地球上的能量就相当于燃烧500万吨煤释放的热量，全球人类目前每年能源消费的总和只相当于太阳在40 min内照射到地球表面的能量。全球太阳能资源分布情况如下：太阳能资源最丰富地区为阿尔及利亚、印度、巴基斯坦、中东、北非、澳大利亚和新西兰；太阳能资源较丰富地区为美国、中美和南美南部；太阳能资源丰富程度中等地区为巴西、中国、东南亚、欧洲西南部、大洋洲、中非和朝鲜；太阳能资源丰富程度中低地区为日本和东欧；太阳能资源丰富程度最低地区为加拿大与欧洲两北部。

我国地处北半球，有着丰富的太阳能资源。据估算，我国陆地每年接收到的太阳辐射能量约为5.02×10^{22} J，相当于1.7万亿吨标准煤的能量(标准煤的燃烧值：国际，29 305 kJ/kg；行业标准，29 271 kJ/kg)。我国全年太阳辐射总量达3 350～8 370 MJ/m^2，中值为5 860 MJ/m^2。因此，研究和发展太阳能的利用对于我国今后能源与电力的发展有着特别重要的意义。

我国太阳能资源分布的主要特点是：太阳能的高值中心和低值中心都处在北纬22°～35°这一带。青藏高原是高值的中心，那里的平均海拔在4 000 m以上，大气透明度好，纬度低，日照时间长。有“日光城”之称的拉萨市，年平均日照时数为3 005.7 h，相对日照为68%，全年太阳辐射总量为816 kJ/cm^2。四川盆地是低值的中心，那里雨多、雾多，晴天较少。素有“雾都”

之称的重庆市，年平均日照时数仅 1 152.2 h，相对日照仅 26%，年辐射总量为 335～419 kJ/cm²。就全国而言，西部地区的太阳年辐射总量高于东部地区，而且除西藏和新疆两个自治区外，基本上是南部低于北部，这是因为北方多晴朗，而南方多阴雨。在北纬 30°～40°地区，我国太阳能的分布情况与一般的太阳能随纬度而变化的规律相反，太阳能不是随着纬度的增加而减少，而是随着纬度的增加而增加。

根据各地接收太阳总辐射量的多少，可将全国划分为五类地区。

一类地区：我国太阳能资源最丰富的地区，全年日照时数为 3 200～3 300 h，年辐射总量为1 889～2 334 kW·h/m²，相当于 230～285 kg 标准煤燃烧所发出的热量。这类地区主要包括青藏高原、甘肃北部、宁夏北部和新疆南部等地。尤其是西藏西部最为丰富，最高达 2 334 kW·h/m²（日辐射量 6.4 kW·h/m²），居世界第二位，仅次于撒哈拉大沙漠。

二类地区：我国太阳能资源比较丰富的地区，全年日照时数为 3 000～3 200 h，年辐射总量为 1 625～1 889 kW·h/m²，相当于 200～230 kg 标准煤燃烧所发出的热量。这类地区主要包括河北西北部、山西北部、内蒙古南部、宁夏南部、甘肃中部、青海东部、西藏东南部和新疆南部等地。

三类地区：我国太阳能资源中等的地区，全年日照时数为 2 200～3 000 h，年辐射总量为 1 389～1 625 kW·h/m²，相当于 170～200 kg 标准煤燃烧所发出的热量。这类地区主要包括山东、河南、河北东南部、山西南部、新疆北部、吉林、辽宁、云南、陕西北部、甘肃东南部、广东南部、福建南部、苏北、皖北、台湾西南部等地。

四类地区：我国太阳能资源较差的地区，全年日照时数为 1 400～2 200 h，年辐射总量为 1 167～1 389 kW·h/m²，相当于 140～170 kg 标准煤燃烧所发出的热量。这类地区主要位于长江中下游，包括湖南、湖北、广西、江西、浙江、福建北部、广东北部、陕西南部、江苏北部、安徽南部以及黑龙江、台湾东北部等地。春夏多阴雨，秋冬季太阳能资源还尚充足。

五类地区：我国太阳能资源最少的地区，全年日照时数为 1 000～1 400 h，年辐射总量为 930～1 167 kW·h/m²，相当于 115～140 kg 标准煤燃烧所发出的热量。这类地区主要包括四川、重庆和贵州。

从全国来看，我国是太阳能资源相当丰富的国家，绝大多数地区年平均日辐射量在 4 kW·h/(m²·d)以上，西藏最高达 7 kW·h/(m²·d)。与同纬度的其他国家相比，和美国类似，比欧洲、日本优越得多。上述一、二、三类地区占全国总面积的 2/3 以上，年太阳能辐射总量高于 1 389 kW·h/m²，年日照时数大于 2 000 h，具有良好的太阳能条件。

我国主要城市太阳能资源数据如表 1－1 所列，供设计光伏发电系统时参考。其他地区设计时可参考就近城市的数据。

表 1－1　我国主要城市太阳能资源数据表辐射

城　市	纬度 Φ/(°)	日辐射量 H_t/[kJ·(m²·d)⁻¹]	最佳倾角 β_{op}/(°)	斜面日辐射量 H/[kJ·(m²·d)⁻¹]	修正系数 K_{op}
哈尔滨	45.88	12 703	Φ+3	15 838	1.14
长春	43.9	13 572	Φ+1	17 127	1.154 8
沈阳	41.77	13 793	Φ+1	16 563	1.067 1
北京	39.8	15 261	Φ+4	18 035	1.097 6

续表 1-1

城市	纬度 Φ/(°)	日辐射量 H_t/[kJ·(m^2·d)$^{-1}$]	最佳倾角 β_{op}/(°)	斜面日辐射量 H/[kJ·(m^2·d)$^{-1}$]	修正系数 K_{op}
天津	39.1	14 356	Φ+5	16 722	1.069 2
呼和浩特	40.78	16 574	Φ+3	20 075	1.146 8
太原	37.78	15 061	Φ+5	17 394	1.100 5
乌鲁木齐	43.78	14 464	Φ+12	16 594	1.009 2
西宁	36.78	16 777	Φ+1	19 617	1.136
兰州	36.05	14 966	Φ+8	15 842	0.948 9
银川	38.48	16 553	Φ+2	19 615	1.155 9
西安	34.3	12 781	Φ+14	12 952	0.927 5
上海	31.17	12 760	Φ+3	13 691	0.99
南京	32	13 099	Φ+5	14 207	1.024 9
合肥	31.85	12 525	Φ+9	13 299	0.998 8
杭州	30.232	11 668	Φ+3	12 372	0.936 2
南昌	28.67	13 094	Φ+2	13 714	0.864
福州	26.08	12 001	Φ+4	12 451	0.897 8
济南	36.88	14 043	Φ+6	15 994	1.063
郑州	34.72	13 332	Φ+7	14 558	1.047 6
武汉	30.63	13 201	Φ+7	13 707	0.903 6
长沙	28.2	11 377	Φ+6	11 589	0.802 8
广州	23.13	12 110	Φ−7	12 702	0.885
海口	20.03	13 835	Φ+12	13 510	0.876 1
南宁	22.82	12 515	Φ+5	12 734	0.823 1
成都	30.67	10 392	Φ+2	10 304	0.755 3
贵阳	26.58	10 327	Φ+8	10 235	0.813 5
昆明	25.02	14 194	Φ−8	15 333	0.921 6
拉萨	29.7	21 301	Φ−8	24 151	1.096 4

太阳能电池方阵都是按照一定倾角安装的。斜面辐射最佳修正系数 K_{OP} 是根据某地各月辐射的直接辐射和散射辐射分量计算出来的值，它是描述斜面辐射量和各月辐射均匀程度的系数，K_{OP} 值的大小代表斜面辐射的质量水平，用它作为修正系数的处理方法对太阳能电池电源是合适的，但 K_{OP} 乘以平面辐射量不等于斜面辐射量。

设计太阳能光伏发电系统时，还需根据当地气象资料了解当地最长连续阴雨天数，也就是蓄电池向负载维持供电的天数，一般在 3～7 天内选取，以此设计太阳能电池和蓄电池的容量，连续阴雨天较多的南方地区，可适当放大些。

1.4 太阳能利用的方式

1. 光热利用

采用不同的采光与集热设计，将太阳辐射能收集起来，转换为不同温度的热能，如热水或热空气，进行直接利用，或者转换为高温蒸汽再经热动力发电转换为电能，提供生活和生产用能。根据所能达到的温度和用途的不同，通常把太阳能光热利用分为低温（＜200 ℃）利用、中温（200～800 ℃）利用和高温（＞800 ℃）利用。如太阳能热水器、太阳能干燥器、太阳能蒸馏器、太阳房、太阳能温室、太阳能空调制冷系统等属于低温利用；太阳灶、太阳能热发电聚光集热装置等属于中温利用；高温太阳炉等属于高温利用。目前使用最多的太阳能收集装置有平板型集热器、真空管集热器和聚焦集热器 3 种。

2. 太阳能发电利用

利用太阳能发电的方式主要有两种：

(1) 光—热—电转换

光—热—电转换即利用太阳辐射所产生的热能进行发电。首先用太阳能集热器将太阳能转换为工质的热能，将工质加热成高温蒸汽，然后由蒸汽驱动汽轮机带动发电机发电。

(2) 光—电转换

光—电转换即利用太阳能电池的光生伏打效应将太阳辐射能直接转换为直流电能，可直接使用，或再经逆变转换为交流电，如图 1－6 所示。

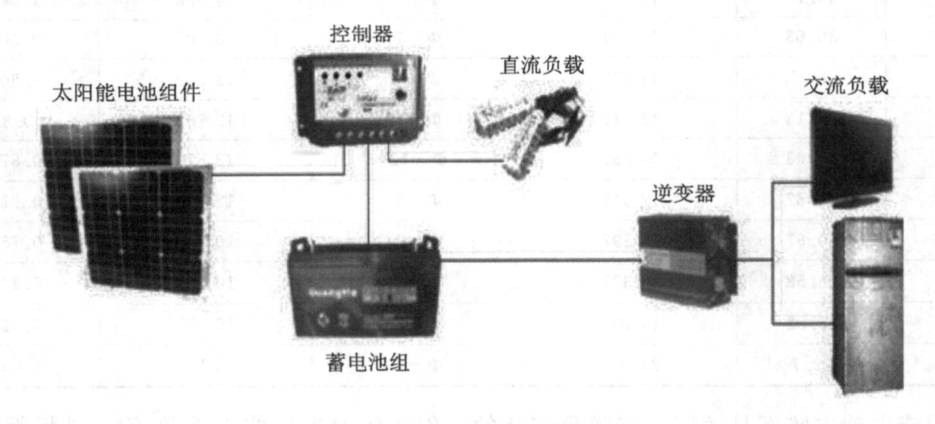

图 1－6　光伏发电系统的组成

光伏发电系统通常由太阳能电池组件（太阳能电池板或光伏组件）、蓄电池组、控制器、逆变器和电缆等几部分组成。

① 太阳能电池组件

太阳能电池组件也叫做太阳能电池板，是太阳能发电系统中的核心部分，是能量转换的器件，其作用是将光能转换成电能。当发电电压、容量较大时，就需要将多块电池组件串、并联后构成太阳能组件方阵。太阳能电池一般为硅电池，分为单晶硅太阳能电池、多晶硅太阳能电池和非晶硅太阳能电池 3 种。

② 蓄电池组

蓄电池的作用是存储太阳能电池方阵受光照时发出的电能，并可随时向负载供电。光伏发电系统对所用蓄电池组的基本要求是：使用寿命长，深放电能力强，充电效率高，维护少或免维护，价格低廉。

③ 控制器

控制器的作用是使太阳能电池和蓄电池高效、安全、可靠地工作，以获得最高的效率并延长蓄电池的使用寿命，能自动防止蓄电池过充电和过放电。由于蓄电池的循环充放电次数及放电深度是决定蓄电池使用寿命的重要因素，因此能控制蓄电池组过充电或过放电的充放电控制器是必不可少的设备。

④ 逆变器

逆变器是将直流电转换成交流电的设备。由于太阳能电池和蓄电池是直流电源，当负载是交流负载时，逆变器是必不可少的。逆变器按运行方式，可分为独立运行逆变器和并网逆变器。独立运行逆变器用于独立运行的光伏发电系统，为独立负载供电；并网逆变器用于并网运行的光伏发电系统。逆变器按输出波形可分为方波逆变器和正弦波逆变器。方波逆变器电路简单，造价低，但谐波分量大，一般用于几百瓦以下和对谐波要求不高的系统；正弦波逆变器成本高，但可以适用于各种负载。

(3) 光化学转换利用

这里指的主要是太阳能制氢，即利用太阳辐射能直接分解水的制氢方式。

(4) 光生物利用

光生物利用是指通过植物的光合作用，实现将太阳能转换成生物质的过程。目前主要有速生植物（如薪炭林）、油料作物和巨型海藻。

练习与思考

一、填空题

1. 太阳主要由（　　）和（　　）组成。

2. 太阳的“里三层”分别是（　　）、（　　）、（　　）；“外三层”分别是（　　）、（　　）、（　　）。

3. 到达地球表面的太阳总辐射能量包括（　　）和（　　）两大部分。

4. 太阳能的主要利用方式有（　　）、（　　）、（　　）、（　　）。

5. 为了能向 AC 220 V 的电器提供电能，需要将太阳能发电系统所发出的直流电能转换成交流电能，因此需要使用（　　）。

6. 根据各地接收太阳总辐射量的多少，可将全国划分为（　　）类地区。

7. 光伏发电系统最核心的器件是（　　）。

二、选择题

1. 太阳是距离地球最近的恒星，是由炽热气体构成的一个巨大球体，中心温度约为 10^7 K，表面温度接近 5 800 K，主要由（　　）（约占 80%）和（　　）（约占 19%）组成。

A. 氢、氧　　B. 氢、氦　　C. 氮、氢　　D. 氮、氦

2. 在地球大气层之外，地球与太阳平均距离处，垂直于太阳光方向单位面积上的辐射能基本上为一个常数。这个辐射强度称为太阳常数，或称此辐射为大气质量为0(AM0)的辐射,其值为(　　)。

A. 1.367 kW/m^2　B. 1.000 kW/m^2　C. 1.353 kW/m^2　D. 0.875 kW/m^2

3. 下列光伏系统器件中,能实现DC-AC(直流-交流)转换的器件是(　　)。

A. 太阳能电池　B. 蓄电池　C. 逆变器　D. 控制器

4. 辐照度的单位是(　　)。

A. J/m^2　B. W/m^2　C. J　D. W

5. 在地球大气层之外,地球与太阳平均距离处,垂直于太阳光方向单位面积上的辐射能基本上为一个常数。这个辐射强度称为(　　)。

A. 大气质量　B. 太阳常数　C. 辐射强度　D. 太阳光谱

6. 太阳能光伏发电系统最核心的器件是(　　)。

A. 控制器　B. 逆变器　C. 太阳能电池　D. 蓄电池

7. 按接收太阳能辐射量的大小,下列不属于我国三类地区的省份是(　　)。

A. 西藏　B. 山东　C. 河南　D. 云南

8. 太阳能来源于太阳内部的(　　)。

A. 热核反应　B. 物理反应

C. 原子核裂变反应　D. 化学反应

9. 全球太阳能资源最丰富的地区一般认为是(　　)。

A. 撒哈拉沙漠,澳大利亚　B. 撒哈拉沙漠,中国西藏

C. 中国西藏,阿拉伯半岛　D. 撒哈拉沙漠,阿拉伯半岛

三、简答题

1. 什么是太阳赤纬角、方位角和高度角?
2. 太阳巨大的能量是如何产生的?太阳能量是如何向外传递的?
3. 什么是辐射能和辐射能力?
4. 什么叫做太阳常数?太阳常数的值是多少?
5. 影响地面接收太阳辐射能的因素有哪些?

实践训练

一、实践训练内容

1. 利用网络了解太阳能的相关内容(以PPT的形式展示)。

2. 认识光伏发电系统,结合实际设备记录光伏组件、控制器、蓄电池和逆变器等设备,记下该设备的型号,说明其作用并撰写实践训练报告。

二、实践训练组织方法及步骤

① 实践训练前准备。对实践训练的内容进行相关资料的搜集和准备。

② 以3人为单位进行实践训练。

③ 对实践训练的过程做完整记录,并以PPT的形式进行展示或撰写实践训练报告。

三、实践训练成绩评定

1. 实践训练成绩评定分级：

成绩按优秀、良好、中等、及格、不及格 5 个等级评定。

2. 实践训练成绩评定准则：

① 成员的参与程度。

② 成员的团结进取精神。

③ 撰写的实践训练报告是否语言流畅、文字简练、条理清晰、结论明确。

④ 讲解时语言表达是否流畅，PPT 制作是否新颖。

项目2 认识太阳能电池

项目要求

- 了解太阳能光伏发电的物理基础；
- 掌握太阳能电池的工作原理；
- 掌握太阳能电池特性参数的测量。

2.1 太阳能光伏发电的物理基础

2.1.1 半导体及其主要特性

太阳能电池是一种将光能直接转换成电能的半导体器件，太阳能电池材料是一类重要的半导体材料。所以，我们要先回顾一下半导体物理知识。

固体材料按照其导电能力的强弱，可分为导体、绝缘体和半导体三类。导电能力弱或基本不导电的物体叫绝缘体，如木材、塑料、橡胶、玻璃等，其电阻率在 $10^8 \sim 10^{20}$ Ω·m 的范围内。导电能力强的物体叫导体，如铝、银、金、铜、铁等，其电阻率在 $10^{-8} \sim 10^{-6}$ Ω·m 的范围内。导电能力介于导体和绝缘体之间的物体叫半导体，如硅、锗、硫化镉、砷化镓等，其电阻率在 $10^{-5} \sim 10^7$ Ω·m 的范围内。半导体材料与导体和绝缘体的不同，不仅表现在电阻率阻值上，而且在导电性能上具有以下主要特性：

① 半导体材料的电阻率受杂质含量的影响极大，在纯净的半导体中掺入微量的杂质，其电阻率会发生很大变化，室温下纯硅中掺入百万分之一的硼，硅的电阻率就会从 2.14×10^3 Ω·m 减少到 0.004 Ω·m 左右。在同一种材料中掺入不同类型的杂质，可以得到不同导电类型的半导体材料。

② 半导体材料的电阻率受光、热、电磁等外界条件的影响很大。一般来讲，半导体材料的导电能力随温度升高或光照而迅速升高，即半导体的电阻率具有负的温度系数。如锗的温度从 200 ℃升高到 300 ℃，其电阻率将降低一半左右。一些特殊的半导体材料，在电场和磁场作用下，其电阻率也会发生变化。

2.1.2 半导体能带结构和导电性

1. 能级和能带

从原子壳层模型可以看出，原子的中心是一个带正电的原子核，核外存在一系列不连续的由电子运动轨迹构成的壳层，电子只能在壳层里绕核转动。

在稳定状态，每个壳层中运动的电子都具有一定的能量状态，一个壳层相当于一个能量等级，即能级，又叫能态。

通常当电子在原子核周围运动时，每一层轨道上的电子都有确定的能量，最里层的轨道，电子距原子核距离最近，受原子核的束缚最强，相应的能量最低。第二层轨道具有较大的能量，越外层的电子受原子核的束缚越弱，能量越大。为了形象地表示电子在原子中的运动状态，用一系列高低不同的水平横线来表示电子运动所能取得的能量值，这些横线就是标志电子能量高低的电子能级。图2－1就是单个硅原子的电子能级示意图，字母E表示能量，脚注1、2…表示电子轨道层数，括号中的数字表示该轨道上的电子数。图2－2表明，每层电子轨道都有一个对应的能级。

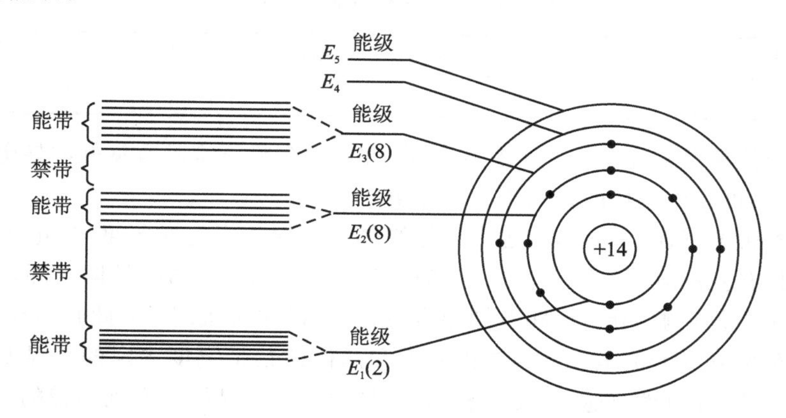

图2－1　硅原子的电子能级及其对应的固体能带

2．禁带、价带和导带

根据量子理论，晶体中的电子不存在两个能带中间的能量状态，即电子只能在各能带内运动，在能带之间的区域没有电子状态，这个区域称为“禁带”。

能带理论认为：每个能级中的两个电子运动状态正好相反，不具备传导电流的作用，但是当受到外来的热能量或外加电场的作用时，就有可能使电子从较低的能带跃到较高的能带中去。

完全被电子填满的能带称为“满带”，最高的满带容纳价电子，称为“价带”，价带上面完全没有电子的能带称为“空带”。有的能带只有部分能级上有电子，一部分能级是空的。这种部分填充的能带，在外电场的作用下可以产生电流。而没有被电子填满、处于最高满带上的一个能带被称为“导带”。金属、半导体、绝缘体的能带如图2－2所示。

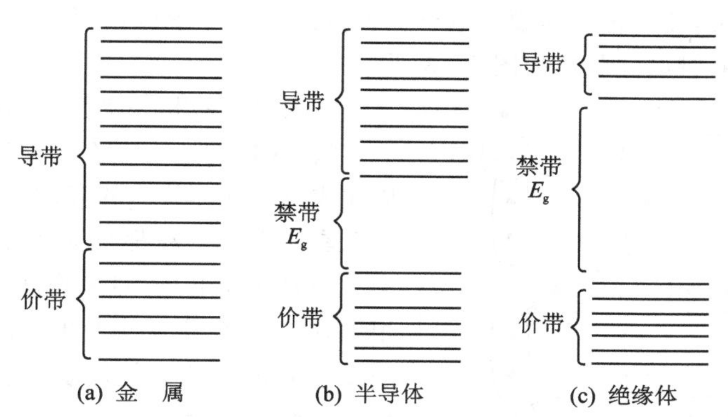

图2－2　金属、半导体、绝缘体的能带

由图2－2(b)可以看出，价电子要从价带越过禁带跳跃到导带中去参与导电运动，必须从外界获得大于或等于E_g的附加能量，E_g的大小就是导带底部与价带顶部之间的能量差，称为“禁带宽度”或“带隙”。常用单位是电子伏(电子伏是电学中的能量单位,即 eV,1 eV 是指在强度为 1 V/cm 的电场中,使电子顺着电场方向移动 1 cm 所需要的能量)。如硅的禁带宽度在室温下为 1.12 eV,因此,由外界给予价带中的电子 1.12 eV 的能量,电子就有可能越过禁带跳跃到导带里。部分太阳能电池半导体材料的禁带宽度如表 2-1 所列。

表 2-1 半导体材料的禁带宽度

材 料	Si	Ge	GaAs	Cu(InGa)Se	InP	CdTe	CdS
E_g/eV	1.12	0.7	1.4	1.04	1.2	1.4	2.6

金属与半导体的区别在于金属不存在禁带,在一切条件下都具有良好的导电性,即使接近绝对零度,电子仍可在外电场的作用下参与导电。

半导体的禁带宽度比金属大,但远小于绝缘体。半导体在绝对零度时,电子填满价带,导带是空的,此时与绝缘体一样不能导电。当温度高于热力学零度时,晶体内部产生热运动,使价带中少量电子获得足够的能量,跳跃到导带(这个过程称为“激发”),此时半导体就具有一定的导电能力。激发到导带的电子数目是由温度和晶体的禁带宽度决定的。温度越高,激发到导带的电子就越多,导电性就越好;温度相同,禁带宽度小的晶体激发到导带的电子就多,导电性就好。

半导体与绝缘体的区别在于禁带宽度不同。绝缘体的禁带宽度比较大,它在室温时激发到导带上电子非常少,其电导率很低;半导体的禁带宽度比绝缘体小,室温时有相当数量的电子跃迁到导带上去,如每立方厘米的硅晶体,导带上约有 10^{10} 个电子,而每立方厘米的导体晶体的导带中约有 10^{22} 个电子。

2.1.3 本征半导体和掺杂半导体

1. 本征半导体

晶格完整且不含杂质的半导体称为本征半导体。

半导体在热力学温度为零度时,电子填满价带,导带是空的。此时的半导体和绝缘体的情况相同,不能导电。当温度高于热力学温度零度时,价电子在热激发下有可能克服共价键的束缚从价带跃迁到导带,使其价键断裂。电子从价带跃迁到导带后,在价带中留下一个空位,称为空穴。具有一个断键的硅晶体如图 2-3 所示。

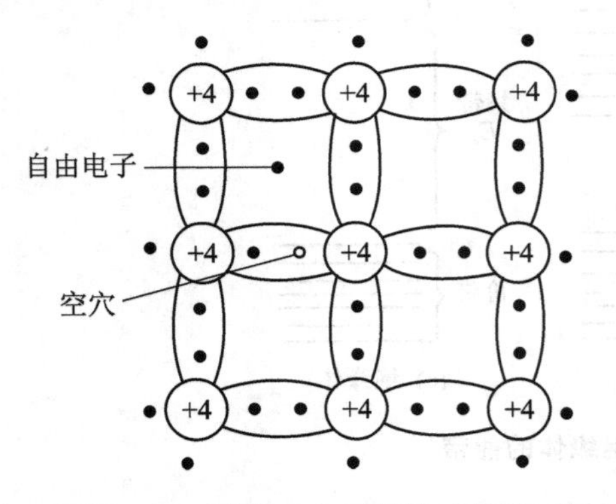

图 2-3 具有一个断键的硅晶体

空穴可以被相邻满键上的电子填充而出现新的空穴,这样的过程一直重复,其结果可以简单地描述成空穴在晶体中的移动。由于自由电子和空穴在晶体内的运动都是无规则的,故不能产生电流。如果存在电场,自由电子将沿着电场方向的相反方向运动,空穴则与电场同向运动,半导体就是靠电子和空穴的定向移动来形成电流的,电子和空穴都被称为载流子。这时,晶体中的电子浓度 n 等于空穴浓度 p。这个浓度称为本征载流子浓度 n_i。实验表明,n_i 的值随晶体温度的升高而增大，而随晶体禁带宽度的增大而减小。在室温条件下，半导体硅的本征载流子浓度约为 $10^{10}/cm^3$。

2. 掺杂半导体

在本征半导体中掺入其他元素后就得到掺杂半导体。所谓掺杂，是指在一定的温度下，将一种元素作为杂质掺入到另一种主体元素中。晶体硅太阳能电池的主体元素就是本征硅。

高纯本征半导体具有很高的电阻率，若将一定数量的杂质掺入到半导体内，则会在它的禁带中产生附加的能级。当半导体受激发产生电子跃迁时，电子就有可能首先跳到这些附加的能级上，然后再跃迁到导带中去，这显然要比电子从价带直接跃迁到导带容易得多。尽管掺杂很小，却会很明显地改变导带中的电子数和价带中的空穴数，从而显著地影响半导体的电阻率。所以，在实际的半导体技术中，有选择地掺杂，可得到所需要的半导体导电类型。适量的掺杂可得到所需要的导电率，不适当的掺杂则会使半导体成为废料。

(1) N型半导体

硅的最外层有4个价电子，若掺入少量的五价元素磷，这时，在硅的晶格中，一个磷原子中的4个价电子与其周围4个硅原子的价电子形成共价键，还剩下1个价电子。这个多余的价电子因不能被安排在硅原子晶格的正规结构中而游离，致使磷原子电离，其电离能约为0.44 eV。硅中掺杂的元素磷，在室温下全部电离，同时提供等量的自由电子，从而产生自由电子导电运动，如图2-4(a)所示。这种在掺杂半导体中提供电子的杂质称为施主型杂质，这里指的是掺入的磷元素，其浓度用符号 N_D 表示。在掺有五价元素(施主型杂质)的半导体中，存在着大量带负电荷的自由电子，以及等量带正电荷的磷原子和少量空穴，平衡状态下呈电中性。这样的半导体称为电子型或N型半导体。在这种半导体中，自由电子的浓度远远大于空穴的浓度，自由电子是多数载流子，简称多子；空穴是少数载流子，简称少子。半导体主要依靠由自由电子来导电，导电方向与电场方向相反。

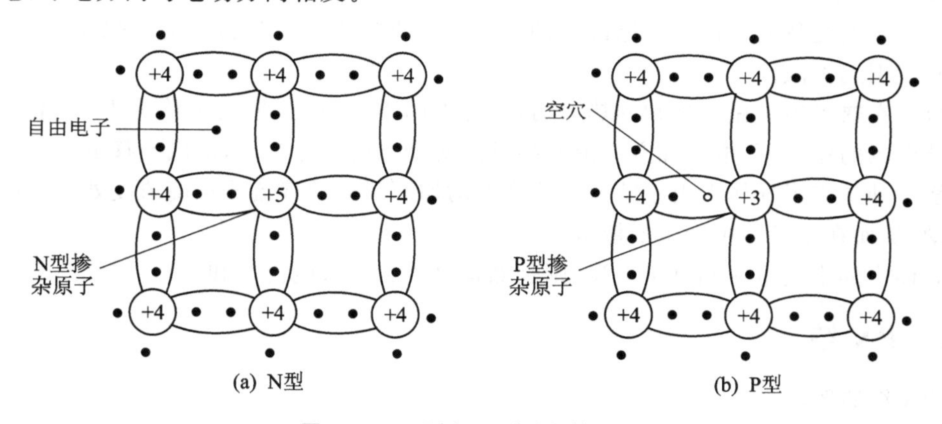

图2-4 N型和P型硅晶体结构

(2) P型半导体

同理，若在纯净的硅中掺入少量的三价元素硼，这时，在硅的晶格中，一个硼原子的3个价电子与其周围4个硅原子的价电子形成共价键，还缺少1个电子，要从其中一个硅原子的价键中获取一个电子填补。这样就在硅中产生了一个空穴，而硼原子由于接受了一个电子而成为带负电的硼离子，如图2-4(b)所示。这就是说，掺入硅的硼原子带着一个很容易电离的空穴，其电离能为0.45 eV。硅中掺杂的元素硼，在室温下将全部电离，同时提供等数量的空穴。

硼原子在晶体中起着接受电子而产生空穴的作用，所以叫做受主型杂质，其浓度用符号 N_A 表示。在含有三价元素（即受主型杂质）的半导体中，存在着大量带正电荷的空穴，以及等量的带负电荷的硼原子和少量电子，平衡状态下呈电中性。这样的半导体称为空穴型或 P 型半导体。在这种半导体中，空穴的浓度远远超过电子的浓度，空穴是多数载流子，即多子；电子为少数载流子，即少子。半导体主要依靠空穴来导电，导电方向与电场方向相同。

2.1.4 载流子

1. 载流子的产生与复合

若半导体受到光照，价带中的电子将吸收光子能量跃迁到导带，产生自由电子-空穴对，使得半导体中载流子浓度增大，这就是载流子的产生过程，简称“激发”。

与此同时，为恢复原来的平衡状态，电子和空穴在晶体中常常碰在一起，这时自由电子-空穴对就随之消失，这就是载流子的复合过程。按能带论的观点，复合就是导带中的电子落进价带的空能级，使一对电子和空穴消失。半导体内载流子的复合可以发生在半导体内，也可以发生在表面。

在一定的温度下，晶体内不断地产生电子和空穴，而电子和空穴又不断地复合，如果没有外来的光、电、热的影响，那么单位时间内，产生和复合的电子-空穴对数目就会达到相对平衡，晶体的总载流子浓度保持不变，这就叫做热平衡状态。

当半导体受到外界因素的影响，如 N 型硅受到一定的光照时，价带中的电子吸收光子能量跳入导带（这种电子称为光生电子），在价带中留下等量空穴，这种现象称为光激发，电子和空穴的产生率就大于复合率。这些多于平衡浓度的光生电子和空穴称为非平衡载流子。由光照而产生的非平衡载流子称为光生载流子。

2. 载流子的输运

半导体中引起载流子输送的原因有两个：漂移和扩散。外电场作用引起漂移，而载流子的浓度梯度引起扩散。

载流子在热平衡时做不规则的热运动，运动方向不断改变，平均位移等于零，不会形成电流。在外电场的作用下，电子和空穴沿着相反的两个方向产生漂移，形成漂移电流。

扩散运动是在半导体中由于载流子浓度不均匀而引起的载流子从高浓度处向低浓度处的迁移运动，从而在半导体中产生扩散电流。

半导体中的空穴电流和电子电流，则是漂移电流和扩散电流之和。

2.1.5 PN 结

1. PN 结的形成

当 P 型半导体和 N 型半导体紧密结合在一起时，在其交界面处即形成所谓的 PN 结。PN 结有同质结和异质结两种：用同一种半导体材料制成的 PN 结称为同质结；由禁带宽度不同的两种半导体材料制成的 PN 结称为异质结。PN 结是构成太阳能电池、二极管、三极管、可控硅等多种半导体器件的基础。因此，讨论 PN 结的形成及其导电性是十分必要的。

如图 2-5(a)所示，把一块 P 型半导体和一块 N 型半导体接触之后，在其交界处，由于 P 区空穴浓度大于 N 区，N 区电子浓度大于 P 区，因此，N 区中的电子要向 P 区扩散，而 P 区中的空穴则要向 N 区扩散。这样扩散的结果是在 PN 结交界面的 N 型一侧，留下带正电荷的不能移动的电离施主，形成一层很薄的正电荷区；而在交界面的 P 型一侧，则留下带负电荷的不能移动的电离受主，形成一层很薄的负电荷区。半导体这个 N 区和 P 区交界面两侧的正、负电荷薄层区域称为“空间电荷区”，即通常所说的 PN 结，也称阻挡层或耗尽层，如图 2－5(b)所示。

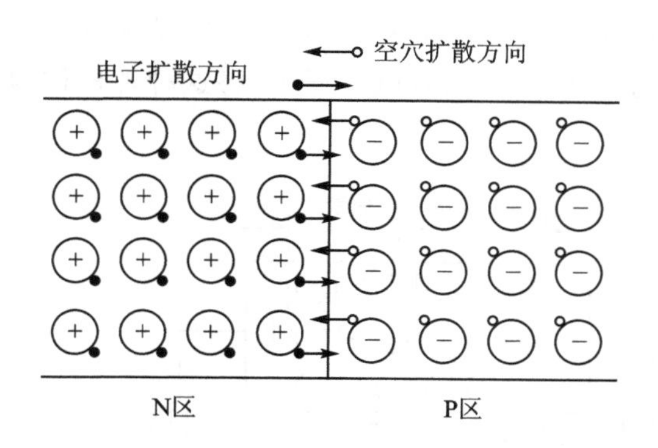

(a) 形成PN结前载流子的扩散过程

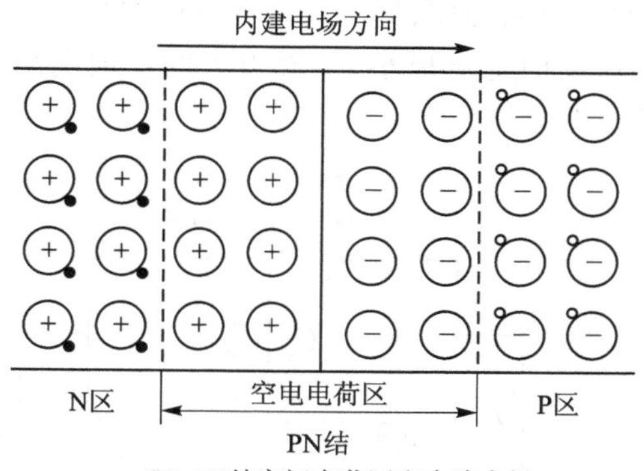

(b) PN结空间电荷区和内建电场

图 2－5　PN 结

在空间电荷区内，有一个从 N 区指向 P 区的电场，称为“内建电场”或“自建电场”。内建电场一方面阻止 N 型区的电子继续向 P 型区扩散，以及 P 型区的空穴向 N 型区扩散，也就是对多数载流子的扩散运动起阻碍作用；另一方面又促使 P 型区中含量极少的电子(P 型半导体中的少数电子载流子)向 N 区漂移，N 型区中含量极少的空穴(N 型半导体中的少数空穴载流子)向 P 区漂移，也就是内建电场在这里对少数载流子起着协助漂移的作用。漂移运动与由于浓度差所产生的扩散运动的方向正好相反。

综上所述，在 PN 结内部存在着两个方向相反的扩散运动和漂移运动，在开始时扩散运动占优势，空间电荷区内两侧的正负电荷逐渐增加，空间电荷区增宽，内建电场增强。随着内部电场的增强，漂移运动也随之增强，阻止扩散运动的进行，使其逐步减弱。最后，扩散运动和漂移运动趋向平衡，扩散和漂移的载流子数目相等而运动方向相反，达到动态平衡。此时，内建电场中 N 区的电势高于 P 区的电势，这个电势差称为 PN 结势垒，也叫内建电势差或接触电势差，用符号 U_D 表示。由电子从 N 区流向 P 区可知，P 区相对于 N 区的电势差为负值。由于 P 区相对于 N 区具有电势 $-U_D$(取 N 区电势为零)，所以 P 区中所有电势差都具有一个附加电势能，其值为

$$\text{电势能}=\text{电荷}\times\text{电势}=(-q)\times(-U_D)=qU_D \tag{2-1}$$

式中：q 为电子电荷；qU_D 为势垒高度。

2．PN 结的单向导电性

把 PN 结加上正向电压(外部电压正极接 P 区，负极接 N 区)，如图 2－6(a)所示，这时外加电场的方向与内建电场的方向相反，外电场使 N 区的电子向左移动，使 P 区的空穴向右移动，从而使原来的空间电荷区的正电荷和负电荷得到中和，电荷区的电荷量减少，空间电荷区变窄，即阻挡层变窄。因此外电场起削弱内电场的作用，使载流子的扩散运动超过漂移运动，于是，多数载流子在外电场的作用下顺利通过阻挡层，同时外部电源又源源不断地向半导体提供空穴和电子，因此，电路出现较大的电流，称为正向电流。所以，PN 结在正向导通时的电阻

是很小的。

相反，把PN结加上反向电压(外部电压负极接P区，正极接N区)，如图2－6(b)所示，这时外加电场的方向与内建电场的方向相同，增强了空间电荷区中的电场，使空间电荷区加宽，即阻挡层加宽。这样，多数载流子的扩散运动便无法进行下去。不过，漂移运动会因内电场的增大而加强，但漂移电流是半导体中少数载流子形成的，它的数量很小，因此PN结加反向电压时，反向电流极小，呈现很大的反向电阻，基本上可以认为没有电流通过，将这种现象称为“截止”。

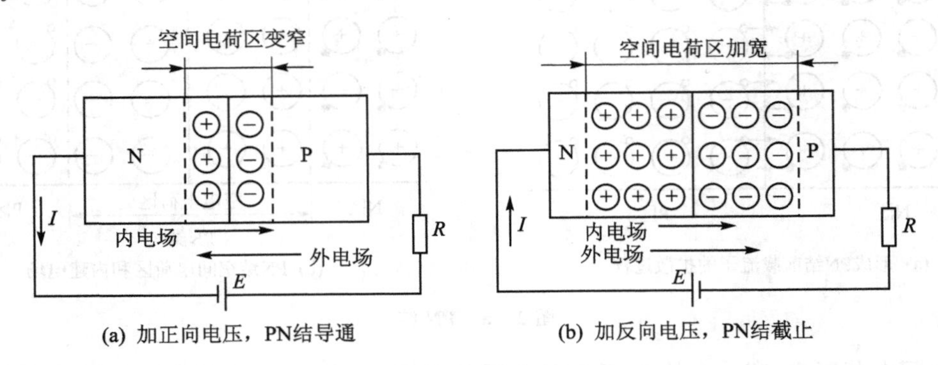

(a) 加正向电压，PN结导通　　(b) 加反向电压，PN结截止

图2－6　PN结的单向导电特性

由于PN结具有上述单向导电特性，所以半导体二极管被广泛应用于整流、检波等电路方面。

2.2　太阳能电池的结构、工作原理和特性

2.2.1　太阳能电池的结构

太阳电池的基体材料不同，生产工艺不同，结构也不同，但是其基本原理相同。这里以硅太阳能电池为例简述太阳能电池的结构。太阳能电池的基本结构就是一个大面积平面PN结。图2－7所示是一个N型硅材料制成的P+/N型结构常规太阳能电池的结构示意图，N层为基体，厚度为0.2～0.5 mm，基体材料为基区层，简称基区。N层上面是P层，又称为顶区层或顶层，它是在同一块材料的表面层用高温掺杂扩散方法制得的，因而又称为扩散层，通常是重掺杂的，标为P+，P+层的厚度为0.2～0.5 μm。扩散层处于电池的正面，也就是光照面。P层和N层的交界面处是PN结，扩散层上有与它形成欧姆接触的上电级，它由母线和若干条栅线组成，栅线宽度一般为0.2 mm左右，母线的宽度为0.5 mm左右，栅线通过母线连接起来。基体下面有与它形成欧姆接触的下电极，上下电极均由金属材料制作，其功能是将由电池产生的电能引出。在电池的光照面有一层减反射膜，其功能是减少光的反射，使电池接受更多的光。

如果用P型硅材料做基体，则可制成N+/P型太阳能电池，其结构与上述相同，不过其基体材料和扩散层材料的类型与之相反。

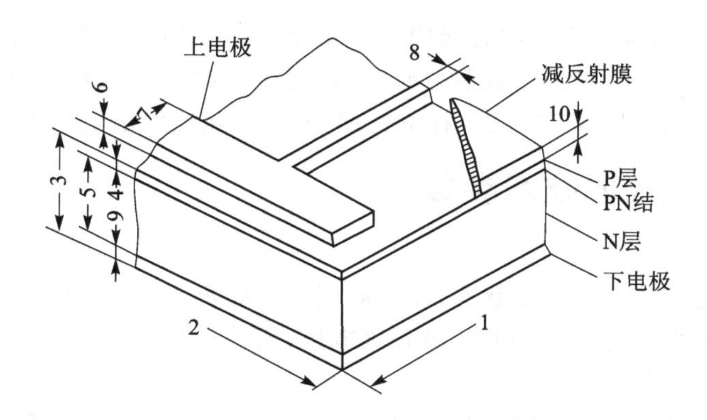

1—电池长度；2—电池宽度；3—电池厚度；4—扩散层厚度；5—基体厚度；
6—上电极厚度；7—上电极母线宽度；8—上电极栅线宽度；9—下电极厚度；10—减反射膜厚度

图 2-7　P+/N 型太阳能电池的基本结构

2.2.2　太阳能电池的工作原理

当 PN 结受到光照时，根据光量子理论，照射光的能量只要满足下式：

$$E = h\nu = hc/\lambda \geqslant E_g \tag{2-2}$$

式中：h 为普朗克常数；ν 为照射光频率；c 为光速；E_g 为禁带宽度，Si 材料 $E_g = 1.12$ eV，则价带电子就会吸收这个照射光而被激发到导带，产生一个自由电子和一个空穴。辐射所激发的电子或空穴，在进入导带或满带后，也具有迁移率。因而辐照的结果就是使半导体中的载流子浓度增加。比热平衡载流子浓度增加出来的这部分载流子称为光生载流子，由此而增加的电导率则称为光电导。

太阳能电池的原理是基于半导体 PN 结的光生伏打效应将太阳辐射能直接转换成电能。所谓光生伏打效应，就是当物体受到光照时，其内部的电荷分布状态发生变化而产生电动势和电流的一种效应。

当太阳光照射到由 P、N 型两种不同导电类型的同质半导体材料构成的太阳能电池上时，其中一部分光线被反射，一部分光线被吸收，还有一部分光线透过电池片。被吸收的光能激发被束缚的高能级状态下的电子，产生电子-空穴对，在 PN 结的内建电场作用下，电子、空穴相互运动（见图 2-8），N 区的空穴向 P 区运动，P 区的电子向 N 区运动，使太阳电池的受光面有

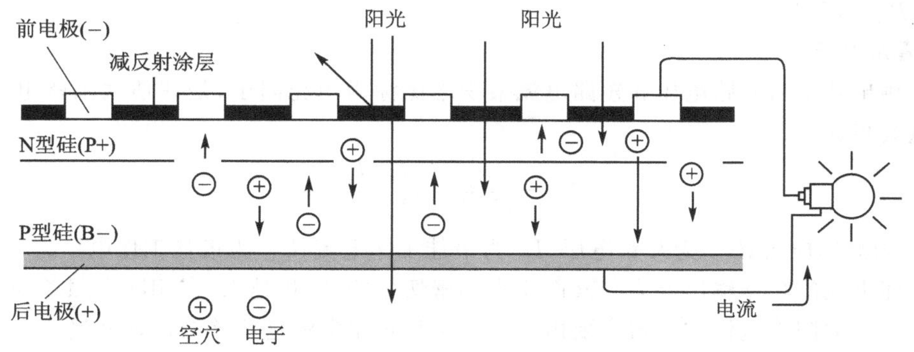

图 2-8　太阳能电池的工作原理

大量负电荷(电子)积累,而在电池的背光面有大量正电荷(空穴)积累。若在电池两端接上负载,负载上就有电流通过,当光线一直照射时,负载上将源源不断地有电流流过。单片太阳能电池就是一个薄片状的半导体 PN 结。标准光照条件下,额定输出电压为 0.48 V。

2.2.3 太阳能电池的技术参数

1. 开路电压

受光照的太阳能电池处于开路状态,光生载流子只能积累于 PN 结两侧产生光生电动势,这时在太阳能电池两端测得的电势差叫做开路电压,用符号 U_{OC} 表示。

2. 短路电流

如果把太阳能电池从外部短路,测得的最大电流就称为短路电流,用符号 I_{SC} 表示。

硅太阳能电池开路电压和短路电流与光照度的关系如图 2-9 所示,由此可见,短路电流与光照强度成正比,开路电压则在开始时随光照强度的增大而增大,随后则几乎保持不变。

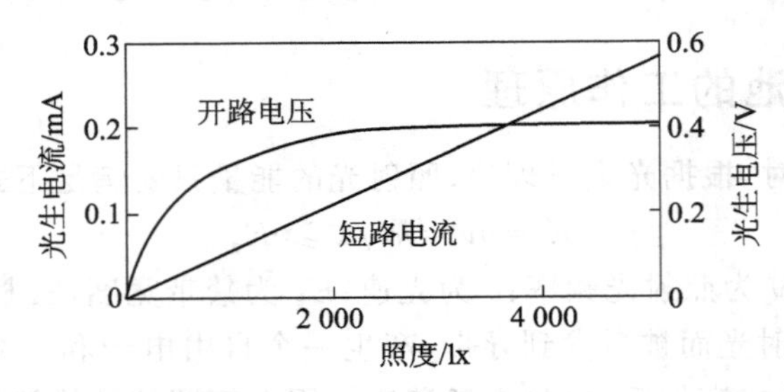

图 2-9 硅太阳能电池开路电压和短路电流与光照度的关系

3. 最大输出功率

把太阳能电池接上负载,负载电阻中便有电流流过,该电流称为太阳能电池的工作电流(I),也称负载电流或输出电流;负载两端的电压称为太阳能电池的工作电压(U)。负载两端的电压与通过负载的电流的乘积称为太阳能电池的输出功率 $P(=UI)$。

太阳能电池的工作电压和电流是随负载电阻而变化的,将不同阻值所对应的工作电压和电流值作成曲线,就得到太阳能电池的伏安特性曲线。如果选择的负载电阻值能使输出电压和电流的乘积最大,即可获得最大输出功率,用符号 P_m 表示。最大输出工况也就是最佳输出工况,此时的工作电压和工作电流分别称为最佳工作电压和最佳工作电流,分别用符号 U_m 和 I_m 表示,$P_m=U_mI_m$。

4. 填充因子

最大输出功率与开路电压和短路电流乘积之比称为填充因子,是评估太阳能电池带负载能力的重要指标。

$$\mathrm{FF}=\frac{P_m}{U_{oc}I_{sc}}=\frac{U_mI_m}{U_{oc}I_{sc}} \tag{2-3}$$

式中:I_{sc} 为短路电流;U_{oc} 为开路电压;I_m 为最佳工作电流;U_m 为最佳工作电压。

太阳能电池的功率输出能力与其面积大小密切相关,面积越大,在相同光照条件下的输出功率也越大。太阳能电池的优劣主要由开路电压和短路电流这两项指标来衡量。

5. 转换效率

太阳能电池的转换效率(η)是指,在外部回路上连接最佳负载电阻时的最大能量转换效

率，等于太阳能电池的最大输出功率 P_m 与入射到太阳能电池表面的能量之比

$$n=\frac{P_m}{P_{in}}\times 100\%=FF\cdot\frac{U_{oc}I_{sc}}{P_{in}}\times 100\% \tag{2-4}$$

式中：P_{in} 为入射太阳辐射功率。

转换效率是评估太阳能电池性能的重要指标，目前实用太阳能电池的转换效率为 15%左右。

2.2.4 太阳能电池的特性

1. 太阳能电池的等效电路

根据光照条件下发生在太阳能电池内部的各种物理过程，从电气回路上研究，太阳能电池是一个能够稳定地产生光生电流的恒流源，端点跨接一个处于正偏置的二极管，以及并联电阻 R_{sh}，再经串联电阻 R_s，接至外负载 R_L，如图 2-10 所示，称为太阳能电池的等效电路。

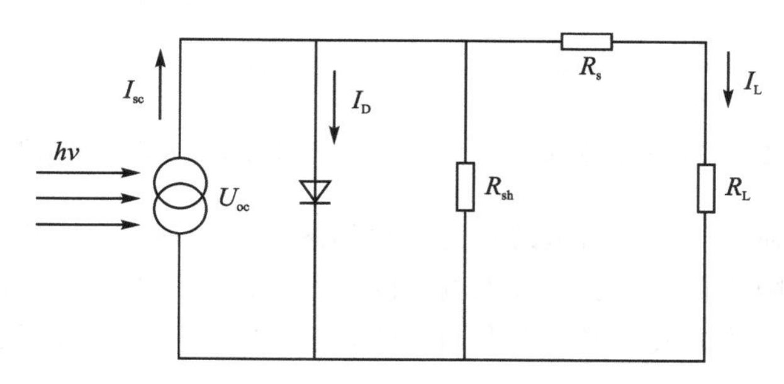

图 2-10 太阳能电池的等效电路

当 $R_L=0$ 时，所测得电流为电池的短路电流 I_{sc}。测量短路电流的方法是用内阻小于 1 Ω 的电流表接在太阳能电池的两端进行测量。I_{sc} 值与太阳能电池的面积有关，面积越大，I_{sc} 值越大。一般来说，1 cm^2 太阳能电池的 I_{sc} 值为 16～30 mA。同一块太阳能电池，其 I_{sc} 值与入射光的辐照度成正比（见图 2-11）；当环境温度升高时，I_{sc} 略有上升。

当 R_L 为无穷大时，所测得电压为电池的开路电压 U_{oc}。I_D（二极管电流）为通过 PN 结的总扩散电流，其方向与 I_{sc} 相反。串联电阻 R_s 主要由电池的体电阻、表面电阻、电极导体电阻和电极与硅表面接触电阻所组成。R_{sh} 为旁路电阻，它是由硅片的边缘不清洁或体内的缺陷引起的。一块理想的太阳能电池，串联电阻 R_s 很小，而并联电阻 R_{sh} 很大，所以在进行电路计算时，可以忽略不计。

2. 太阳能电池的伏安特性

根据图 2-12 所示的等效电路，令 R_L 从零变化到无穷大，相当于太阳能电池从短路变化到开路，这样就得到太阳能电池的负载特性曲线，即输出特性，如图 2-11 所示。曲线上的任意一点，均为太阳能电池的工作点。工作点和坐标原点的连线称为负载线。负载线斜率的倒数即为负载电阻 R_L。工作点对应的横坐标为电池工作电压，对应的纵坐标为电池工作电流。

I_{mp} 为最大负载电流，U_{mp} 为最大负载电压。在此负载条件下，太阳能电池的输出功率最大，在太阳能电池的伏安特性曲线中，P_m 对应的这一点称为最大功率点。该点对应的电压称为最大功率点电压 U_m，即最大工作电压；该点所对应电流，称为最大功率点电流 I_m，即最大工作电流；该点的功率，即最大功率 P_m。

随着太阳能电池温度的增加，开路电压减小，大约温度每升高1 ℃，每片太阳能电池的电压减小5 mV，相当于在最大功率点的典型温度系数为−0.4%/℃。也就是说，如果太阳能电池温度每升高1 ℃，则最大功率减小0.4%。在太阳直射的夏天，尽管太阳辐射量比较大，但如果通风不好，则导致太阳能电池温升过高，也可能不会输出很大的功率。太阳能电池温度变化和$I-V$曲线如图2-12所示。

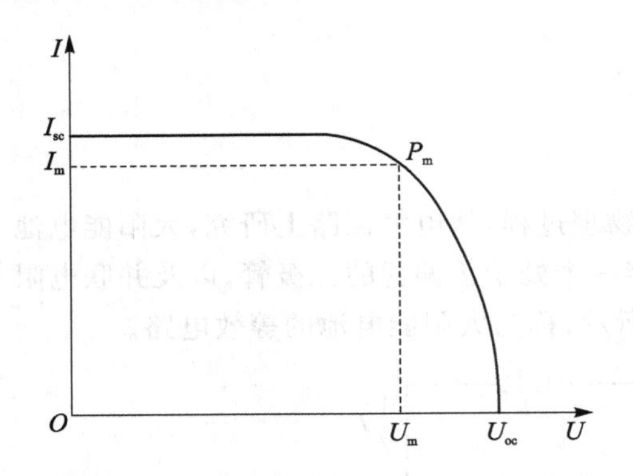

图2-11　常用太阳能电池的伏安特性曲线

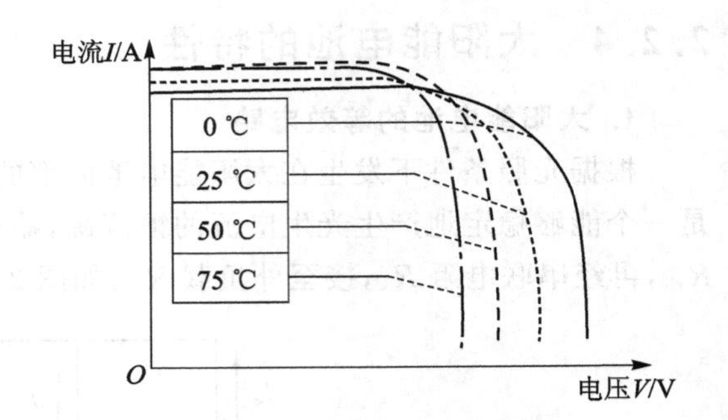

图2-12　太阳能电池温度变化和$I-V$曲线

太阳能电池日照强度与最大输出的特性曲线如图2-13所示，太阳能电池的短路电流和日照强度成正比。太阳能电池温度与最大输出的特性曲线如图2-14所示。太阳能电池的输出功率随着太阳能电池片的表面温度上升而下降，输出功率随着季节的温度变化而变化，在同一日照强度下，冬天的输出功率比夏天高。

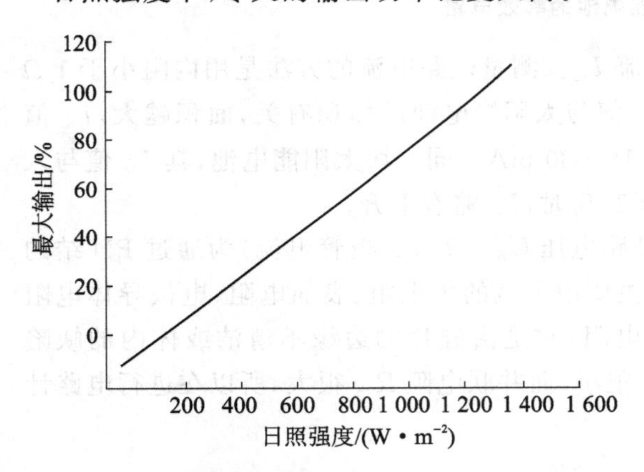

图2-13　太阳能电池日照强度与最大输出的特性曲线

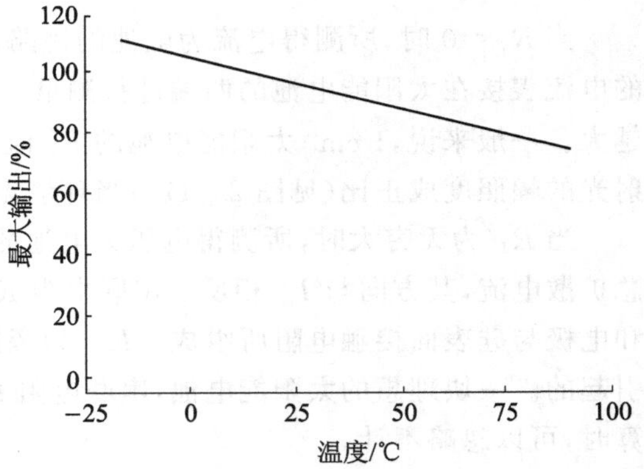

图2-14　太阳能电池温度与最大输出的特性曲线

由于太阳能电池的输出功率取决于太阳辐照度、太阳能光谱的分布和太阳能电池的工作温度，因此太阳能电池性能的测试须在标准条件（STC）下进行。标准测量条件被欧洲委员会定义为101号标准，其测试条件是：光谱辐照度1 000 W/m²，大气质量为AM1.5时的光谱分布；电池表面温度为25 ℃。在该条件下，太阳能电池（组件）输出的最大功率称为峰值功率。

2.3 太阳能电池的生产工艺

2.3.1 硅材料的制备

1. 冶金级硅的生产

硅是地壳中分布最广的元素，其含量达25.8%。自然界中的硅主要以石英砂（也称硅砂）的形式存在，主要成分是高纯的二氧化硅（SiO_2），含量一般在99%以上。我国的优质石英砂蕴藏量非常丰富。

冶金级硅就是利用二氧化硅（如石英或砂子）与碳作为原材料，在大型电弧炉中进行冶炼，温度在1 500 ℃时，液态硅（纯度为98%～99%）出炉。其反应式为

$$SiO_2 + 2C \rightarrow Si + 2CO$$

工业硅与氢气或氯化氢反应，可得到三氯氢硅（$SiHCl_3$）或四氯化硅（$SiCl_4$）。经过精馏，使三氯氢硅或四氯化硅的纯度提高到99.5%，将这样的液态硅倾倒入浅槽，凝固并分成碎块。典型的电弧炉生产冶金级硅的能力为1 t/h。

2. 高纯多晶硅的制备

提高纯度后的三氯氢硅或四氯化硅通过还原剂（通常用氯气）还原为元素硅。在还原过程中，沉积的微小硅粒形成多晶核，并且不断增多长大，最后长成棒状（或针状、块状）多晶体。习惯上把这种还原沉积出的高纯硅棒（或针、块）叫做高纯多晶硅。它的纯度可达99.999 99%～99.999 999 9%。通常，把9N以上的高纯多晶硅称为电子级硅（EG-Si），把7N以上的高纯多晶硅称为太阳能级硅（SG-Si）。多晶硅太阳能电池兼具高转换效率、长寿命及制备工艺相对简单等优点，其成本远低于单晶硅电池，而效率高于非晶硅薄膜电池。

多晶硅是单质硅的一种形态。熔融的单质硅在过冷条件下凝固时，硅原子以金刚石晶格形态排列成许多晶核，如这些晶核长成晶面取向不同的晶粒，则这些晶粒结合起来，就结晶成多晶硅。多晶硅是生产单晶硅的直接原料，它与单晶硅的差异主要表现在物理性质方面，例如，在力学性质、光学性质和热学性质的各向异性方面，远不如单晶硅明显；在电学性质方面，多晶硅晶体的导电性也远不如单晶硅显著，甚至于几乎没有导电性。在化学活性方面，两者的差异极小。多晶硅和单晶硅可从外观上加以区别，但真正的鉴别需通过分析测定晶体的晶面方向、导电类型和电阻率等。

多晶硅的生产工艺主要是为了降低晶体硅太阳能电池成本。其主要优点有：能直接拉制出方形硅锭，设备比较简单，并能制出大型硅锭以形成工业化生产规模，材质、电能消耗较小，并能用较低纯度的硅做投炉料；可在电池工艺方面采取措施降低晶界及其他杂质的影响。其主要缺点是，生产出的多晶硅电池的转换效率要比单晶硅电池稍低。多晶硅的铸锭工艺主要有定向凝固法和浇铸法两种。

(1) 定向凝固法

定向凝固法是利用合金凝固时晶粒沿热流相反方向生长的原理，控制热流方向，使铸件沿规定方向结晶的铸造技术。

本法将硅材料放在坩埚中熔融，然后将坩埚从热场逐渐下降或从坩埚底部通冷源，以造成一定的温度梯度，固液面则从坩埚底部向上移动而形成硅锭。经过定向凝固后，即可获得掺杂

均匀、晶粒较大、呈纤维状的多晶硅锭。定向凝固法中有一种热交换法(HEM),是在坩埚底部通入气体冷源来形成温度梯度。多晶硅定向凝固法的原理如图 2-15 所示。

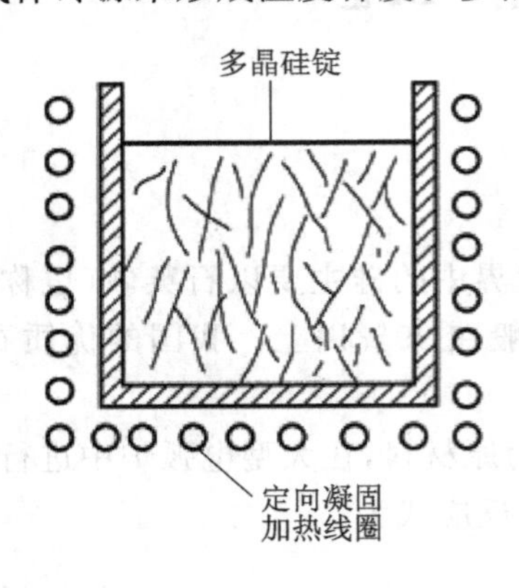

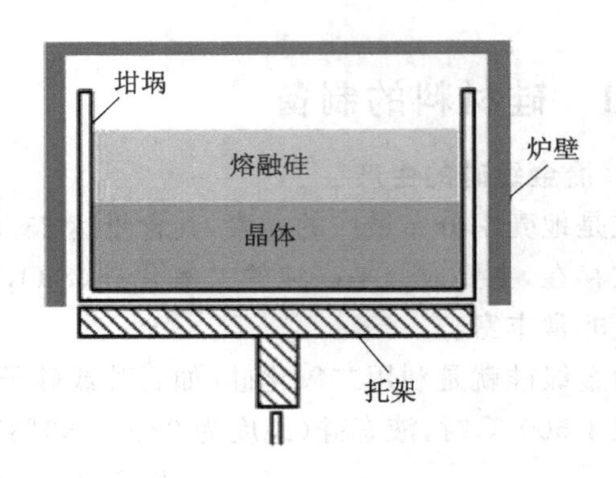

图 2-15　多晶硅定向凝固法原理图

一般来说,纯金属通过定向凝固,可获得平面前沿,即随着凝固进行,整个平面向前推进,但随着溶质浓度的提高,由平面前沿转到柱状。对于金属,由于各表面自由能一样,生长的柱状晶取向直,无分叉。而硅由于是小平面相,不同晶面自由能不相同,表面自由能最低的晶面会优先生长,特别是由于杂质的存在,晶面吸附杂质改变了表面自由能,所以多晶硅柱状晶生长方向不如金属的直,且伴有分叉。

(2) 浇铸法

浇铸法是将熔化后的硅液从坩埚倒入另一模具中形成硅锭,铸出的硅锭被切成方形硅片制作太阳能电池。此法设备简单,耗能低,成本低,但易造成位错、杂质缺陷而导致转换效率低于单晶硅电池。

近年来,多晶硅的铸锭工艺主要朝大锭方向发展。目前铸出的是 69 cm×69 cm,重 240～300 kg 的方形硅锭。铸出次锭的炉时为 36～60 h,切片前的硅材料实收率可达 83.8%。由于铸锭尺寸的加大,使生产率及单位质量的实收率都有所增加,提高了晶粒的尺寸及硅材料的纯度,降低了坩埚的损耗及电耗等,使多晶硅锭的加工成本较拉制单晶硅降低许多。

由硅砂制备高纯多晶硅的方法有很多种,目前工业化生产广泛应用的主要是三氯氢硅法(西门子法)和硅烷法等。三氯氢硅法在目前世界高纯多晶硅产量中占绝大部分,其工艺流程和生产示意图如图 2-16 所示。

$$\text{硅砂} \xrightarrow[\text{电炉}]{\text{焦炭}} \text{硅铁(冶金硅)} \longrightarrow \begin{matrix}\text{三氯氢硅}\\\text{或四氯化硅}\end{matrix} \xrightarrow{\text{钝化}} \text{精馏除杂} \xrightarrow[\text{还原}]{H_2} \text{多晶硅}$$

图 2-16　硅砂制备高纯多晶硅工艺流程

① 四氯化硅法

在早期,应用四氯化硅($SiCl_4$)作为硅源进行纯化,主要方法是精馏法和固体吸附法。精馏法是利用 $SiCl_4$ 混合液中各种化学组分的沸点不同,通过加热的方法将 $SiCl_4$ 和其他组分分离。固体吸附法是根据化学键的极性来对杂质进行分离。其反应过程的化学反应式为

$$SiCl_4 + 2H_2 \rightarrow Si + 4HCl\uparrow$$

用这种方法需要1 100～1 200 ℃的高温，而且制取 $SiCl_4$ 时氯气的消耗量很大，所以现在已经很少使用。

② 三氯氢硅法

三氯氢硅法又称改良西门子法。

将冶金硅通过机械破碎并研磨成粒度小于0.5 mm的冶金硅粉，在300～400 ℃反应器中液化冶金级硅，在Cu的催化作用下，与HCl反应生成三氯氰硅（$SiHCl_3$）和氢气（H_2），化学反应式为

$$Si+3HCl \rightarrow SiHCl_3+H_2$$

气体通过冷凝器，产生的液体经过多次分馏用来生成三氯硅烷（$SiHCl_3$），为了提取高纯度的硅，$SiHCl_3$ 液体通过高纯气体携带进入充有大量氢气的还原炉中，在1 000 ℃电加热的杵棒上沉淀成细粒状多晶硅，化学反应式为

$$SiHCl_3+H_2 \rightarrow Si+3HCl\uparrow$$

经过一周或更长的反应时间，还原炉中原来直径只有8 mm的硅芯将生长到直径150 mm左右。这样得到的硅棒可作为区熔法生长单晶硅的原料，也可破碎后作为直拉单晶法生长单晶硅棒的原料。

改良西门子法是在西门子法的基础上增加反应气体的回收，从而增加高纯多晶硅的出产率，主要回收并再利用的反应气体包括 H_2、HCl、$SiCl_4$ 和 $SiHCl_3$，形成一个完全闭环生产的过程。这是目前国内外大多数多晶硅厂用来生产电子级与太阳能级多晶硅的方法，其工艺流程图如图2-17所示。

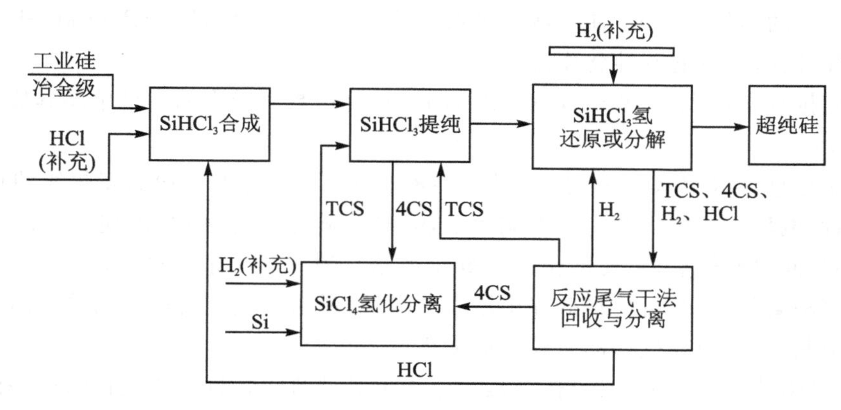

图2-17 改良西门子法工艺流程图

③ 硅烷法

硅烷（SiH_4）生产的工艺是基于化学反应 $2Mg+Si \rightarrow Mg_2Si$，然后将硅化镁和氯化铵进行如下化学反应

$$Mg_2Si+4NH_4Cl \rightarrow SiH_4+2MgCl_2+4NH_3\uparrow$$

从而得到气体硅烷。高浓度的硅烷是一种易燃、易爆气体，要用高纯氮气或氢气稀释到3%～5%后充入钢瓶中使用。硅烷可以通过减压精馏、吸附和预热分解等方法进行纯化，然后在热分解炉生产出棒状多晶硅，化学反应式为

$$SiH_4 \rightarrow Si+2H_2\uparrow$$

硅烷法由于要消耗金属镁等还原剂，成本要比三氯氢硅法高，而且硅烷本身易燃、易爆，使用时受到一定的限制，但此法去除硼等杂质很有效，制成的多晶硅质量较高。以前只有日本掌握此技术，由于发生过严重的爆炸事故，此后就没有继续扩大生产。但美国有两家公司仍采用硅烷气热分解生产纯度较高的电子级多晶硅产品。

3. 单晶硅的制备

单晶硅是利用高纯度的多晶硅在单晶炉内拉制而成，熔融的单质硅在凝固时，硅原子以金刚石晶格排列成许多晶核，如果这些晶核长成晶格位向相同的晶粒，便形成单晶硅。单晶硅具有准金属的物理性质，有较弱的导电性，其电导率随温度的升高而增加，有显著的半导电性。超纯的单晶硅是本征半导体，在超纯单晶硅中加入微量的硼可以形成 P 型半导体，掺入微量的磷可以形成 N 型半导体。

单晶硅的制法通常是先制成多晶硅或无定形硅，然后用直拉法或悬浮区熔法从熔体中生长出棒状单晶硅。按照晶体生长方法的不同，单晶硅的工业生产方法可分为直拉单晶法、区熔法和外延法，下面简单介绍直拉单晶法和区熔法。

(1) 直拉单晶法

直拉单晶法又称切克劳斯基(Cz)法，如图 2－18(a)所示。在单晶炉中将高纯多晶硅加热熔化，并在单晶炉中形成一定的温度梯度场，而且保持熔融的硅液面为硅晶体的特定凝固点，再将籽粒晶硅引向熔融的硅液面，然后一边旋转，一边提拉，熔融的硅就在同一方向定向凝固生长，得到单晶硅棒。

掺杂可在熔化硅之中进行，将一定量的 P 型或 N 型杂质置入硅料一起熔化，利用杂质在硅熔化和凝固时的溶解度之差，使一些有害杂质浓集于头部或底部，经历拉制，补偿成一定电阻率的晶体硅，同时可以起到纯化作用。

目前已能拉制直径大于 16 in(1 in＝2.54 cm)、重达数百千克的大型单晶硅棒。

(2) 区熔法

区熔法又称悬浮区熔法(Fz)法，如图 2－18(b)所示，用通水冷却的高频线圈环绕硅单晶棒，高频线圈通电后使硅棒内产生涡电流而加热，导致硅棒局部熔化，出现浮区。及时缓慢地移动高频线圈，同时旋转硅棒，使熔化的硅重新结晶。利用硅中杂质的分凝现象，提高了硅的纯度。反复移动高频线圈，可使得硅棒中段不断提纯，最后得到纯度极高的单晶硅棒。因受到线圈功率的限制，区熔单晶硅棒的直径不能太大。

直拉法、区熔法生长单晶硅棒材，外延法生长单晶硅薄膜。直拉法生长的单晶硅主要用于半导体集成电路、二极管、外延片衬底、太阳能电池。目前晶体直径可控制在 3～8 in 的范围内。区熔法单晶主要用于高压大功率可控整流器件领域，广泛用于大功率输变电、电力机车、整流、变频、机电一体化、节能灯、电视机等系列产品。目前晶体直径可控制在 3～6 in 的范围内。外延片主要用于集成电路领域。

4. 片状硅的制备

片状硅又称硅带，是从熔体中直接生长出来的，无需切片，可以减少由于切割而造成的损失，使得材料利用率大大提高，工艺也比较简单，片厚为 100～200 μm。主要生长方法有限边喂膜(EFG)法、枝蔓蹼状晶(WEB)法、边缘支撑晶(ESP)法、小角度带状生长法、激光区熔法和颗粒硅带法等。其中枝蔓蹼状晶法和限边喂膜法比较成熟。

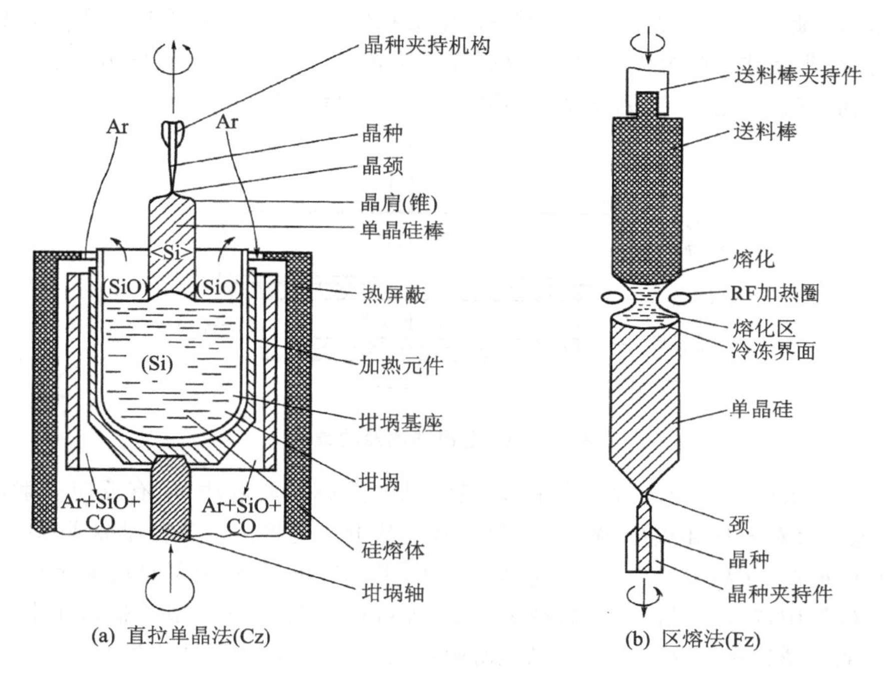

(a) 直拉单晶法(Cz)　　(b) 区熔法(Fz)

图 2-18　单晶硅制备技术

所谓枝蔓蹼状晶（WEB）法，是从坩埚里长出两条枝蔓晶，由于表面张力的作用，两条枝晶中间会同时长出一层薄膜，切去两边的直晶，用中间的片状晶来制作太阳能电池。由于硅片形状如蹼状，所以称为蹼状晶，它在各种硅带中质量最好，但生长速度相对较慢。

所谓限边喂膜（EFG）法，即在石墨坩埚中使熔融的硅从能润湿硅的模具狭缝通过而直接拉出正八角形硅筒，正八角的边长略大于 10 cm，管长约 5 m。再采用激光切割法将硅筒切成 10 cm×10 cm 的方形硅片。电池效率可达 13%～15%。用限边喂膜法进行大批量生产时，应满足如下主要技术条件：

① 采用自动控制温度梯度、固液交界的新月形的高度及硅带的宽度等措施，以有效地保证晶体生长的稳定；

② 在模具对硅材料的污染方面进行控制。

5. 非晶硅电池的制备

由于非晶硅具有十分独特的物理性能和制作工艺方面的优点，成为大面积、高效率太阳能电池的研究重点和核心之一。非晶硅对太阳光有很高的吸收系数，并产生最佳的光电导值，是一种良好的光导体；很容易实现高浓度的掺杂，获得优良的 PN 结，并可以在很宽的组分范围内控制它的能带变化。

非晶硅太阳能电池的基本结构不是 PN 结而是 PiN 结，它是在衬底上先沉积一层掺磷的 N 型非晶硅，再沉积一层未掺杂的本征 i 层，然后再沉积一层掺硼的 P 型非晶硅，最后用电子束蒸发一层减反射膜，并蒸镀银电极，如图 2-19 所示。重掺杂的 P、N 区在电池内部形成内电势，以收集电荷。同时两者可与导电电极形成欧姆接触，为外部提供电功率。i 区是光敏区，此区中光生电子、光生空穴是光伏电力的源泉。非晶硅结构的长程无序破坏了晶体硅光电子的跃迁，使之从间接带隙材料变成了直接带隙材料。它对光子的吸收系数很高，对敏感谱域的光吸收殆尽。此种制作工艺，可以采用一连串沉积室，在生产中构成连续程序，以实现大批量生产。同时，非晶硅太阳电池很薄，可以制成叠层式，或采用集成电路的方法制造，在一个平面上，用适当的掩膜工艺，一次制作多个串联电池，以获得较高的电压。

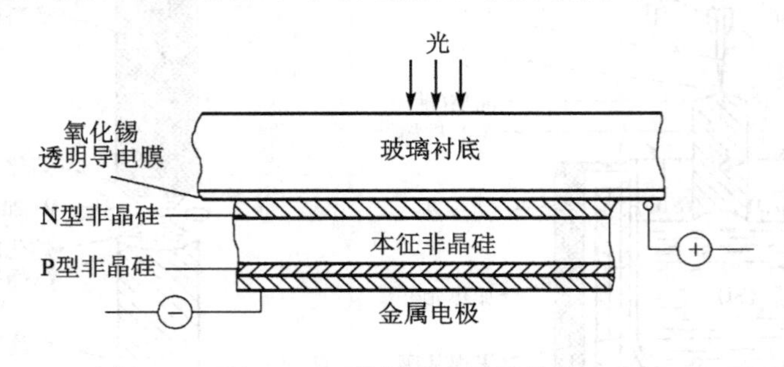

图 2-19　非晶硅电池的结构

制造非晶硅太阳能电池的方法有很多，最常见的是辉光放电法，还有反应溅射法、化学气相沉积法、电子束蒸发法和热分解硅烷法等。辉光放电法是将一石英容器抽成真空，充入氢气或氩气稀释的硅烷，用射频电源加热，使硅烷电离，形成等离子体，非晶硅膜就沉积在被加热的衬底上。若硅烷中掺入适量的氢化磷或氢化硼，即可得到 N 型或 P 型的非晶硅膜。衬底材料一般用玻璃或不锈钢板。这种制备非晶硅薄膜的工艺，主要取决于严格控制气压、流速和射频功率，对衬底的温度也很重要。

非晶硅是很有发展前景的太阳能电池材料，原料消耗少，制造工艺成本低；在同样光照条件下，非晶硅薄膜电池比晶体硅电池年发电量增加 15%左右，非晶硅电池在早晚、雨雾等弱光条件下的发电能力明显高于晶体硅电池。在应用载体方面，非晶硅薄膜电池的片基可以是超大面积的玻璃，也可以是活性塑料或不锈钢等，可与建筑装饰连成一体，应用领域更为广泛。这些都为非晶硅薄膜电池行业提供了广阔的用武之地。

2.3.2　太阳能电池生产工艺流程

常规太阳能电池生产工艺流程框图如图 2-20 所示。

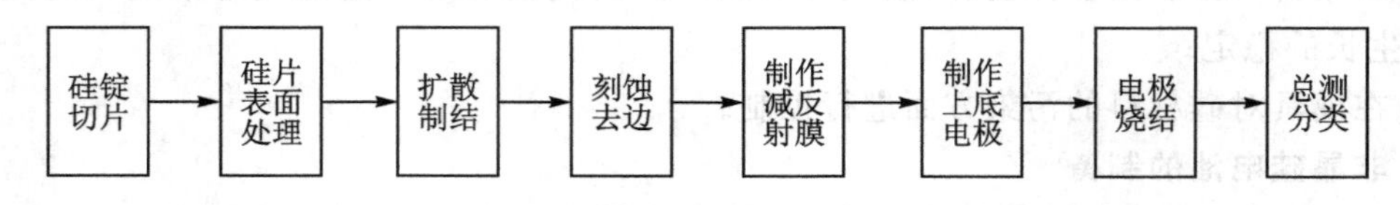

图 2-20　常规太阳能电池生产工艺流程框图

1. 硅片的加工

硅片的加工是将硅锭经表面整形、定向、切割、研磨、腐蚀、抛光、清洗等工艺，加工成具有一定直径、厚度、晶向和高度、表面平行度、平整度、粗糙度，表面无缺陷、无崩边、无损伤层，高度完整、均匀、光洁的镜面硅片。硅片加工的一般工艺流程如图 2-21 所示。

只有将硅锭按照技术要求切割成硅片，才能作为生产制造太阳能电池的基体材料。因此，硅片的切割，即切片，是整个硅片加工的重要工序。所谓切片，就是用高速旋转的刀片（镶铸金刚砂磨料）将硅锭定向切割成符合要求规格的硅片。为了保证切片的质量和成品率，对切片工艺技术有如下要求：

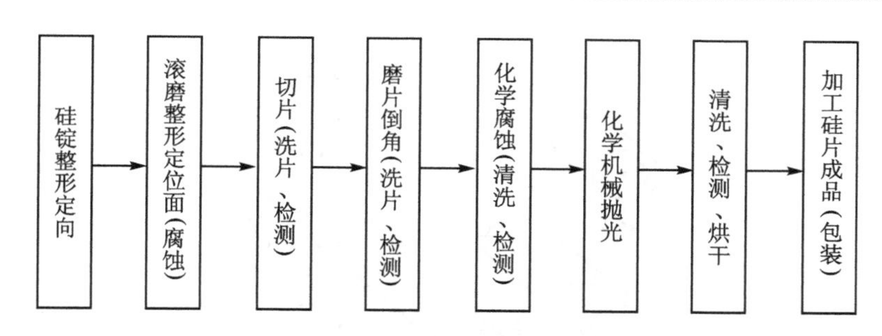

图 2-21 硅片加工工艺流程图

- 断面完整,消除拉丝、刀痕和微裂纹;
- 切割精度高,表面平行度好,翘曲度和厚度公差小;
- 切缝要小,降低原材料损耗;
- 提高切割速度,实现自动化切割。

切片的方法目前主要有外圆切割、内圆切割、多线切割以及激光切割等。切片一般是用内圆切割机将硅锭切割成 0.3~0.4 mm 的薄片,内圆切割的刀体厚度为 0.1 mm 左右,刀刃的厚度为 0.20~0.25 mm,刀刃上粘有金钢砂粉。在切割过程中,每切割一片,硅材料就有 0.3~0.35 mm 的厚度损失,因此硅材料的利用率仅为 40%~50%。

内圆切割方式主要有以下 4 种:

① 刀片水平安装,硅料水平方向送进切割,如图 2-22(a)所示;

② 刀片垂直安装,硅料水平方向送进切割,如图 2-22(b)所示;

③ 刀片垂直安装,硅料垂直方向送进切割,如图 2-22(c)所示;

④ 刀片固定,硅片垂直方向送进切割,如图 2-22(d)所示。

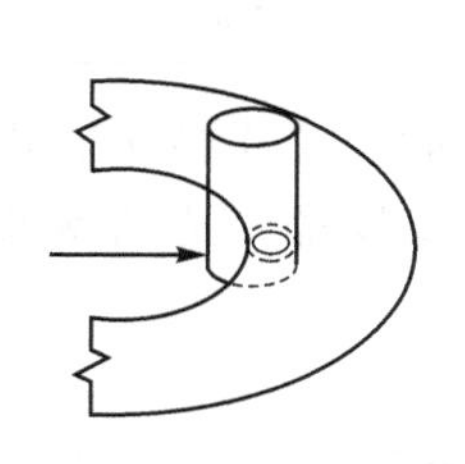

(a) 刀片水平安装,硅料水平方向切割

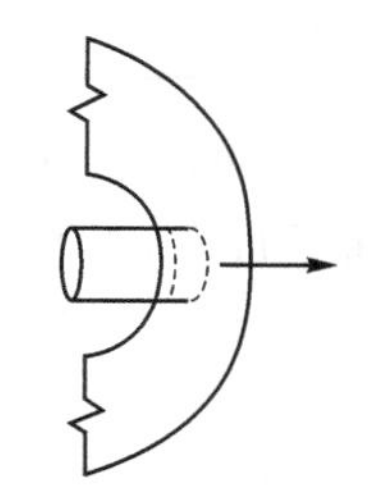

(b) 刀片垂直安装,硅料水平方向切割

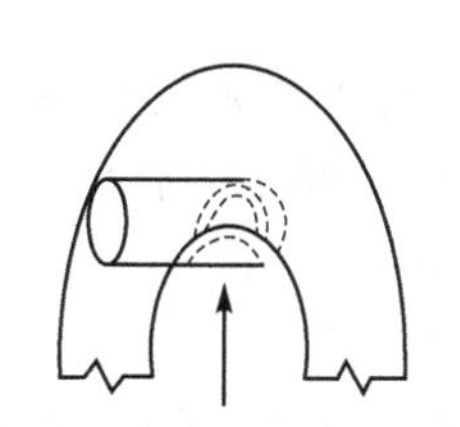

(c) 刀片垂直安装,硅料垂直方向切割

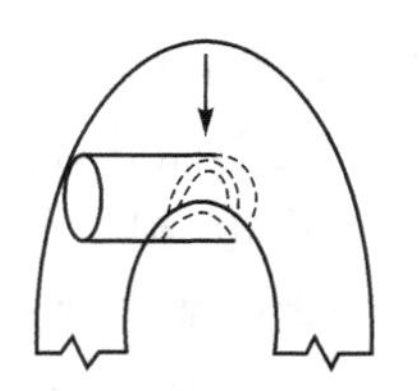

(d) 刀片固定,硅料垂直方向切割

图 2-22 内圆切割的主要方式

采用多线切割机切片是当前最为先进的切片方法,更适合于大规模工业化生产。它是用钢丝携带研磨微粒完成切割工作的,即将 100 km 左右的钢丝卷至于固定架上,经过滚动碳化硅磨料来完成切割过程,如图 2-23 所示。此法具有切片质量高,速度快,产量大,成品率高,材料损耗少(只有 0.2~0.22 mm),可切割更大、更薄(0.2 mm)的硅片以及成本低等特点。

多线切割与内圆切割特性的比较如表 2-2 所列。

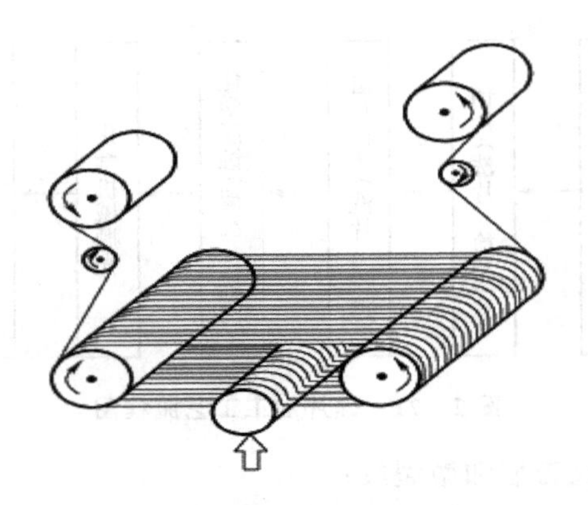

图 2-23 多线切割示意图

表 2-2 多线切割与内圆切割的比较

性　能	多线切割	内圆切割
切割方法	自由磨削加工	固定研磨加工
切片表面	线锯痕迹	切痕、裂纹、碎屑
损伤程度/μm	5～15	20～30
切片效率/($cm^2 \cdot h^{-1}$)	110～220	10～30
每次切片数/片	200～400	1
损耗/μm	150～210	300～500
可切片最薄厚度/μm	180～200	350
可切硅锭最大直径/mm	300 以上	200
切片翘曲度	轻微	严重

实际生产中对硅片加工的质量要求是非常严格的：首先，切割成的硅片要保证硅晶体的晶向，尤其是单晶硅；晶片直径、厚度、高度、表面平行度、平整度、粗糙度都要达到图纸上的技术要求；无崩边、损伤等缺陷的产生。

2. 硅太阳能电池的生产工艺

通过上述方法生产出来的硅片，还必须经过以下工艺流程才能制成产生光伏效应的电池片。

(1) *硅片的选择*

硅片的选择就是把性能一致的硅片选择出来，若将性能不同的硅片组合起来形成单体太阳能电池，其输出功率就会降低。硅片的主要性能有硅材料的导电类型、电阻率、晶向、位错、寿命等，选用原则如下：

① 导电类型

在两种导电类型的硅材料中，P 型硅常用硼为掺杂元素，用来制造 N+/P 型硅电池；N 型硅用磷或砷为掺杂元素，用来制造 P+/N 型硅电池，这两种电池的各项参数大致相同，目前国内外大多采用 P 型硅材料。

② 电阻率

硅锭电阻率与掺杂浓度有关。就太阳能电池制造而言，硅材料电阻率的范围相当宽，为

0.1～50 Ω·cm，甚至更大均可采用。在一定范围内，电池的开路电压随着硅基体电阻率的下降而增加。在材料电阻率较低时，能得到较高的开路电压，而短路电流略低，但总的转换效率较高。

③ 晶向、位错、寿命

太阳能电池较多选用＜111＞和＜110＞晶向生长的硅材料。对于单晶硅电池，一般都要求无位错和尽量长的少子寿命。

④ 几何尺寸

单晶硅圆片按其直径分为6 in、8 in、12 in(300 mm)及18 in(450 mm)等。直径越大的圆片，所能刻制的集成电路越多，芯片的成本也就越低，但大尺寸晶片对材料和技术的要求也越高。另外，还有100 mm×100 mm、125 mm×125 mm、156 mm×156 mm的方片。硅片的厚度目前已由先前的300～450 μm降为当前的180～350 μm。

(2) 硅片的表面处理

硅锭在切割成硅片的过程中，表面必定受到不同程度的污染，有油污、金属和尘埃等，混杂地附着在硅片表面，同时硅片表面留下切割制成的机械损伤。硅片的表面处理包括表面清洗和表面抛光。表面清洗是为了除去沾污在硅片上的各种杂质，抛光是为了除去硅片表面的切割损伤，获得适合制结要求的硅表面。制结前硅片表面的性能和状态直接影响结的特性，从而影响成品电池的性能，因此硅片的表面处理是电池生产制造工艺流程的重要工序。

① 表面清洗

表面清洗就是采用化学清洗剂去除各种杂质。常用的化学清洗剂有离子水、有机溶剂(如甲苯、二甲苯、丙酮、三氯乙烯、四氯化碳等)、浓酸、强碱以及高纯中性洗涤剂等。清洗时将硅片盛装在专用片篮中，浸泡在加热至100 ℃的洗涤液中进行溢流超声清洗。

② 硅片表面抛光

切割后的硅片表面留有晶格高度扭曲层和较深的弹性变形层，通称损伤层，其厚度为18～26 μm。这些损伤层中具有无穷多个载流子复合中心，必须在硅片表面制作绒面之前彻底清除。常规单晶硅太阳能电池生产工艺多采用化学腐蚀方法，将粗糙的切割表面腐蚀掉30～50 μm，得到一个平整光洁的硅片表面。常用的化学腐蚀抛光液的体积比配方为HNO_3∶HF∶CH_3COOH＝5∶2∶2。

这种化学腐蚀抛光工艺通常分两次进行，总腐蚀时间为3～5 min。这里硝酸将硅氧化为二氧化硅，氢氟酸将二氧化硅溶解，生成可溶于水的络合物六氟硅酸；醋酸起缓冲作用，便于控制腐蚀速度，且能使腐蚀后的硅片表面光亮。抛光后的硅片，再用王水或Ⅱ号洗液-酸性双氧水清除残存硅片表面的离子型或原子型杂质。为了制作高效硅太阳能电池，一般不采用单纯的化学腐蚀抛光方法，而是采用化学机械抛光方法，以便将硅表面加工成光亮平整的镜面。

③ 绒面制作

纯净硅片表面的阳光反射率很高，为了降低其表面反射率，将硅片表面结构化，以增加表面对太阳辐射的吸收，也就是降低表面对太阳辐射的反射。在太阳能电池生产工艺中，将这个结构化的硅片表面称为绒面。

单晶硅绒面结构的制作就是利用硅的各向异性腐蚀，在硅表面形成金字塔结构，即利用氢氧化钠稀释液、乙二胺和磷苯二酚水溶液、乙醇胺水溶液等化学腐蚀剂对硅片表面进行绒面处理，溶液温度为85 ℃，时间为30 min。如果以＜100＞面作为电池的表面，经过这些腐蚀液的处理后，硅片表面会出现<111>面形成正方锥。这些正方锥像金字塔一样密布于硅片的表面，肉眼看来像丝绒一样，因此通常称为绒面结构，又称为表面织构化，如图 2-24 所示。经过绒面处理后，增加了入射光投射到硅片表面的机会，第一次未被吸收的光折射后投射到硅片表面的一个晶面时仍然可能被吸收，这样可使入射光的反射率减少到 10%以内。

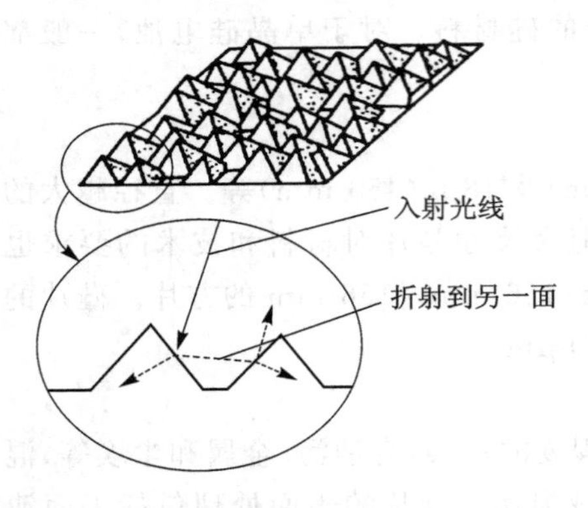

图 2-24 绒面结构的反射

(3) 扩散制结

采用扩散的方法制作 PN 结，称为扩散制结。PN 结是晶体硅太阳能电池的核心部分，因此，扩散制结是太阳能电池生产工艺中最关键的一道工序。

晶体硅太阳能电池中常用的杂质扩散元素是硼和磷，它们在硅中主要是替位式扩散。由于替位原子的扩散比较缓慢，因此杂质的分布和结深都容易得到控制。扩散的结果是要获得所需要的结深和扩散层方块电阻(单位面积的半导体薄层所具有的电阻，利用它可以衡量扩散制结的质量)。常规单晶硅太阳能电池的结深为 0.3～0.5 μm，方块电阻平均为 20～100 Ω。扩散工艺中的扩散温度和扩散时间是结深的主要影响因素，为了减少高温扩散对少子寿命的影响，通常会适当选低扩散温度，并适当加长扩散时间，这也将对控制结深和杂质分布有利。

扩散制结的方法很多，主要有热扩散法、离子注入法、薄膜生长法、合金法、激光法和高频电注入法等。常规单晶硅太阳能电池的制结都采用热扩散法。在热扩散法中，主要有涂布源扩散、液态源扩散和固态源扩散三种。固态源扩散法是采用片状氮化硼作扩散源，在氮气保护下进行扩散。扩散前，氮化硼片先在扩散温度下通氧 30 min，使其表面的三氧化二硼与硅发生反应，形成硼硅玻璃沉积在硅表面，硼向硅内部扩散。扩散温度为 950～1 000 ℃，扩散时间为 15～30 min，氮气流量为 2 L/min。相比之下，采用固态源扩散制结的太阳能电池 PN 结结面平整，均匀性和重复性都优于液态源扩散，此外生产设备简单，易于操作，生产效率高，适用于大批量生产，因此常规单晶硅太阳能电池的制结工艺多采用这种扩散方法。

扩散制结的工艺条件要求表面不产生“死层”，整个扩散区都有负的杂质浓度梯度，合适的表面杂质浓度和均匀性，能满足后续工序对欧姆接触电极的制备。

(4) 刻蚀去边

硅片在扩散制结过程中，其周边表面也将同时形成扩散层。这个扩散层实际构成了电池上、下电极之间的短路环，必须去除。目前的硅太阳能工业化生产中，都采用周边刻蚀装置，利用等离子体对扩散后的电池片边缘进行干法刻蚀，去除周边表面扩散层。

去除背结的常用方法，主要有化学腐蚀法、磨片法和丝网印刷铝浆烧结法等。

① 化学腐蚀法

掩蔽前结后用腐蚀液蚀去其余部分的扩散层。该法可同时除去背结和周边的扩散层。腐蚀后，背面平整光亮，适合制作真空蒸镀的电极。前结的掩蔽一般用涂黑胶的方法。硅片腐蚀去背结后用溶剂真空封蜡，再经浓硫酸或清洗液煮沸清洗，最后用去离子洗净后烤干备用。该法适用于制造 N+/P 型和 P+/N 型电池。

② 磨片法

用金刚砂将背结磨去。也可将携带砂粒的压缩空气喷射到硅片背面以除去背结。背结除去后，磨片后背面形成一个粗糙的硅表面，因此适用于化学镀镍背电极的制造。该法适用于制造 N+/P 型和 P+/N 型电池。

③ 铝或丝网印刷铝浆烧结法

在扩散硅片背面真空蒸镀或丝网印刷一层铝，加热或烧结到铝-硅共熔点(577 ℃)以上使它们成为合金，经过合金化以后，随着降温，液相中的硅将重新凝固出来，形成含有铝的再结晶层。实际上这是一个对硅掺杂的过程。在足够的铝量和合金温度下，背面甚至能形成与前结方向相同的电场，称为背面场，从而提高了电池的开路电压和短路电流，减小了电极的接触电阻。该法被广泛应用于制造 N+/P 型电池。

去除周边的方法主要有腐蚀法和挤压法。腐蚀法是将硅片两面掩好，在硝酸、氢氟酸组成的腐蚀液中腐蚀 30 s 左右。挤压法则是用大小与硅片相同而略带弹性的耐酸橡胶或塑料与硅片相间整齐地隔开，施加一定压力阻止腐蚀液渗入缝隙，以取得掩蔽的方法。

(5) 制作减反射膜

通过绒面制作的硅片虽然可使入射光的反射率减少到 10%以内，但为了能够更多地减少反射损失，一般还要在其表面镀一层减反射膜。减反射膜又称增透膜，主要功能是减少或消除硅片表面的反射光，从而增加透光量。制作太阳能电池生产工艺多采用常压化学气相沉积二氧化钛减反射膜。对减反射膜的基本要求是：对入射光波长范围的吸收率要小，有较好的物理与化学稳定性，膜层与硅能形成牢固的粘接，能抵抗潮湿空气及酸碱气氛，并且制作工艺简单，价格低廉。镀单层减反射膜可将入射光的反射率减少到 10%左右，而镀两层则可将反射率减少到 4%以下。

(6) 制作上、下电极

太阳能电池的电极就是在电池 PN 结两端形成紧密欧姆接触的连接导体，以接通电池的 PN 结，构成可向外供电的电回路。通常将在电池受光面上的连接导体称为上电极，而将制作在电池背面的连接导体称为下电极，或背电极，也称底电极。上电极通常制成窄细的栅线状，这有利于对光生电流的收集，并使电池有较大的受光面积。下电极则布满全部或绝大部分电池的背面，以减小电池的串联电阻。N+/P 型电池上电极是负极，下电极是正极；P+/N 型电池则正好相反，上电极是正极，下电极是负极。

对电极材料的要求有：

① 能够和晶体硅形成牢固的欧姆接触，接触电阻小；

② 具有优良的导电性能；

③ 收集效率高；

④ 与金属具有良好的可焊性；

⑤ 对硅电池污染小。

制作太阳能电池电极的方法主要有真空蒸镀法、化学镀镍法、丝网印刷烧结法等。所用金属材料主要有铝、钛、银、镍等。真空蒸镀法和化学镀镍法是制作太阳能电池电极的传统工艺方法，具有生产工艺成本高、能耗大和不适应工业化生产等缺点，目前工业化生产中已不采用。

丝网印刷烧结法是用涤纶薄膜等制成所需电极图形的掩膜，贴在丝网上，然后再套在硅片上，用银浆、铝浆印刷出所需要的电极图形，最后将印好电极的电池片置于真空或保护性气氛中烧结，形成牢固的接触电极。制作电池电极的丝网印刷技术，源自厚膜集成电路的丝网漏印工艺。目前采用的工艺是，把硅片置于真空镀膜机的钟罩内，当抽到足够高的真空度时，便凝结成一层铝薄膜，其厚度控制在30～100 nm；然后在铝薄膜上蒸镀一层银，厚度为2～5 μm，为便于电池的组合装配，在电极上还需钎焊一层锡-铝-银合金焊料；此外，为得到栅线状的上电极，在蒸镀铝和银时，硅表面须放置一定形状的金属掩膜。上电极栅线密度一般为2～4条/cm，多的可达10～19条/cm，最多的可达60条/cm。丝网印刷技术制作太阳能电池电极的工艺成熟、成本较低，现多采用CCD数码相机，安装在印刷头旁检测丝网基准，对硅片进行智能化迅速自动校准定位，适应于自动化连续生产。

目前在电池电极制作上的进步主要体现在表面浆料上，增加了添加剂，使得上电极浆料能够适应更低的表面载流子浓度，减少表面复合，同时使浆料在电极烧结过程中能够选择性地溶解减反射膜 TiO_2 或 SiN，并避免过深地进入硅体。

(7) 总测分类

太阳能电池制作经过上述工艺完成后，在作为成品电池入库前，必须通过测试仪器测量其性能参数，以检验其质量是否合格。一般意义上的太阳能电池特性的测量，应包含两方面的内容：一方面是太阳能电池基本物理参数的测定，如电池结深、薄层电阻等；另一方面是太阳能电池电特性的测量，即伏安特性、短路电流、开路电压等。

① 基本物理参数的测定

扩散工艺温度和时间是控制电池结深的关键因素。测定结深可以判定扩散温度和时间是否恰当，从而调整扩散工艺参数，制备性能更佳的太阳能电池。结深的测定方法主要有磨角染色法（见图2-25）和阳极氧化去层法（见图2-26）。

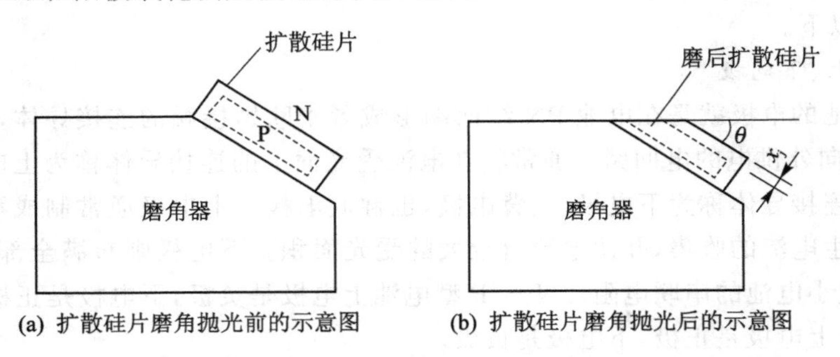

图2-25 测量扩散硅片结深的磨角抛光示意图

太阳能电池表面薄层电阻是表征电池扩散杂质总量的一个重要参数，由此可以判定扩散炉中扩散源的浓度和配比是否合适。硅片表面的薄层电阻常用四探针法进行测量，测量原理如图2-27所示，目前市场上已有这种仪表出售。

② 太阳能电池电特性的测量

单体太阳能电池电性能的测定参数包括开路电压、短路电流、最大工作电压、最大工作电流、最大输出功率、填充因子、光伏转换效率、伏安特性曲线等。

测量太阳能电池的电性能必须制定统一的标准状态，所有太阳能电性能的测量都必须在指定的统一标准状态下进行，否则就要将测量结果转换为标准状态下的数据，如此才有可能比较和确定太阳能电池电性能的优劣。

地面太阳能电池测试标准状态：状态参数为标准太阳辐射光谱AM1.5；总辐射强度

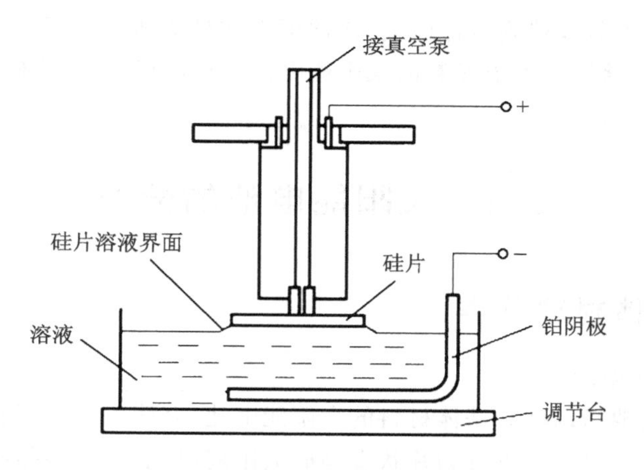

图 2-26　硅片阳极氧化装置示意图

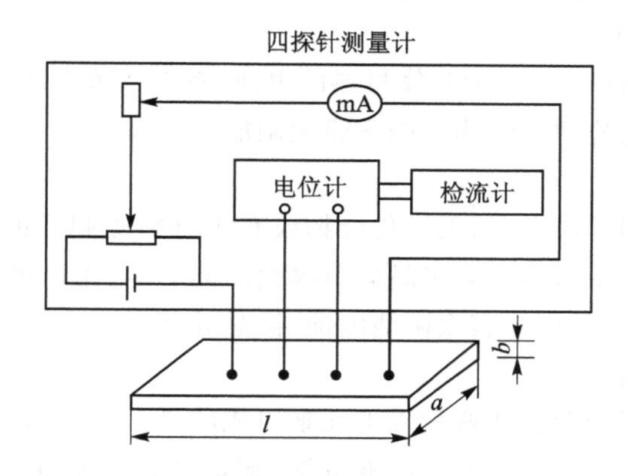

图 2-27　测量硅片薄层电阻的四探针法原理示意图

1 000 W/m²；标准测试温度 25 ℃。对定标测定，标准测试温度的允许误差为±1 ℃；对非定标测定，标准测试温度的允许误差为±2 ℃。空间太阳能电池测试标准状态：状态参数为标准太阳辐射光谱 AM0。

现代太阳能电池测试设备系统主要包括太阳模拟器、测试电路和计算机测试控制与处理三部分。太阳模拟器主要包括电光源电路、光路机械装置和滤光装置三部分。测试电路采用钳位电压式电子负载与计算机相连。计算机测试控制器主要完成对电光源电路的闪光脉冲的控制、伏安特性数据的采集、自动处理、显示等。太阳能电池测试设备系统框图如图 2-28 所示。

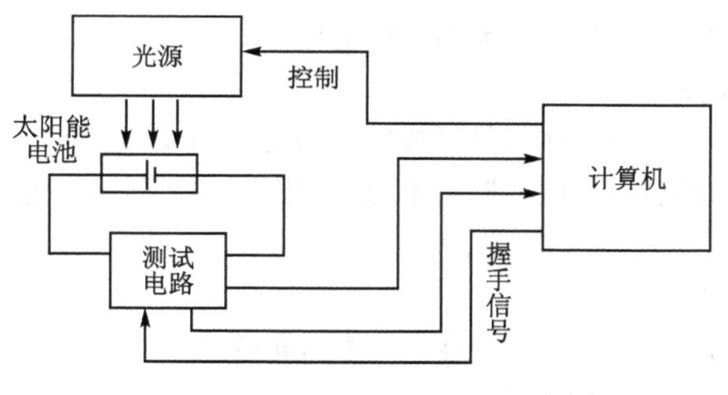

图 2-28　太阳能电池测试设备系统框图

测量得到的性能参数及伏安特性曲线，通常可以在计算机上显示并打印。有些电池测试仪可以根据测试结果，将不同性能参数的太阳能电池自动进行分类，这样可以避免在封装成组件时重新进行分拣的麻烦。

2.4 太阳能电池的分类

2.4.1 按照基体材料分类

1. 晶体硅太阳能电池

晶体硅太阳能电池指以硅为基体材料的太阳能电池，有简单硅太阳能电池、多晶硅太阳能电池等。多晶硅太阳能电池又可分为片状多晶硅太阳能电池、筒状多晶硅太阳能电池、球状多晶硅太阳能电池和铸造多晶硅太阳能电池等多种。

2. 非晶硅太阳能电池

非晶硅太阳能电池指以 a－Si 为基体材料的电池，有 PIN 单结非晶体硅薄膜太阳能电池、双结非晶硅薄膜太阳能电池和三结非晶硅薄膜太阳能电池等。

3. 薄膜太阳能电池

薄膜太阳能电池指用单质元素、无机化合物或有机材料等制作的以薄膜为基体材料的太阳能电池，其厚度为 1～2 μm，主要有多晶硅薄膜太阳能电池、化合物半导体薄膜太阳能电池、纳米晶薄膜太阳能电池、非晶硅薄膜太阳能电池、微晶硅薄膜太阳能电池等。

4. 化合物太阳能电池

化合物太阳能电池指用两种或两种以上元素组成的具有半导体特性的化合物半导体材料制成的太阳能电池。常见的有硫化镉太阳能电池、铜铟硒太阳能电池、磷化铟太阳能电池、碲化镉太阳能电池、砷化镓太阳能电池等。

5. 有机半导体太阳能电池

有机半导体太阳能电池指用含有一定数量的碳碳键且导电能力介于金属和绝缘体之间的半导体材料制成的太阳能电池。

2.4.2 按照结构分类

1. 同质结太阳能电池

由同一种半导体材料形成的 PN 结称为同质结，用同质结构成的太阳能电池称为同质结太阳能电池，如硅太阳能电池、砷化镓太阳能电池等。

2. 异质结太阳能电池

由两种禁带宽度不同的半导体材料形成的结构为异质结，用异质结构成的太阳能电池称为异质结太阳能电池，如氧化锡/硅太阳能电池、砷化镓/硅太阳能电池、硫化亚铜/硫化镉太阳能电池等。

3. 复合结太阳能电池

复合结太阳能电池指由多个 PN 结形成的太阳能电池，又称为多结太阳能电池，有垂直多结太阳能电池、水平多结太阳能电池等。

4. 肖特基太阳能电池

肖特基太阳能电池指利用金属-半导体界面的肖特基势垒构成的太阳能电池，如铂/硅肖特基太阳能电池、铝/硅肖特基太阳能电池等。目前已发展成为导体-绝缘体-半导体 CIS 太阳能电池。

5. 液结太阳能电池

液结太阳能电池指用浸入电解质中的半导体构成的太阳能电池，又称为光电化学电池。

2.4.3 按照用途分类

1. 空间用太阳能电池

空间用太阳能电池常见的有高效率的硅太阳能电池和砷化镓太阳能电池。

2. 地面用太阳能电池

地面用太阳能电池又可分为电源用太阳能电池和消费用太阳能电池。

2.4.4 硅太阳能电池

目前，硅太阳能电池是太阳能光伏发电装置中应用最成熟、最广泛的太阳能电池材料，占光伏产业的 85%以上。按照硅材料的晶体结构不同，可将硅太阳能电池分为单晶硅太阳能电池、多晶硅薄膜太阳能电池和非晶硅薄膜太阳能电池 3 种。

1. 单晶硅太阳能电池

单晶硅是晶格取向基本完全相同的晶体，如图 2－29 所示。它具有金刚石晶格，晶体硬而脆，有金属光泽，能导电，但电导率不及金属，且随着温度的升高而增加，是一种良好的半导体材料。

由于单晶硅具有完整的结晶，自由电子和空穴的移动不会受到阻碍，不容易发生自由电子与空穴复合的情况，所以单晶硅电池效率高。同时，硅原子之间的化学键也非常坚固，不容易因为紫外线破坏化学键而产生悬浮键。悬浮键会阻碍自由电子的移动，甚至捕捉自由电子，造成电流下降，所以单晶硅电池的光电转换效率不易随时间而衰退。

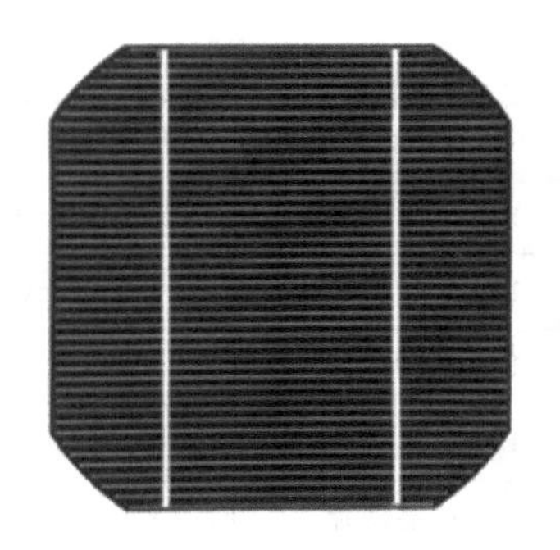

图 2－29 单晶硅电池

单晶硅太阳能电池制造过程花费成本高，所以单晶硅价格高昂。为了节省高质量材料，现在发展了薄膜太阳能电池，其中多晶硅薄膜太阳能电池和非晶硅薄膜太阳能电池就是典型代表。

2. 多晶硅太阳能电池

多晶硅太阳能电池产量基本上与单晶硅电池相当，甚至更大，是光伏电池市场的主要产品之一，如图 2－30 所示。与单晶硅电池相比，多晶硅价格较低，商用多晶硅电池组件转换效率一般为 12%～14%，目前已制成转换效率达 17%～19.8%的多晶硅。

多晶硅具有灰色金属光泽，密度为 2.32～2.34 g/cm^3，熔点为 1 410 ℃，沸点高达 2 355 ℃，溶于氢氟酸和硝酸的混酸中，不溶于水、硝酸和盐酸。硬度介于锗和石英之间，室温下质脆，切割时易碎裂。加热至 800 ℃以上即有延性，1 300 ℃时显出明显变形。常温下很稳定，不活泼，高温熔融状态下，具有较大的化学活性，几乎能与任何材料作用(如与氧、氮、硫等反应，生

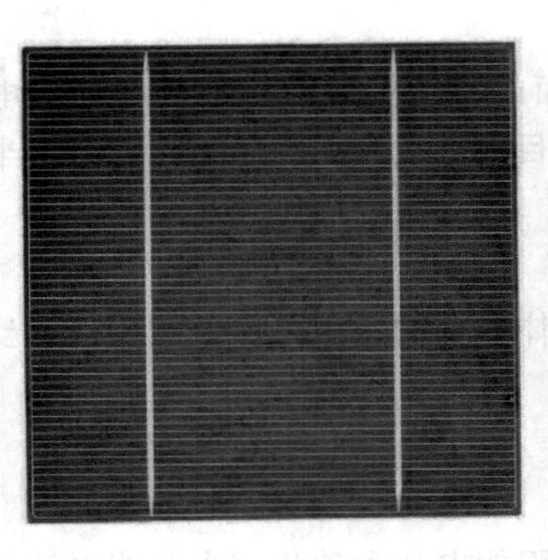

图 2-30 多晶硅

成二氧化硅、氮化硅等）。它具有半导体的性质，是极为重要的优良半导体材料，但微量的杂质即可大大影响其导电性。

晶体硅太阳能电池的规格尺寸主要是 125 mm×125 mm、150 mm×150 mm 和 156 mm×156 mm 等几种，如表 2-3 所列，厚度一般为 170～220 μm。电池片表面有一层蓝色的减反射膜，还有银白色的电极栅线。其中很多条细的栅线，是电池片表面电极向主栅线汇总的引线，两条宽一点的银白线就是主栅线，也叫电极线或上电极。电池片的背面也有两条银白色的主栅线，叫下电极或背电极。电池片与电池片之间的连接，就是用互连条焊到主栅线上实现的。一般正面的电极线是电池片的负极线，背面的电极线是电池片的正极线。硅太阳能电池片无论面积大小（整片或切割成小片），单片的正负极间输出峰值电压都是 0.5 V 左右。而电池片的面积大小与输出电流和发电功率成正比，面积越大，输出电流和发电功率越大。

表 2-3 太阳能电池片规格尺寸

电池片类型	边长/mm	对角线/mm	厚度/μm	主栅线/mm	
125 单晶硅片	(125×125)±0.5	165±0.05	200±20	正面 2±0.2	背面 3±0.2
156 单晶硅片	(156×156)±0.5	200±0.05	200±20	正面 2±0.2	背面 4±0.2
125 单晶硅片	(125×125)±0.5	176±0.5	200±20	正面 2±0.2	背面 3±0.2
150 单晶硅片	(150×150)±0.5	212±1.0	200±20	正面 2±0.2	背面 4±0.2
156 单晶硅片	(156×156)±0.5	220±1.0	200±20	正面 2±0.2	背面 4±0.2

由于单晶硅电池片和多晶硅电池片前期生产工艺的不同，使它们从外观到电性能都有一些区别。从外观上看：单晶硅电池片 4 个角呈圆弧状，表面没有花纹；多晶硅电池片 4 个角为方角，表面有类似于冰花一样的花纹。

对于使用者来说，单晶硅电池和多晶硅电池是没有太大区别的。单晶硅电池和多晶硅电池的寿命和稳定性都很好。虽然单晶硅电池的平均转换效率比多晶硅电池的平均转换效率高 1%左右，但是由于单晶硅太阳能电池只能做成准正方形（其 4 个角是圆弧），当组成太阳能电池组件时就有一部分面积填不满，而多晶硅太阳能电池是正方形，不存在这个问题，因此 对于太阳能电池组件的效率来讲几乎是一样的。另外，由于两种太阳能电池材料的制造工艺不一样，多晶硅太阳能电池制造过程中消耗的能量要比单晶硅太阳能电池少 30%左右，所以多晶硅太阳能电池占全球太阳能电池总产量的份额越来越大，制造成本也将大大低于单晶硅电池，所以使用多晶硅太阳能电池将更节能、更环保。

3. 非晶硅太阳能电池

非晶硅薄膜电池价格低廉，易形成大规模生产，但光电转换效率低，稳定性不如晶体硅，如图 2－31 所示。

1976 年卡尔松和路昂斯基报告了无定形硅(简称 a－Si)薄膜太阳能电池的诞生。当时，小面积样品的光电转换效率为 2.4%。如今，非晶硅太阳能电池不但实现了商品化，而且非晶硅太阳能电池现在已发展成为最实用、最廉价的太阳能电池之一。

图 2－31　非晶硅

非晶硅太阳能电池选用 SiH_4(四氢化硅)为材料，虽然该材料吸光效果和光导效果很好，但其结晶构造比多晶硅差，悬浮键较多，自由电子与空穴复合的速率非常快；结晶构造的不规则阻碍了电子、空穴移动，使得扩散范围变窄，所以电池的效率低且随时间衰减。它广泛应用于小功率市场，如太阳能发电系统、太阳能照明灯具、太阳能手机充电器、汽车太阳能换气扇、汽车电池充电器、太阳能草坪灯等。

综上所述，三种硅太阳能电池各有优劣，其性能分析如表 2－4 所列。

表 2－4　三种硅太阳能电池性能分析

类　型	单晶硅太阳能电池	多晶硅太阳能电池	非晶硅太阳能电池
光电转换效率/%	16～20	14～16	9～13
使用寿命/年	15～20	15～20	5～10
平均价格	高昂	较高	较低
稳定性	好	好	差(会衰减)
颜色	黑色	深蓝色	棕色
主要优点	转换效率最高，工作稳定，体积小，技术最为成熟	工作稳定，成本低，使用广泛	成本低，弱光性好，可大规模生产
主要缺点	硅消耗量大，成本高，工艺复杂	生产工艺复杂，供应受限制	转换效率不高，效率随时间衰退

2.4.5　多元化合物薄膜太阳能电池

多元化合物薄膜太阳能电池材料为无机盐，其主要包括砷化镓Ⅲ～Ⅴ族化合物、硫化镉、碲化镉及铜铟硒薄膜电池等。由于化合物半导体或多或少有毒性，容易造成环境污染，因此产量少，常使用在一些特殊场合。

硫化镉、碲化镉多晶薄膜电池的效率较非晶硅薄膜太阳能电池效率高，成本较单晶硅电池低，并且也易于大规模生产，但由于镉有剧毒，会对环境造成严重的污染，因此，并不是晶体硅太阳能电池最理想的替代产品。

砷化镓Ⅲ～Ⅴ化合物电池的转换效率可达 28%，砷化镓化合物材料具有十分理想的光学带隙以及较高的吸收效率,抗辐照能力强,对热不敏感,适合于制造高效单结电池。但是砷化镓材料的价格高昂,因而在很大程度上限制了砷化镓电池的应用。砷化镓异质面太阳能电池的结构如图 2-32 所示。

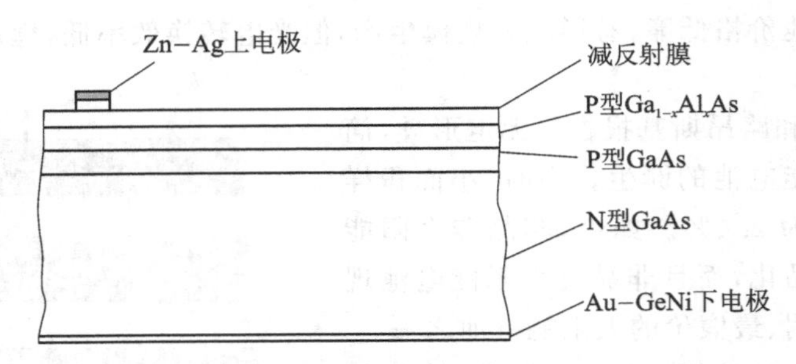

图 2-32 砷化镓异质面太阳能电池的结构

铜铟硒薄膜电池(简称 CIS)适合光电转换,不存在光致衰退效应的问题,转换效率和多晶硅一样。它具有价格低廉、性能良好和工艺简单等优点,将成为今后发展太阳能电池的一个重要方向。唯一的问题是材料的来源,由于铟和硒都是比较稀有的元素,因此,这类电池的发展又必然受到限制。

有机化合物太阳能电池

有机化合物太阳能电池以有光敏性质的有机物作为半导体材料,以光伏效应而产生电压形成电流。有机化合物太阳能电池按照半导体的材料可以分为单质结结构、PN 异质结结构和染料敏化纳米晶结构。

根据有关调查数据,有机化合物太阳能电池的成本平均只有硅太阳能电池的 10%~20%;然而,目前市场上的有机化合物太阳能电池的光电转换效率最高只有 10%,这是制约其全面推广的主要问题。因此,如何提高光电转换效率是今后应该解决的重点问题。

2.4.6 敏化纳米晶太阳能电池

染料敏化 TiO_2 太阳能电池实际上是一种光电化学电池。1991 年,瑞士洛桑高等工业学院(EPFL)的 Michael Grätzel 教授领导的研究小组用廉价的宽带隙氧化物半导体 TiO_2 制备成纳米晶薄膜,薄膜上吸附大量羧酸-联吡啶 Ru(Ⅱ)配合物的敏化染料,并选用含氧化还原电对的低挥发性盐作为电解质,研制成一种称为染料敏化纳米晶的太阳能电池。

纳米晶 TiO_2 太阳能电池的优点在于它廉价的成本和简单的工艺及稳定的性能。其光电转换效率稳定在 10%以上,制作成本仅为硅太阳电池的 1/5~1/10,寿命能达到 20 年以上。但此类电池的研究和开发刚刚起步,估计不久的将来会逐步走向市场。

2.4.7 聚合物多层修饰电极型太阳能电池

以有机聚合物代替无机材料是刚刚开始的一个太阳能电池制造的研究方向。由于有机材料具有柔性好、制作容易、材料来源广泛、成本低等优点,因此对大规模利用太阳能,提供廉价电能具有重要的意义。以有机材料制备的太阳能电池,不论是使用寿命,还是电池效率都不能和无机材料特别是硅电池相比。其能否发展为具有实用意义的产品,还有待于进一步研究和探索。

各类太阳能电池转换效率如图 2－33 所示。

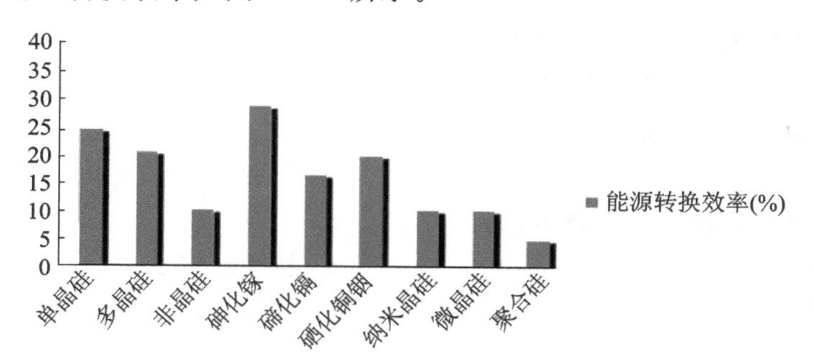

图 2－33　各类太阳能电池转换效率

练习与思考

一、填空题

1. 按照硅材料的晶体结构不同，可将硅太阳能电池分为(　　)、(　　)、(　　)三种。

2. 非晶硅太阳能电池的基本结构不是(　　)而是(　　)。

3. 多晶硅的铸锭工艺主要有(　　)和(　　)两种。

4. 按照晶体生长方法的不同，高纯度单晶硅的制造方法主要有(　　)、(　　)、(　　)。

5. 太阳能电池工作原理的基础，是半导体(　　)。

6. 太阳能电池的原理是(　　) 通过光电效应或者光化学效应直接把(　　)转化成(　　)的装置。

7. (　　) 用来表示在太阳能电池上的光能转换成电能的大小，一般用输出能量与入射的太阳能量之比来表示。

8. (　　)是峰值功率与电池的短路电流和开路电压乘积的比值。

9. 制作太阳能电池电极的方法主要有(　　)、(　　)、(　　)等。

10. 太阳能电池测试设备系统主要包括(　　)、(　　)和(　　)三部分。

二、选择题

1. 太阳能电池是利用半导体(　　)的半导体器件。

A. 光热效应　　B. 热电效应　　C. 光生伏特效应　　D. 热斑效应

2. 在衡量太阳能电池输出特性参数中，表征最大输出功率与太阳能电池短路电流和开路电压乘积比值的是 (　　)。

A. 转换效率　　B. 填充因子　　C. 光谱响应　　D. 方块电阻

3. 下列表征太阳能电池的参数中，(　　)不属于太阳能电池电学性能的主要参数。

A. 开路电压　　B. 短路电流　　C. 填充因子　　D. 掺杂浓度

4. 太阳能电池按材料的不同可分为薄膜太阳能电池、化合物半导体太阳能电池、硅太阳能电池和(　　)。

A. 单晶硅太阳能电池　　B. 多晶硅太阳能电池

C. 多结太阳能电池　　D. 有机半导体太阳能电池

5. 制造晶体硅太阳能电池不包括(　　)。

A. 绒面制备　B. 引线护套　C. 刻蚀　D. 腐蚀周边

6. 不用于太阳能电池的半导体材料是(　　)。

A. 单晶硅　B. 多晶硅　C. 非晶硅　D. 微晶硅

7. 太阳能电池切成两片后,每片电压(　　)。

A. 增加　B. 减少　C. 不变　D. 不确定

8. (　　)是高纯多晶硅的制备方法。

A. 直拉单晶法　B. 悬浮区熔法

C. 蹼状枝晶法　D. 西门子法(三氯氢硅法)

三、简答题

1. 按材料的导电能力将物质划分为哪三类?它们的主要区别是什么?
2. PN 结是如何形成的?PN 结的基本特性是什么?
3. 简要说明硅太阳能电池的工作原理。
4. 太阳能电池的技术参数有哪些?物理意义分别是什么?
5. 三种硅太阳能电池各有什么特点?
6. 为了保证切片的质量和成品率,对切片工艺技术有什么要求?
7. 简述硅太阳能电池片的生产工艺流程。

实践训练

一、实践训练内容

1. 观看太阳能电池片生产工艺过程的相关视频。
2. 参与太阳能电池片的生产过程并撰写实践训练报告。

二、实践训练组织方法及步骤

① 实践训练前准备。对实践训练的内容进行相关资料的搜集和准备。

② 以 3 人为单位进行实践训练。

③ 对实践训练的过程做完整记录,并以 PPT 的形式进行展示或撰写实践训练报告。

三、实践训练成绩评定

1. 实践训练成绩评定分级:

成绩按优秀、良好、中等、及格、不及格 5 个等级评定。

2. 实践训练成绩评定准则:

① 成员的参与程度。

② 成员的团结进取精神。

③ 撰写的实践训练报告是否语言流畅、文字简练、条理清晰、结论明确。

④ 讲解时语言表达是否流畅,PPT 制作是否新颖。

项目3　认识太阳能电池组件

项目要求

- 掌握太阳能电池组件的分类；
- 掌握太阳能电池组件的结构；
- 了解光伏组件的工作原理；
- 了解光伏组件的制造工艺流程。

3.1　太阳能电池组件的基本要求与结构

1. 太阳能电池组件

太阳能电池组件也叫太阳能光伏组件，通常还简称为电池组件或光伏组件，英文名称为SolarModule或PVModule。电池组件是把多个单体的太阳能电池片根据需要串、并联起来，并通过专用材料和专门生产工艺进行封装后的产品。

单体的太阳能电池不能直接用于光伏发电系统，因为单体太阳能电池机械强度差，厚度只有200 μm左右，薄而易碎；太阳能电池易腐蚀，若直接暴露在大气中，电池的转换效率会受到潮湿、灰尘、酸碱物质、空气中含氧量等的影响而下降，电池的电极也会氧化、锈蚀脱落，甚至会导致电池失效；单体太阳能电池的输出电压、电流和功率都很小，工作电压只有0.5 V左右，由于受硅片材料尺寸的限制，单体电池片输出功率最大也只有3～4 W，远不能满足光伏发电实际应用的需要，因此太阳能光伏发电系统采用的太阳能电池组件主要以晶体硅材料为主(包括单晶硅和多晶硅。

2. 太阳能电池组件的基本要求

电池组件在应用中要满足以下要求：

- 能够提供足够的机械强度，使电池组件能经受运输、安装和使用过程中，由于冲击、振动等而产生的应力，能经受冰雹的冲击力。
- 具有良好的密封性，能够防风、防水，隔绝大气条件下对太阳能电池片的腐蚀。
- 具有良好的电绝缘性能。
- 抗紫外线辐射能力强。
- 工作电压和输出功率可以按不同的要求进行设计，可以提供多种接线方式，满足不同的电压、电流和功率输出的要求。
- 太阳能电池片串、并联组合引起的效率损失小。
- 太阳能电池片间连接可靠。
- 因工作寿命长，要求电池组件在自然条件下能够使用20年以上。
- 在满足前述条件下，封装成本尽可能低。

3. 太阳能电池组件的结构

太阳能电池组件通常采用串联、并联或串、并联混合连接方式将单体电池连接在一起。选择性能一致的多个单体太阳能电池连接。串联连接时,可使输出电压成比例增加;并联连接时,可使输出电流成比例增加;而串并联混合连接时,既可增加组件的输出电压,又可增加组件的输出电流。常见的晶体硅太阳能电池组件结构示意图如图 3-1 所示,薄膜太阳能电池组件的结构有些不同。

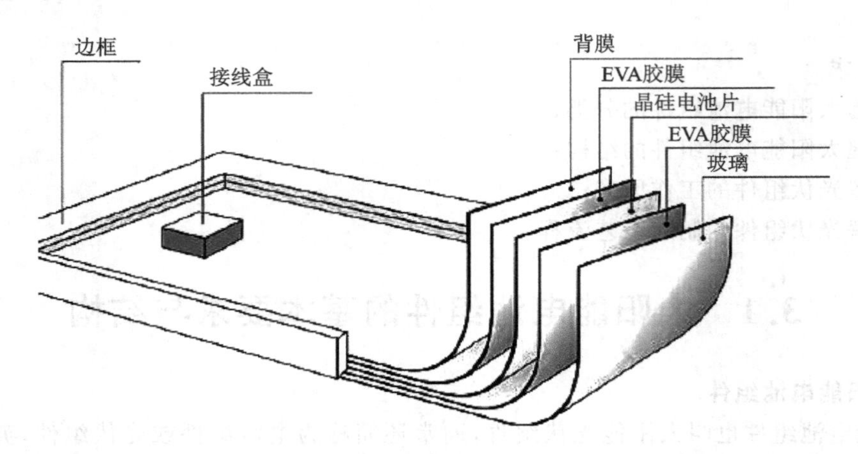

图 3-1 常见的晶体硅太阳能电池组件结构示意图

3.2 太阳能电池组件的主要原材料及部件

3.2.1 面板玻璃

电池组件采用的面板玻璃是低铁超白绒面或光面钢化玻璃,一般厚度为 32 mm 和 4 mm,建材型电池组件有时要用到 5～10 mm 厚度的钢化玻璃。无论厚薄都要求透光率在 90%以上,光谱相应的波长范围为 320 mm～1 100 nm,对大于 1 200 mm 的红外光有较高的反射率。

低铁超白就是这种玻璃的含铁量(三氧化二铁)比普通玻璃要低,从而增加了玻璃的透光率。同时从玻璃边缘看,这种玻璃也比普通玻璃白,普通玻璃从边缘看是偏绿色的。

绒面的意思就是这种玻璃为了减少阳光的反射,在其表面通过物理和化学方法进行减反射处理,使玻璃表面成为绒毛状,从而增加光线的入射量。有些厂家还利用溶胶凝胶纳米材料和精密涂布技术,在玻璃表面涂布一层含纳米材料的薄膜,这种镀膜玻璃不仅可以显著增加面板玻璃的透光率 2%以上,还可以显著地减少光线反射,而且还有自洁功能。可以减少雨水、灰尘等对电池板表面的污染,保持清洁,减少光衰,并提高发电率 1.5%～3%。

钢化处理是为了增加玻璃的强度,抵御风沙冰雹的冲击,起到长期保护太阳能电池的作用。面板玻璃的钢化处理,是通过水平钢化炉将玻璃加热到 700 ℃左右,利用冷风将其快速地均匀冷却,使其表面形成均匀的压应力,而内部则形成张应力,有效地提高了玻璃的抗弯和抗冲击性能。对面板玻璃进行钢化处理后,玻璃的强度比普通玻璃可提高 4～5 倍。

3.2.2 EVA 胶膜

EVA 胶膜是乙烯与醋酸乙烯脂的共聚物,是一种热固性的膜状热熔胶,在常温下无黏性,经过一定条件的热压便发生熔融黏结与交联固化,变得完全透明,是目前电池组件封装中普遍使用的黏结材料。EVA 胶膜的外形如图 3－2 所示。

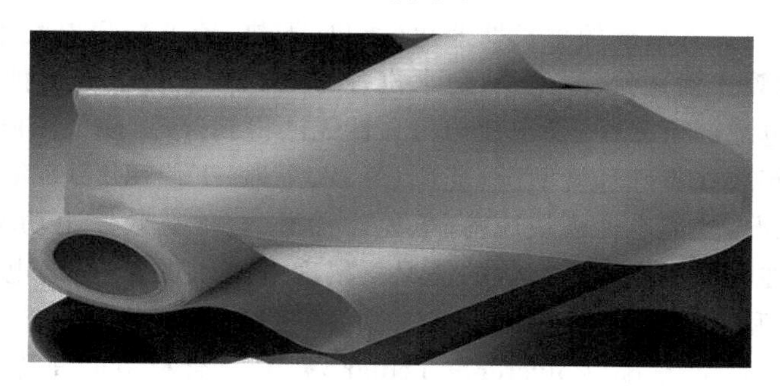

图 3－2　EVA 胶膜的外形

太阳能电池组中要加入两层 EVA 胶膜，两层 EVA 胶膜夹在面板玻璃、电池片和 TPT 背板膜之间，将玻璃、电池片和 TPT 粘接在一起。它和玻璃黏合后能提高玻璃的透光率，起到增透的作用，并可提高电池组件的输出功率。

EVA 胶膜具有表面平整，厚度均匀，透明度高，柔性好，热熔黏性、熔融流动性好，常温下不粘连、易切制，价格较低等优点。EVA 胶膜内含交联剂，能在 150 ℃的固化温度下交联，采用挤压成型工艺形成稳定的胶层。其厚度一般在 0.2～0.8 m 之间，常用厚度为 0.46 mm 和 0.5 mm。EVA 胶膜的性能主要取决于其相对分子质量与醋酸乙烯酯的含量，不同的温度对 EVA 胶膜的交联度有比较大的影响，而 EVA 胶膜的交联度直接影响到组件的性能和使用寿命。在熔融状态下，EVA 胶膜与太阳能电池片、面板玻璃、TPT 背板材料产生黏合，此过程既有物理的黏结，也有化学的键合作用。因此，EVA 胶膜能有效地保护电池片，防止外界环境对电池片的电性能造成影响，增强光伏电池组件的透光性。

3.2.3　背板材料

背板材料根据电池组件使用要求的不同，可以有多种选择，一般有钢化玻璃、有机玻璃、铝合金、TPT 复合胶膜等几种。用钢化玻璃背板主要是制作双面透光建材型的电池组件，用于光伏幕墙、光伏屋顶等，价格较高，组件质量也大。除此以外，目前使用最广的就是 TPT 复合膜，通常见到的电池组件背面的白色覆盖物大多就是这类复合膜，外形如图 3－3 所示。

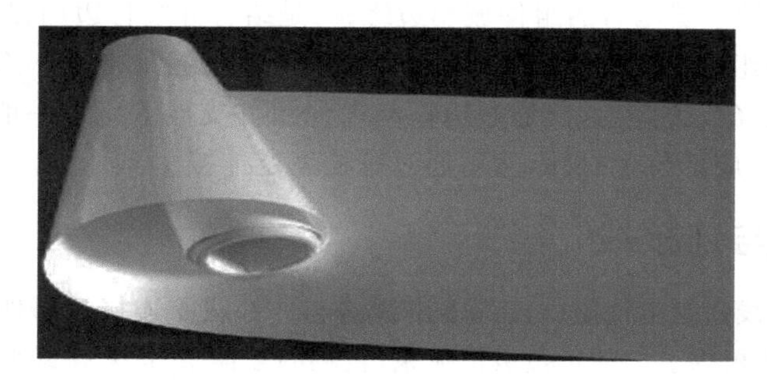

图 3－3　TPT 背板膜材料

背板复合膜（简称背膜）主要分为含氟背膜与不含氟背膜两大类。其中，含氟背膜又分为双面含氟（如 TPT）与单面含氟（如 TPE）两种；而不含氟的背膜则多通过黏合剂将多层 PET

胶粘复合而成。目前电池组件的使用寿命要求为25年，而背膜作为直接与外部环境大面积接触的光伏封装材料，应具备卓越的耐长期老化(湿热、干热、紫外)、耐电气绝缘，水蒸气阻隔等性能。因此，如果背膜在耐老化、耐绝缘、耐水汽等方面无法满足电池组件25年的环境考验，最终将导致太阳能电池的可靠性、稳定性与耐久性无法得到保障，使太阳能电池板在普通气候环境下使用8～10年或在特殊环境状况(高原、海岛、湿地)下使用5～8年即出现脱层、龟裂、起泡、黄变等不良状况，造成电池模块脱落、电池片移滑、电池有效输出功率降低等现象，更危险的是电池组件会在较低电压和电流值的情况下出现电打弧现象，引起电池组件燃烧并导致火灾，造成人身伤害和财产损失。

TPT是“Tedlar薄膜-聚酯(Polyster)-Tedlar薄膜”复合材料的简称。TPT复合膜集合了俗称“塑料王”的氟塑料具有的耐老化、耐腐蚀、防潮抗湿性好的优点和聚酯薄膜优异的机械性能、阻隔性能和低吸湿性能，因此复合而成的TPT胶膜具有不透气、强度好、耐候性好、使用寿命长、层压温度下不起任何变化、与黏结材料结合牢固等特点。这些特点正适合封装太阳能电池组件，作为电池组件的背板材料有效地防止了各种介质尤其是水、氧、腐蚀性气体等对EVA和太阳能电池片的侵蚀与影响。

常见复合材料除TPT以外，还有TAT(Tedlar与铝(Aluminum)膜的复合膜)和TIT(Tedlar与铁膜的复合膜)等中间带有金属膜夹层结构的复合膜。这些复合膜还具有高强、阻燃、耐久、自洁等特性，白色的复合膜还可对阳光起反射作用，能提高电池组件的转换效率，且对红外线也有较强的反射性能，可降低电池组件在强阳光下的工作温度。

目前，TPT复合膜根据生产工艺的不同分为复胶型胶膜和涂覆型胶膜两大类。复胶型胶膜就是将PVF(聚氟乙烯)、PVDF(聚偏氟乙烯)、ECTFE(三氟氯乙烯乙烯共聚物)和THV(四氟乙烯-六氟丙烯-偏氟乙烯共聚物)等氟塑料膜通过黏合剂与作为基材的PET聚酯胶膜粘接复合而成的，而涂覆型胶膜是以含氟树脂如PTFE(聚四氟乙烯)树脂、CTFE(三氟氯乙烯)树脂、PVDF树脂和FEVE(氟乙烯-乙烯基醚共聚物)树脂为主体树脂的涂料，采用涂覆方式涂覆在PET聚酯胶膜上复合固化而成的。

3.2.4 铝合金边框

电池组件的边框材料主要采用铝合金，也有用不锈钢和增强塑料的。电池组件安装边框的主要作用：一是保护了层压后的组件玻璃边缘；二是结合硅胶打边加强了组件的密封性能；三是大大提高了电池组件整体的机械强度；四是方便了电池组件的运输、安装。电池组件无论是单独安装还是组成光伏方阵，都要通过边框与电池组件支架固定。一般都是在边框适当部位打孔，同时支架的对应部位也打孔，然后通过螺栓固定连接。

3.2.5 接线盒与连接线

电池组件专用接线盒是电池组件内部输出线路与外部线路连接的部件，常用接线盒外形如图3-4所示。从电池板内引出的正负极汇流条(较宽的互连条)进入接线盒内，插接或用焊锡焊接到接线盒中的相应位置，外引线也通过插接、焊接和螺钉压接等方法与接线盒连接。接线盒内还留有旁路二极管安装的位置或直接安装有旁路二极管，用来对电池组件进行旁路保护。接线盒除了上述作用以外，还要最大限度地减少其本身对电池组件输出功率的消耗，最大限度地减小本身发热对电池组件转换效率造成的影响，最大限度地提高电池组件的安全性和可靠性。

图 3-4　常用接线盒的外形

有些接线盒还直接带有输出电缆引线和电缆连接器插头，方便电池组件或方阵的快速连接。当引线长度不够时，还可以使用带连接器插头的延长电缆进行连接。

3.2.6　互连条

互连条也叫涂锡铜带、涂锡带，宽些的互连条也叫汇流条，外形如图 3-5 所示。它是电池组件中电池片与电池片连接的专用引线。它以纯铜铜带为基础，在铜带表面均匀地涂镀了一层焊锡。纯铜铜带是含铜量 99.99%的无氧铜，焊锡涂层成分分为含铅焊锡和无铅焊锡两种，焊锡面涂层厚度为 0.01～0.05 mm，熔点为 160～230 ℃，要求涂层均匀，表面光亮、平整。互连条规格根据其宽度和厚度的不同有 20 多种，宽度可为 0.8～3 mm，厚度可为 0.04～0.8 mm 不等。

图 3-5　互连条的外形

3.2.7　有机硅胶

有机硅胶是一种具有特殊结构的密封胶材料，具有较好的耐老化、耐高低温、耐紫外线性能，抗氧化、抗冲击、防污、防水、高绝缘，主要用于电池组件边框的密封、接线盒与电池组件的粘接密封、接线盒的浇注与灌封等。有机硅胶固化后将形成高强度的弹性橡胶体，在外力的作用下具有变形的能力，外力去除后又恢复原来的形状。因此，电池组件采用有机硅胶密封，将兼具有密封、缓冲和防护的功能。

3.3 太阳能电池组件生产流程和工序

晶体硅太阳能电池组件制造的内容主要是将单片太阳能电池片进行串、并互连后严密封装，以保护电池片表面、电极和互连线等不受到腐蚀；另外，封装也避免了电池片的碎裂，因此太阳能电池组件的生产过程，其实也就是太阳能电池片的封装过程，太阳能电池组件的生产线又叫组件封装线。封装是太阳能电池组件生产中的关键步骤，封装质量的好坏决定了太阳能电池组件的使用寿命。没有良好的封装工艺，再好的电池也生产不出好的电池组件。

3.3.1 工艺流程

电池片测试分选→激光划片(整片使用时无此步骤)→电池片单焊(正面焊接)并自检验→电池片串焊(背面串接)并自检验→中检测试→叠层敷设(玻璃清洗、材料下料切割、敷设)→层压(层压前灯检、层压后削边、清洗)→终检测试→装边框（涂胶、装镶嵌角铝、装边框、撞角或螺丝固定、边框打孔或冲孔、擦洗余胶)→装接线盒、焊接引线→高压测试→清洗、贴标签→组件抽检测试→组件外观检验→包装入库。

3.3.2 生产工序

(1) 电池片测试分选

由于电池片制作条件的随机性，生产出来的电池性能参数不尽相同，为了有效地将性能一致或相近的电池片组合在一起，应根据其性能参数进行分类。电池片测试即通过测试电池片的输出电流、电压和功率等的大小对其进行分类，以提高电池的利用率，做出质量合格的电池组件。分选电池片的设备叫电池片分选仪，自动化生产时使用电池片自动分选设备。除了对电池片性能参数进行分选外，还要对电池片的外观进行分选，重点是色差和栅线尺寸等。

(2) 激光划片

激光划片就是用激光划片机将整片的电池片根据需要切割成组件所需要规格尺寸的电池片。例如在制作一些小功率组件时，就要将整片的电池片切割成四等分、六等分、九等分等。在电池片切割前，要事先设计好切割线路，编好切割程序，尽量利用边角料，以提高电池片的利用率。

(3) 电池片单焊(正面焊接)

电池片单焊是将互连条焊接到电池片的正面(负极)的主栅线上。要求焊接平直、牢固，用手沿 45°左右方向轻提互连条不脱落，过高的焊接温度和过长的焊接时间会导致低的撕拉强度或碎裂电池。手工焊接时一般用恒温电烙铁，大规模生产时使用自动焊接机。焊带的长度约为电池片边长的 2 倍。多出的焊带在背面焊接时与后面的电池片的背面电极相连。

(4) 电池片串焊(背面焊接)

电池片串焊是将规定片数的电池片串接在一起形成一个电池串，然后用汇流条再将若干个电池串进行串联或并联焊接，最后汇合成电池组件并引出正负极引线。手工焊接时电池片的定位主要靠模具板，模具板上面有 9～12 个放置电池片的凹槽，槽的大小和电池的大小相对应，槽的位置已经设计好，不同规格的组件使用不同的模板，操作者使用电烙铁和焊锡丝将“前面电池”的正面电极(负极)焊接到“后面电池”的背面电极(正极)上。使用模具板保证了电池片间间距的一致。同时要求每串的电池片间距也要均匀，颜色一致。

(5) 中检测试

中检测试简称中测，是将串焊好的电池片放在组件测试仪上进行检测，看测试结果是否符合设计要求，通过中测可以发现电池片的虚焊及电池片本身的隐裂等。经过检测合格时可进行下一工序。标准测试条件：AM1.5，组件温度 25 ℃，辐照度 1 kW/m^2。测试结果有以下一些参数：开路电压、短路电流、工作电压、工作电流、最大功率等。

(6) 叠层敷设

叠层敷设是将背面串接好且经过检测合格后的组件串，与玻璃和裁制切割好的 EVA、TPT 背板按照一定的层次敷设好，准备层压。玻璃事先要进行清洗，EVA 和 TPT 要根据所需要的尺寸(一般比玻璃尺寸大 10 mm)提前下料裁制。敷设时要保证电池串与玻璃等材料的相对位置，调整好电池串间的距离和电池串与玻璃四周边缘的距离，为层压打好基础。敷设层次由下向上依次为玻璃、EVA、电池、EVA、TPT 背板。

(7) 组件层压

组件层压是将敷设好的电池组件放入层压机内，通过抽真空将组件内的空气抽出，然后加热使 EVA 熔化并加压使熔化的 EVA 流动充满玻璃、电池片和 TPT 背板膜之间的间隙，同时排出中间的气泡，将电池、玻璃和背板紧密黏合在一起，最后降温固化取出组件。层压工艺是组件生产的关键一步，层压温度和层压时间要根据 EVA 的性质决定。层压时，EVA 熔化后由于压力而向外延伸固化形成毛边，所以层压完毕应用快刀将其切除。要求层压好的组件内单片无碎裂、无裂纹、无明显移位，在组件的边缘和任何一部分电路之间形成连续的气泡或脱层通道。

(8) 终检测试

终检测试简称终测，是将层压出的电池组件放在组件测试仪上进行检测，通过测试结果看组件经过层压之后性能参数有无变化，或组件中是否发生开路或短路等故障等。同时还要进行外观检测，看电池片是否有移位、裂纹等情况，组件内是否有斑点、碎渣等。经过检测合格时可进入装边框工序。

(9) 装边框

装边框就是给玻璃组件装铝合金边框，增加组件的强度，进一步密封电池组件，延长电池的使用寿命。边框和玻璃组件的缝隙用硅胶填充。各边框间用角铝镶嵌连接或螺栓固定连接。手工装边框一般用撞角机。自动装边框时用自动组框机。

(10) 安装接线盒

接线盒一般都安装在组件背面的出引线处，用硅胶粘接，并将电池组件引出的汇流条正负极引线用焊锡与接线盒中相应的引线柱焊接。有些接线盒是将汇流条插入接线盒中的弹性插件卡里连接的。安装接线盒要注意安装端正，接线盒与边框的距离统一。旁路二极管也直接安装在接线盒中。

(11) 高压测试

高压测试是指在组件边框和电极引线间施加一定的电压，测试组件的耐压性和绝缘强度，以保证组件在恶劣的自然条件(雷击等)下不被损坏。测试方法是将组件引出线短路后接到高压测试仪的正极，将组件暴露的金属部分接到高压测试仪的负极，以不大于 500 V/s 的速率加压，直到达到 1 000 V 加上 2 倍的被测组件开路电压，维持 1 min，如果开路电压小于 50 V，则所加电压为 500 V。

(12) 清洗、贴标签

用 95%的乙醇将组件的玻璃表面、铝边框和 TPT 背板表面的 EVA 胶痕、污物、残留的硅胶等清洗干净。然后在背板接线盒下方贴上组件出厂标签。

(13) 组件抽检测试及外观检验

组件抽查测试的目的是对电池组件按照质量管理的要求进行抽查检验，以保证组件 100%合格。在抽查和包装入库的同时，还要对每一块电池组件进行一次外观检验，其主要内容为：

- 检查标签的内容与实际板形是否相符；
- 电池片外观色差是否明显；
- 电池片的片与片之间、行与行之间是否间距统一，横、竖间距是否成 90°；
- 焊带表面是否做到平整、光亮、无堆积、无毛刺；
- 电池板内部是否有细碎杂物；
- 电池片是否有缺角或裂纹；
- 电池片行或列与外框边缘是否平行，电池片与边框是否间距相等；
- 接线盒位置是否统一或因密封胶未干而造成移位或脱落；
- 接线盒内引线焊接是否牢固、圆滑或无毛刺；
- 电池板输出正负极与接线盒标识是否相符；
- 铝材外框角度及尺寸是否不正确而造成边框接缝过大；
- 铝边框四角是否未打磨而造成有毛刺；
- 外观清洗是否干净；
- 包装箱是否规范。

(14) 包装入库

将清洗干净、检测合格的电池组件按规定数量装入纸箱。纸箱两侧要各垫一层材质较硬的纸板，组件与组件之间也要用塑料泡沫或薄纸板隔开。

3.3.3 太阳能电池组件的性能参数

与硅太阳能电池的主要性能参数类似，太阳能电池组件的性能参数也主要有：短路电流、开路电压、峰值电流、峰值电压、峰值功率、填充因子和转换效率等。这些性能参数的概念与前面所定义的硅太阳能电池的主要性能参数相同，只是在具体的数值上有所区别。

(1) 短路电流(I_{sc})

当将太阳能电池组件的正负极短路，使 $U=Q$ 时，此时的电流就是电池组件的短路电流，短路电流的单位是 A，短路电流随着光强的变化而发生变化。

(2) 开路电压(U_{oc})

当太阳能电池组件的正负极不接负载时，组件正负极间的电压就是开路电压，开路电压的单位是 V。太阳能电池组件的开路电压随电池片串联数量的增减而变化，36 片电池片串联的组件开路电压为 21 V 左右。

(3) 峰值电流(I_m)

峰值电流也叫最大工作电流或最佳工作电流。峰值电流是指太阳能电池组件输出最大功率时的工作电流，峰值电流的单位是A。

(4) 峰值电压(U_m)

峰值电压也叫最大工作电压或最佳工作电压。峰值电压是指太阳能电池片输出最大功率时的工作电压，峰值电压的单位是V。组件的峰值电压随电池片串联数量的增减而变化，36片电池片串联的组件峰值电压为17～17.5 V。

(5) 峰值功率(P_m)

峰值功率也叫最大输出功率或最佳输出功率。峰值功率是指太阳能电池组件在正常工作或测试条件下的最大输出功率，也就是峰值电流与峰值电压的乘积，即 $P_m = I_m \times U_m$，峰值功率的单位是W。太阳能电池组件的峰值功率取决于太阳辐照度、太阳光谱分布和组件的工作温度，因此太阳能电池组件的测量要在标准条件下进行，测量标准为欧洲委员会的101号标准，其条件是：辐照度为1 kW/m^2，光谱为AM1.5，测试温度为25 ℃。

(6) 填充因子(FF)

填充因子也叫曲线因子，是指太阳能电池组件的最大功率与开路电压和短路电流乘积的比值，即 $FF = P_1/(I_{sc} \times U_{oc})$。填充因子是评价太阳能电池组件所用电池片输出特性好坏的一个重要参数，其值越高，表明所用太阳能电池组件输出特性越趋于矩形，电池组件的光电转换效率越高。太阳能电池组件的填充因子系数一般在0.5～0.8之间，也可以用百分数表示。

(7) 转换效率(η)

转换效率是指太阳能电池组件受光照时的最大输出功率与照射到组件上的太阳能量功率的比值，即

$$\eta = P_m/(A \times P_{in})$$

式中：P_m 为电池组件的峰值功率；A 为电池组件的有效面积；P_{in} 为单位面积的入射光功率，$P_{in} = 1\ 000\ \text{W/m}^2 = 100\ \text{mW/cm}^2$。

3.3.4 太阳能电池组件的技术要求和检验测试

1. 太阳能电池组件的技术要求

合格的太阳能电池组件应该达到一定的技术要求，相关部门也制定了电池组件的国家标准和行业标准。下面是层压封装型晶体硅太阳能电池组件的一些基本技术要求。

① 光伏组件在规定工作环境下，使用寿命应大于25年。

② 组件功率衰减在25年寿命期内不得低于原功率的80%。

③ 组件的电池上表面颜色应均匀一致，无机械损伤，焊点及互连条表面无氧化斑。

④ 组件的每片电池与互连条应排列整齐，组件的框架应整洁，无腐蚀斑点。

⑤ 组件的封装层中不允许气泡或脱层在某一片电池与组件边缘形成一个通路，气泡或脱层的几何尺寸和个数应符合相应的产品详细规范规定。

⑥ 组件的功率面积比大于65 W/m^2，功率质量比大于4.5 W/kg，填充因子FF大于0.65。

⑦ 组件在正常条件下的绝缘电阻不得低于200 MΩ。

⑧ 组件EVA的交联度应大于65%，EVA与玻璃的剥离强度大于30 N/cm，EVA与组件背板材料的剥离强度大于15 N/cm。

⑨ 每块组件都要有包括如下内容的标签：

- 产品名称与型号。
- 主要性能参数，包括短路电流 I_{sc}、开路电压 U_{oc}、峰值工作电流 I_m、峰值工作电压 U_m、峰值功率 P_m，以及 $I-U$ 曲线图、组件重量、测试条件、使用注意事项等。
- 制造厂名、生产日期及品牌商标等。

2. 太阳能电池组件的检验测试

太阳能电池组件的各项性能测试，一般都是按照 GB/T 9535—1998《地面用晶体硅光伏组件设计鉴定和定型》和 GB/T 14008—1992《海上用太阳电池组件总规范》中的要求和方法进行的。下面是电池组件的一些基本性能指标与检测方法。

(1) 电性能测试

在规定的标准测试条件(AM1.5，光强辐照度 1 kW/m²，环境温度 25 ℃)下对太阳能电池组件的开路电压、短路电流、峰值输出功率、峰值电压、峰值电流及伏安特性曲线等进行测量。

(2) 电绝缘性能测试

以 1 kV 的直流电压通过组件边框与组件引出线，测量绝缘电阻，绝缘电阻要求大于 2 000 MΩ，以确保在应用过程中组件边框无漏电现象发生。

(3) 热循环实验

将组件放置于有自动温度控制、内部空气循环的气候室内，使组件在 −40～85 ℃之间循环规定次数，并在极端温度下保持规定时间，监测实验过程中可能产生的短路和断路、外观缺陷、电性能衰减率、绝缘电阻等，以确定组件由于温度重复变化引起的热应变能力。

(4) 湿热-湿冷实验

将组件放置于有自动温度控制、内部空气循环的气候室内，使组件在一定温度和湿度条件下往复循环，保持一定的恢复时间，监测实验过程中可能产生的短路和断路、外观缺陷、电性能衰减率、绝缘电阻等，以确定组件承受高温高湿和低温低湿的能力。

(5) 机械载荷实验

在组件表面逐渐加载，监测实验过程中可能产生的短路和断路、外观缺陷、电性能衰减率、绝缘电阻等，以确定组件承受风雪、冰雹等静态载荷的能力。

(6) 冰雹实验

以钢球代替冰雹从不同角度以一定动量撞击组件，检测组件产生的外观缺陷、电性能衰减率，以确定组件抗冰雹撞击的能力。

(7) 老化实验

老化实验用于检测太阳能电池组件暴露在高湿和高紫外线辐照场地时具有的有效抗衰减能力。将组件样品放在 65 ℃、光谱约 6.5 的紫外太阳下辐照，最后检测光电特性，看其下降损失。值得一提的是，在曝晒老化实验中，电性能下降是不规则的。

3.4 太阳能电池组件的分类

电池组件的种类较多，按照太阳能电池片的类型不同，可分为晶体硅(单、多晶硅)电池组件、非晶硅薄膜电池组件及砷化镓电池组件等；按照封装材料和工艺的不同，可分为环氧树脂电池板和层压封装电池组件；按照用途的不同，可分为普通型太阳能电池组件和建材型太阳能电池组件，其中建材型太阳能电池组件又分为单面玻璃透光型电池组件、双面玻璃夹胶电池组件和中空玻璃电池组件以及用双面发电池片制作的双面发电电池组件等。由于用晶体硅太阳能电池片制作的电池组件应用占到市场份额的85％以上，在此就主要介绍用晶体硅太阳能电池片制作的各种电池组件。

3.4.1　普通型电池组件

常见的普通型电池组件有环氧树脂胶封板、透明PET层压板和钢化玻璃层压组件。其中，环氧树脂胶封板、透明PET层压板组件一般都是功率小于1 W的小组件，主要用于太阳能草坪灯、道钉灯、各种太阳能玩具等小功率产品上；而钢化玻璃层压组件的功率则可以做到1～300 W，是目前太阳能光伏电池组件应用的主流产品。下面就对这几种电池组件的构成和工作原理分别进行介绍。

1．环氧树脂胶封板组件

环氧树脂胶封板也叫滴胶板，外形如图3－6所示。它主要由电池片、印制电路板及环氧树脂胶等组成，具体尺寸和形状根据产品的需要确定，结构如图3－7所示。由于环氧树脂胶封板的功率很小，因此其使用的电池片是将完整的电池片切割成条状后制成的。条状电池片的长度和宽度即电池片的面积决定了组件的输出电流的大小，而串联的条数决定了组件的输出电压的大小。一般为1.2 V蓄电池充电的组件串联4条，为2.4 V蓄电池充电的组件串联7～8条，为3.6 V蓄电池充电的组件串联11条。环氧树脂胶封板组件的胶封面朝外接受阳光照射，阳光透过胶封面照射到电池片上，发出的电通过正负极引线引到电路板背面后，再通过引线接入相应电路或蓄电池中。

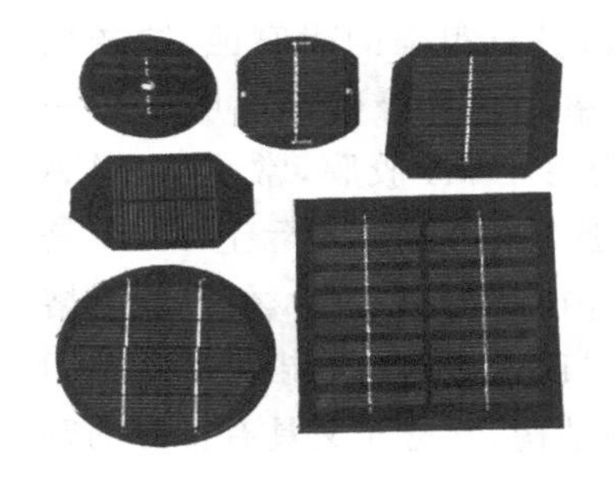

图3－6　环氧树脂胶封板的外形

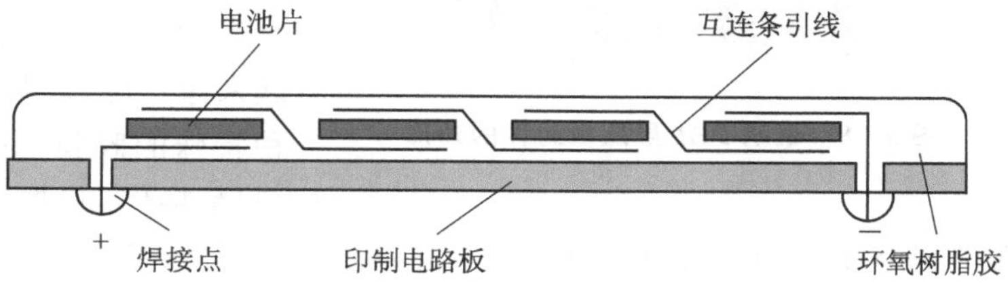

电池片
互连条引线
+
焊接点
印制电路板
−
环氧树脂胶

图3－7　环氧树脂胶封板的结构

环氧树脂胶封板组件的制作过程基本上都是手工操作。电池片是根据需要的尺寸用激光划片机预先划好的，制作步骤如下：

① 将划割好的条状电池片用互连条一正一负串联焊接起来，并用黑色双胶固定在印制电路板上。

② 将正负极引线穿过印制电路板上的引线孔与电路板背面的电路铜箔焊接，然后一一排列放在水平支架上等待灌胶。

③ 将双组分环氧树脂胶胺2∶1的比例混合调均匀（注意一次不要混合太多，否则一次用不完，十几分钟就会变稠而无法使用），给每一片组件表面倒上适量的胶水，使其自然摊开。组件表面胶水要均匀饱满，胶水太薄的地方还要补一点。

④ 将灌好胶水的组件放入真空干燥箱内抽气1 min，然后在70 ℃温度下烘干30 min或

在室内无尘环境下自然晾干 24 h。

⑤ 铲除组件周围多余的胶粒，用薄膜缠绕，防止互相摩擦破坏表面光洁度和透明度，再打包装箱就是产成品了。

环氧树脂作为黏合剂应用较为广泛，产品形式有单组分、双组分或粉末状树脂。太阳能电池组件使用的环氧树脂黏合剂通常是双组分液体，使用时现配现用。环氧树脂的黏结度较高，工艺简单，材料成本低廉，但耐老化性能较差，容易老化而变黄。因此，对于使用环氧树脂封装的电池组件，改善其耐老化性能是十分重要的。此外，作为太阳能电池封装材料，要求具有较高的耐湿性和气密性。环氧树脂是高分子材料，其分子间距为 50～200 nm，大大超过了水分子的体积，而水的渗透可降低太阳能电池的使用寿命。其次，用环氧树脂封装太阳能电池组件时，由于不同材料的膨胀系数不同，在生产过程中如材料配置及工艺不当将产生内应力，可能造成组件强度降低、龟裂、封装开裂、空洞、剥离等各种缺陷而严重影响组件质量。由于环氧树脂胶封板组件的使用寿命只有 2～3 年，目前只有一些 1 W 以下的小型组件仍使用环氧树脂封装，较大组件已经不再使用这种工艺了。

2. 透明 PET 层压板组件

透明 PET 层压板组件的外形如图 3-8 所示。它主要由电池片、透明 PET 胶膜及印制电路板或塑料基板等组成，具体尺寸和形状也是根据产品的需要确定。透明 PET 层压板一般也是在小功率电路上应用，功率一般不足 1 W。

图 3-8 透明 PET 层压板组件的外形

透明 PET 层压板的结构如图 3-9 所示。从图中可以看出，它的结构与环氧树脂胶封装组件大同小异，只是将环氧树脂胶改成了透明的 PET 胶膜。PET 是一种复合材料，具有很强的耐腐蚀、抗老化能力以及良好的透光率和电绝缘性能。层压板一面是光面，另一面复合着 EVA 胶膜，常温下 EVA 看起来像一层很薄的透明塑料纸，实际上 EVA 是一种特殊的胶膜，具有很高的透光性，在高温下熔化，起粘接作用，把 PET 胶膜、太阳能电池片与印制电路板或其他背板材料粘接在一起，形成一个类似于三明治的结构，既透光又具有良好的密封性，保护太阳能电池片不受各种腐蚀。这种封装形式与钢化玻璃封装形式一样，需要在生产电池组件专用的层压机里进行层压固化。其步骤为抽真空、加热、层压、固化等，层压机的详细工作过程在后续内容中介绍。由于封装工艺的不同，采用透明 PET 封装的电池组件要比环氧树脂胶封装的组件制作过程简单一些，工作寿命也稍长些。采用 PET 胶膜封装工艺具有环保、耐紫外线和不发黄的优点，可取代环氧树脂封装工艺。

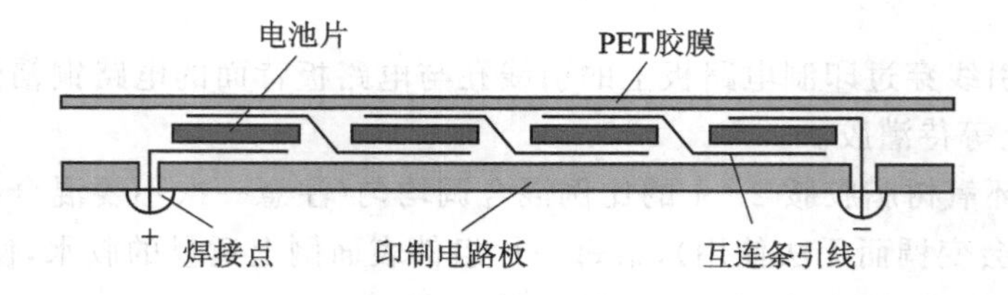

图 3-9 透明 PET 层压板的结构

3. 钢化玻璃层压组件

钢化玻璃层压组件也叫平板式电池组件，外形如图 3－10 所示。它是目前见得最多、应用最普遍的太阳能电池组件。钢化玻璃层压组件主要由面板玻璃、硅电池片、两层 EVA 胶膜、TPT 背板膜及铝合金边框和接线盒等组成，如图 3－11 所示。面板玻璃覆盖在太阳能电池组件的正面，构成组件的最外层，它既要透光率高，又要坚固耐用，起到长期保护电池片的作用。两层 EVA 胶膜夹在面板玻璃、电池片和 TPI 背板膜之间，通过熔融和凝固的工艺过程，将玻璃与电池片及背板膜凝接成一体。TPT 背板膜具有良好的耐气候性能，并能与 EVA 胶膜牢固结合。镶嵌在电池组件四周的铝合金边框既对组件起保护作用，又方便组件的安装固定及电池组件方阵间的组合连接。接线盒用黏结硅胶固定在背板上，作为电池组件引出线与外引线之间的连接部件。

图 3－10　钢化玻璃层压组件的外形

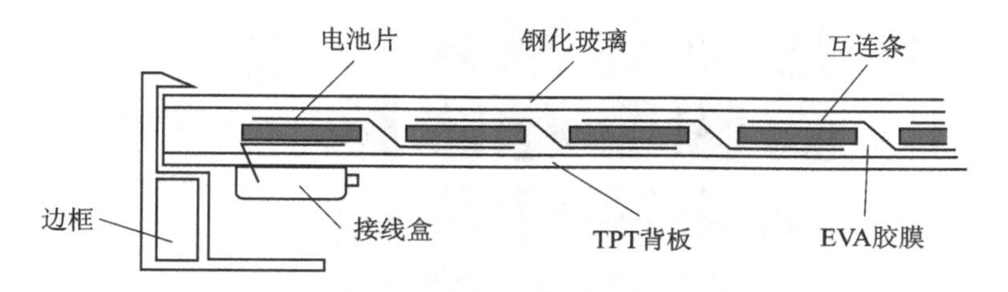

图 3－11　钢化玻璃层压组件的结构

3.4.2　建材型电池组件

建材型电池组件就是将电池组件融入建筑材料中，或者与建筑材料紧密结合，使电池组件的安装可以作为建筑施工内容的一部分，可以在新建建筑物或改造建筑物的过程中一次安装完成，即可以同时完成建筑施工与电池组件的安装施工。建材型电池组件的应用降低了组件安装的施工费用，使光伏发电系统成本降低。

建材型电池组件分为单面玻璃透光型电池组件、夹胶玻璃电池组件和中空玻璃电池组件等几种。它们的共同特点是可作为建筑材料直接使用，如窗户、玻璃幕墙和玻璃屋顶材料等。既可以采光，又可以发电。设计时通过调整组件上电池片与电池之间的间隙，就可以确定室内需要的采光量。

1. 单面玻璃透光型电池组件

单面玻璃透光型电池组件也叫玻胶透光型电池组件。这种组件主要用于建筑物窗户的采光玻璃，可单面或与普通钢化玻璃组合成中空玻璃使用，这种电池组件与普通电池组件的结构及制造过程相同，受光面也是用低铁超白钢化玻璃，但可以根据需要选择线面或光面玻璃，玻璃厚度为 3.2 mm。背面采用透明 PET 复合胶膜，PET 复合胶膜除了有透明的外，还有红色、绿色、蓝色等彩色透明胶膜，使组件与建筑物颜色搭配协调。单面玻璃透光型电池组件的结构如图 3－12 所示。

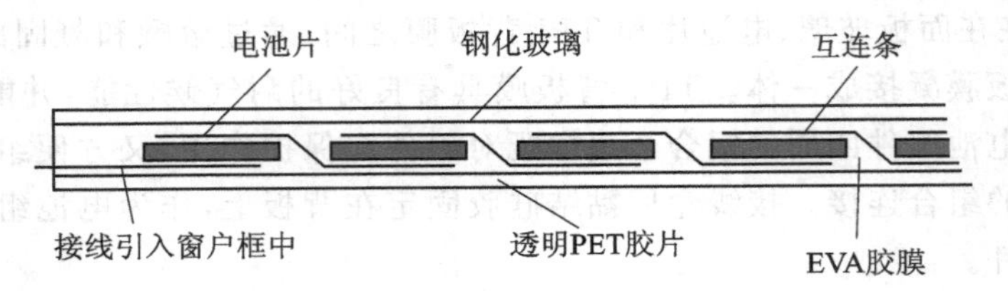

图 3－12　单面玻璃透光型电池组件的结构

2. 夹胶玻璃电池组件

夹胶玻璃电池组件就是电池片夹在两层玻璃之间，组件的受光面采用低铁超白钢化玻璃，背面采用普通钢化玻璃。其用作窗户玻璃时，玻璃厚度可选择 3.2 mm×3.2 mm；作玻璃幕墙时，根据单块玻璃尺寸的大小，选择玻璃组合厚度为 3.2 mm×5 mm、4 mm×5 mm、5 mm×5 mm 等；用作玻璃屋顶时，也要根据单块玻璃尺寸的大小，选择玻璃组合厚度为 5 mm×5 mm、5 mm×8 mm、8 mm×8 mm 等。夹胶玻璃电池组件的结构如图 3－13 所示。

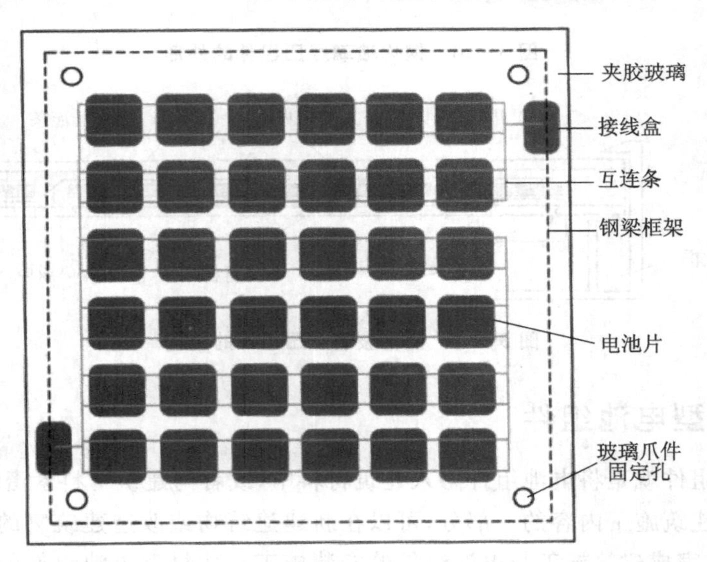

图 3－13　夹胶玻璃电池组件的结构

3. 中空玻璃电池组件

中空玻璃电池组件除了具有采光和发电的功能外，还具有隔音、隔热、保温的功能，常用于作为各种光伏建筑一体化发电系统的玻璃幕墙电池组件。中空玻璃电池组件是在单玻璃透光型电池和夹胶玻璃电池组件形式的基础上，再与一片玻璃组合而构成的。组件与玻璃间用内部装有干燥剂的空心铝隔条隔离，并用丁基胶、结构胶等进行密封处理，把接线盒及正负极引线等也都用密封胶密封在前后玻璃的边缘夹层中，与组件形成一体，使组件安装和组件间线路连接都非常方便。中空玻璃电池组件同目前广泛使用的普通中空玻璃一样，能够达到建筑安全玻璃的要求。中空玻璃电池组件的结构如图 3－14 所示。

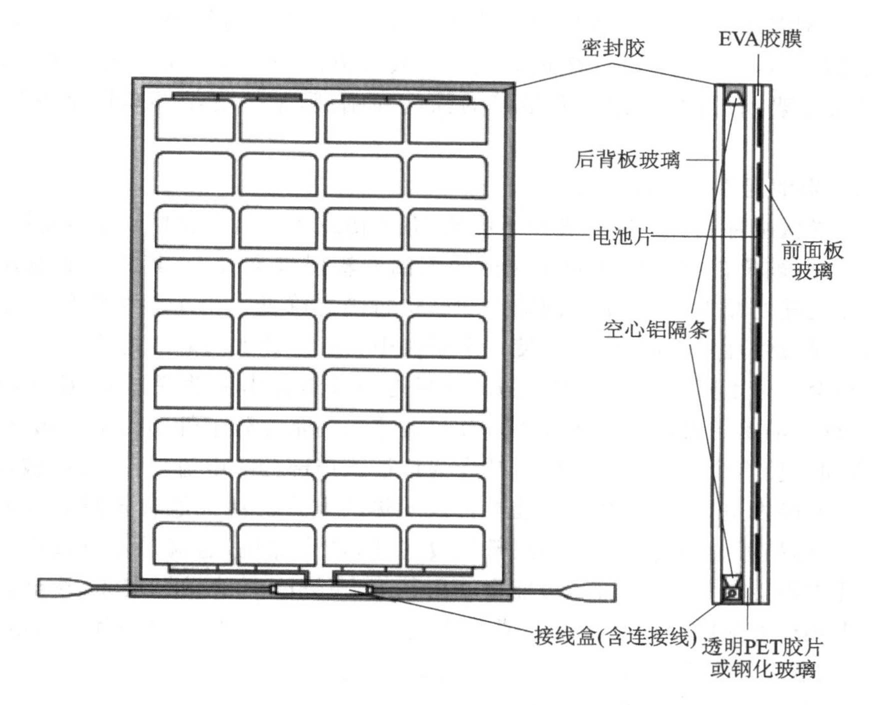

图 3－14　中空玻璃电池组件的结构

另外，日本、欧洲等一些国家和地区，开始尝试用中空玻璃组件的封装形式开发可以回收电池片的电池组件。他们将两片玻璃之间的中空部分充入惰性气体或抽成真空状态，连接好的电池片放置于中空玻璃之间，电池片背面紧贴中空玻璃背玻璃的内表面，用可以拆卸的硅胶固定。这种封装方式没有使用 EVA 胶膜，也没有层压的工艺过程，有利于电池片的直接回收。但这种结构使电池的受光面与面板玻璃之间有一定间隔，存在一个气体层，由于这个气体层与玻璃的折射率差别比较大，阳光入射到电池片表面经过这一气体层时反射较多，因此面板玻璃的内表面要做减反射处理。

建材型电池组件除了要满足电池组件本身的电气性能外，还必须符合建筑材料所要求的各种性能：

① 符合机械强度和耐久性的要求；

② 符合防水性的要求；

③ 符合防火、耐火的要求；

④ 符合建筑色彩和建筑美观的要求。

3.5　太阳能光伏方阵

太阳能光伏方阵也称太阳能电池方阵或光伏阵列，英文名称为 PVArray 或 Solar Array。

太阳能电池方阵是为满足高电压、大功率的发电要求，由若干个太阳能电池组件通过串、并联连接，并通过一定的机械方式固定组合在一起而构成的。除太阳能电池组件的串、并联组合外，太阳能光伏方阵还需要防反充（防逆流）二极管、旁路二极管、电缆等对光伏组件进行电气连接，还需要配专用的、带避雷器的直流接线箱及直流防雷配电箱等。有时为了防止鸟粪等沾污太阳能光伏方阵表面而产生"热斑效应"，还要在方阵顶端安装驱鸟器。另外，光伏组件方阵要固定在支架上，因此支架要有足够的强度和刚度，整个支架要牢固地安装在支架基础上。

1. 太阳能电池组件的热斑效应

当太阳能光伏组件或者一部分表面不清洁、有划伤或者被鸟粪、树叶、建筑物阴影、云层阴影覆盖或遮挡时，被覆盖或遮挡部分所获得的太阳能辐射量会减少，其相应电池片输出功率（发电量）自然也随之减少，相应组件的输出功率也将随之降低。由于整个组件的输出功率与被遮挡面积不是成线性关系的，所以即使一个组件中只有一片太阳能电池片被覆盖，整个组件的输出功率也会大幅度降低。如果被遮挡部分只是方阵组件串的并联部分，那么问题还较为简单，只是该部分输出的发电电流将减小。如果被遮挡的是方阵组件串的串联部分，则问题较为严重，一方面会使整个组串的输出电流减少为该被遮挡部分的电流，另一方面被遮挡的太阳能电池片不仅不能发电，还会被当作耗能器件以发热的方式消耗其他有光照的太阳能电池组件的能量，长期遮挡就会引起电池组件局部反复过热，产生热斑，这就是热斑效应。这种效应能严重地破坏太阳能电池及其组件，可能会使组件焊点熔化、封装材料破坏，甚至会使整个组件失效。产生热斑效应的原因除了以上情况外，还有个别质量不好的电池片混入电池组件，如电极焊片虚焊、电池片隐裂或破损、电池片性能变坏等。

2. 太阳能光伏组件的串、并联组合

太阳能光伏方阵的连接有串联、并联和串、并联混合几种方式。当每个单体的电池组件性能一致时，多个电池组件的串联连接，可在不改变输出电流的情况下，使方阵输出电压成比例地增加；组件并联连接时，则可在不改变输出电压的情况下，使方阵的输出电流成比例地增加；串、并联混合连接时，既可增加方阵的输出电压，又可增加方阵的输出电流。但是，组成方阵的所有光伏组件性能参数不可能完全一致，所有的连接电缆、插头插座接线电阻也不相同，于是会造成各串联光伏组件的工作电流受限于其中电流最小的组件；而各并联光伏组件的输出电压又会被其中电压最低的电池组件钳制。因此方阵组合会产生组合连接损失，使方阵的总效率总是低于所有单个组件的效率之和。组合连接损失的大小取决于光伏组件性能参数的离散性，因此除了在太阳能电池组件的生产工艺过程中尽量提高组件性能参数的一致性外，还可以对组件进行测试、筛选、组合，即把特性相近的组件组合在一起。例如，串联组合的各组件工作电流要尽量相近，每串与每串的总工作电压也要考虑搭配尽量相近，最大幅度地减少组合连接损失。因此，方阵组合连接要遵循下列几条原则：

- 串联时需要工作电流相同的组件，并为每个组件并接旁路二极管。
- 并联时需要工作电压相同的组件，并在每一条并联线路中串联防反充二极管。
- 尽量考虑组件连接线路最短，并用较粗的导线。
- 严格防止个别性能变坏的电池组件混入电池方阵。

3. 防反充（防逆流）和旁路二极管

在太阳能光伏方阵中，二极管是很重要的器件，常用的二极管基本都是硅整流二极管，在选用时要注意规格参数留有余量，防止击穿损坏。一般反向峰值击穿电压和最大工作电流都要取最大运行工作电压和工作电流的 2 倍以上。二极管在太阳能光伏发电系统中主要分为两类。

(1) 防反充(防逆流)二极管

防反充二极管的作用之一是防止太阳能光伏组件或方阵在不发电时，蓄电池的电流反过来向组件或方阵传送，不仅消耗能量，而且会使组件或方阵发热甚至损坏；作用之二是在电池方阵中，防止方阵各支路之间的电流倒送，这是因为串联各支路的输出电压不可能绝对相等，各支路电压总有高低之差，或者某一支路因为故障、阴影遮蔽等使该支路的输出电压降低，高电压支路的电流就会流向低电压支路，甚至会使方阵总体输出电压降低。在各支路中串联接入防反充二极管就避免了这一现象的发生。

在独立光伏发电系统中，有些光伏控制器的电路上已经接入了防反充二极管，即控制器带有防反充功能时，组件输出就不需要再接二极管了。

防反充二极管存在有正向导通压降，串联在电路中会有一定的功率消耗，一般使用的硅整流二极管管压降为 0.7 V 左右，大功率管可达 1～2 V。肖特基二极管虽然管压降较低，为 0.2～0.3 V，但其耐压和功率都较小，适合小功率场合应用。

(2) 旁路二极管

当有较多的太阳能电池组串联组成电池方阵或电池方阵的一个支路时，需要在每块电池板的正负极输出端反向并联 1 个(或 2～3 个)二极管，这个并联在组件两端的二极管就叫旁路二极管。

旁路二极管的作用是防止方阵串中的某个组件或组件中的某一部分被阴影遮挡或出现故障停止发电时，在该组件旁路二极管两端会形成正向偏压使二极管导通，组件串工作电流绕过故障组件，经二极管旁路流过，不影响其他正常组件的发电，同时也保护被旁路组件避免受到较高的正向偏压或由于“热斑效应”发热而损坏。

旁路二极管一般都直接安装在组件接线盒内，根据组件功率大小和电池片串的多少，安装 1～3 个二极管，如图 3-15 所示。其中图 3-15(a)用一个旁路二极管，当该组件被遮挡或有故障时，组件将被全部旁路；图 3-15(b)和图 3-15 (c)分别用 2 个和 3 个二极管将电池组件分段旁路，则当该组件的某一部分有故障时，可以做到只旁路组件的一半或 1/3，其余部分仍然可以继续参加工作。

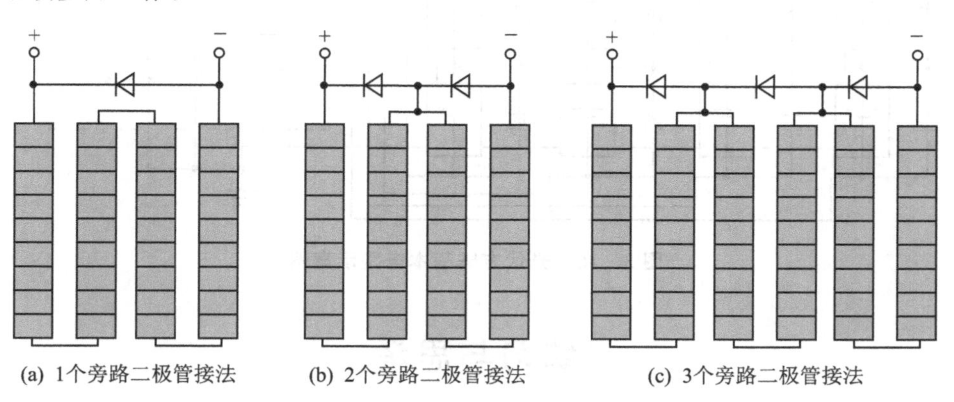

(a) 1个旁路二极管接法　(b) 2个旁路二极管接法　(c) 3个旁路二极管接法

图 3-15　旁路二极管接法示意图

旁路二极管也不是任何场合都需要的，当组件单独使用或并联使用时，是不需要接二极管的。对于组件串联数量不多且工作环境较好的场合，也可以考虑不用旁路二极管。

4. 光伏方阵的电路

光伏方阵的基本电路由电池组件串、旁路二极管、防反充二极管和带避雷器的直流接线箱等构成，常见电路形式有并联方阵电路、串联方阵电路和串、并联混合方阵电路，如图 3－16 所示。

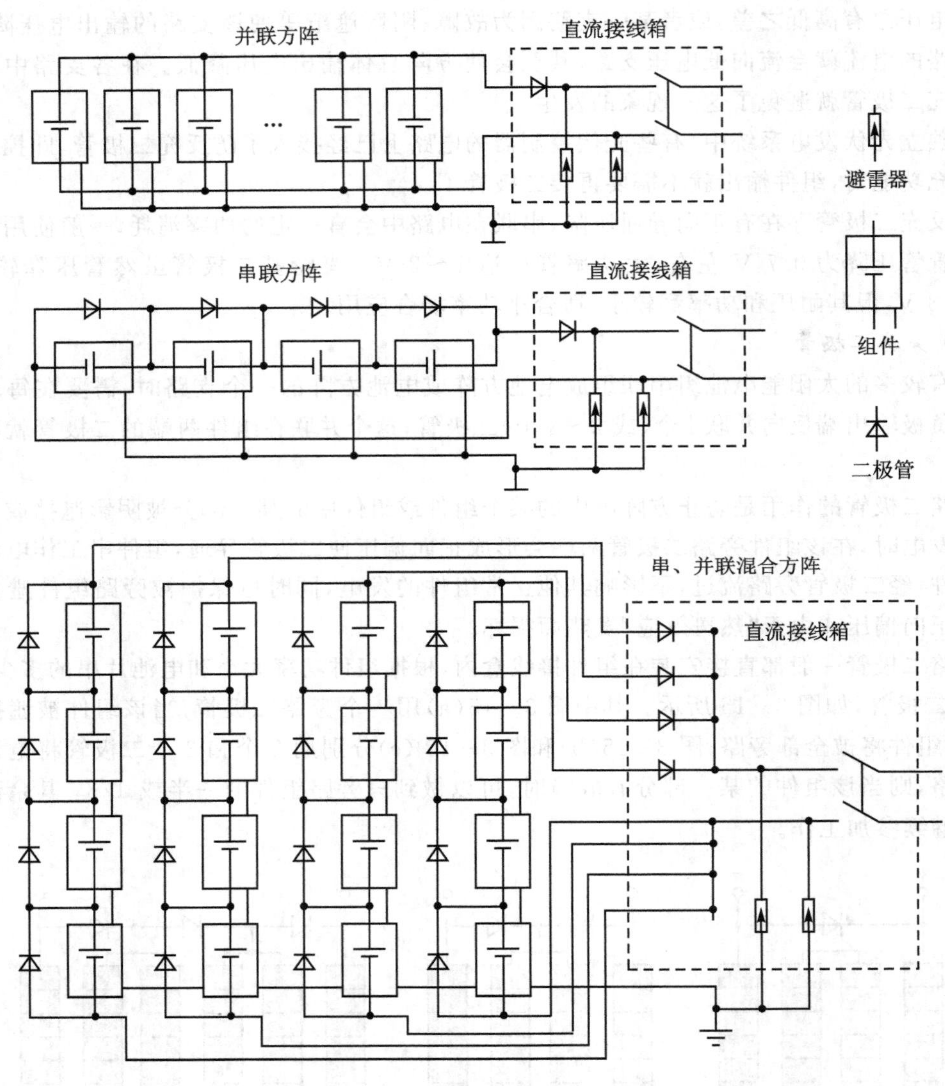

图 3－16　光伏方阵基本电路示意图

练习与思考

一、填空题

1. 太阳能电池组件通常采用(　　)、(　　)或串、并联混合连接方式将单体电池连接在一起。

2.（　　）是电池组件中电池片与电池片连接的专用引线。

3. 电池组件的种类较多，按照封装材料和工艺的不同可分为（　　）电池板和（　　）电池组件。

4. 按照用途的不同可分为（　　）型太阳能电池组件和（　　）型太阳能电池组件。

二、选择题

1.（　　）是固定电池和保证与上、下盖板密合的关键材料。

A. 边框　　B. 上玻璃盖　　C. 粘结剂　　D. 互连条

2. 要确保太阳能电池组件产品安装后建筑结构的安全，如结构的承载力、防水、防坠落、防雷、绝缘、节能等要求。这是太阳能电池组件的（　　）特征。

A. 美观特征　　B. 强度特征　　C. 采光特征　　D. 安全特征

3. 太阳能电池组件封装工艺流程串焊的下一道工序是（　　）。

A. 叠层　　B. 组件层压　　C. 高压测试　　D. 组件测试

4. 图3-17所示工序是（　　）。

A. 串焊　　B. 单焊　　C. 组件层压　　D. 组件测试

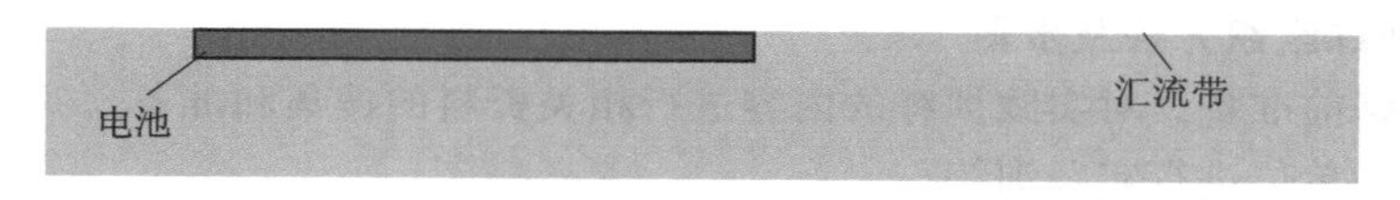

图3-17　题二(4)图示

5.（　　）作用是将太阳能电池组件串的直流电缆，接入后进行汇流，再与并网逆变器或直流防雷配电柜连接，以方便维修和操作。

A. 直流配电柜　　B. 交流配电柜　　C. 旁路二极管　　D. 汇流箱

6. 电池片正面会有两根或三根主栅线，颜色一般是（　　），是为了焊接使用。

A. 红色　　B. 白色　　C. 黑色　　D. 黄色

7. 在（　　）天气情况下相同面积的太阳能电池组件发电能量最大。

A. 阴天　　B. 雨天　　C. 雪天　　D. 晴天

8. 太阳能电池组件表面被污物遮盖，会影响整个太阳能电池方阵所发出的电力，从而产生（　　）。

A. 霍尔效应　　B. 孤岛效应　　C. 充电效应　　D. 热斑效应

9. 光伏发电产业链从上游到下游，主要的产业链条包括多晶硅、硅片和（　　）。

A. 电池片及电池组件　　B. 电池片

C. 电池组件　　D. 发电机

10. 太阳能电池组件的功能是（　　）。

A. 光转化为电　　B. 光转化为热能　　C. 光转化为机械能　　D. 光电相互转化

11. 目前光伏电站最常使用的光伏组件为（　　）。

A. 单晶硅组件　　B. 多晶硅组件　　C. 非晶硅薄膜组件　　D. 砷化镓光伏组件

12. 太阳能组件中串联数目较多时，为了安全起见，在每个组件上并接（　　）。

A. 肖特基二极管　　B. 阻塞二极管

C. 稳压二极管　　　　　　　　　　D. 旁路二极管

13. 将(　　)覆盖在太阳能电池组件的正面，构成组件的最外层，起到长期保护电池的作用。

A. EVA　　　B. PVF　　　C. TPT　　　D. 钢化玻璃

三、简答题

1. 简述晶体硅太阳能电池组件的典型结构。
2. 太阳能电池组件进行串并联时要注意的事项有哪些？
3. 造成热斑的根源主要有哪些？
4. 晶体硅太阳能电池组件封装的工艺流程有哪些？

实践训练

一、实践训练内容

1. 观看太阳能电池、光伏组件生产工艺过程的相关视频。
2. 参与太阳能电池、光伏组件的生产过程并撰写实践训练报告。

二、实践训练组织方法及步骤

① 实践训练前准备。对实践训练的内容进行相关资料的搜集和准备。

② 以 3 人为单位进行实践训练。

③ 对实践训练的过程做完整记录，并以 PPT 的形式进行展示或撰写实践训练报告。

三、实践训练成绩评定

1. 实践训练成绩评定分级：

成绩按优秀、良好、中等、及格、不及格 5 个等级评定。

2. 实践训练成绩评定准则：

① 成员的参与程度。

② 成员的团结进取精神。

③ 撰写的实践训练报告是否语言流畅、文字简练、条理清晰、结论明确。

④ 讲解时语言表达是否流畅，PPT 制作是否新颖。

项目 4　认识太阳能光伏发电系统

项目要求

- 了解太阳能光伏发电的优缺点；
- 掌握太阳能光伏发电系统的构成；
- 理解太阳能光伏发电系统的工作原理；
- 掌握太阳能光伏发电系统的分类；
- 了解太阳能光伏发电的应用。

4.1　太阳能光伏发电的优缺点

4.1.1　太阳能光伏发电的优点

太阳能光伏发电过程简单，没有机械转动部件，不消耗燃料，不排放包括温室气体在内的任何物质，无噪声、无污染，太阳能资源分布广泛且取之不尽、用之不竭。因此，与风能和生物质能等新型发电技术相比，光伏发电是一种最具可持续发展理想特征的可再生能源发电技术，其主要优点如下：

(1) 太阳能资源取之不尽，用之不竭，照射到地球上的太阳能要比人类目前消耗的能量大 6 000 倍；而且太阳能在地球上分布广泛，只要有光照的地方就可以使用光伏发电系统，不受地域、海拔等因素的限制。

(2) 太阳能资源随处可得，可就近发电、供电，不必长距离输送，避免了长距离输电线路造成的电能损失。

(3) 光伏发电过程是直接从光子到电子的转换过程，没有中间过程和机械运动，不存在机械磨损。根据热力学原理，光伏发电具有很高的理论发电效率，最高可达 80%以上，技术开发潜力大。

(4) 光伏发电本身不用燃料，不排放包括温室气体和其他废气的任何物质，不污染空气，不产生噪声，对环境友好，不会遭受能源危机或燃料市场不稳定的冲击，太阳能是真正绿色环保的可再生能源。

(5) 光伏发电过程不需要冷却水，发电装置可以安装在没有水的荒漠、戈壁上。光伏发电还可以很方便地与建筑物结合，构成光伏建筑一体化发电系统，不需要单独占地，可节省宝贵的土地资源。

(6) 光伏发电系统无机械传动部件，操作、维护简单，运行稳定可靠。一套太阳能光伏发电系统只要有阳光照射，电池组件就能发电，加上自动控制技术的广泛应用，基本上可实现无人值守，维护成本低。

(7) 光伏发电系统工作性能稳定可靠，使用寿命长(30 年以上)，晶体硅太阳能电池寿命可长达 20～35 年。在光伏发电系统中，只要设计合理、选型适当，蓄电池的寿命也可长达 10～15 年。

(8) 太阳能电池组件结构简单,体积小、质量轻,便于运输和安装。光伏发电系统建设周期短,而且根据用电负荷容量可大可小,方便灵活,极易组合、扩容。

4.1.2 太阳能光伏发电的缺点

(1) 能量密度低。尽管太阳投向地球的能量总和极其巨大,但由于地球表面积也很大,而且地球表面大部分被海洋覆盖,真正能够到达陆地表面的能量只有到达地球范围辐射能量的10%左右,致使单位面积上能够直接获得的太阳能量却较少。该能量值通常以太阳辐照度来表示,地球表面的辐照度最高值约为 1.2 kW·h/m²,多数地区在大多数的日照时间内低于 1 kW·h/m²。太阳能的利用实际上是低密度能量的收集、利用。

(2) 占地面积大。由于太阳能能量密度低,这就使得光伏发电系统的占地面积会很大,每 10 kW 光伏发电功率占地大约需 100 m²,平均每平方米面积发电功率为 100~120 W。随着光伏建筑一体化发电技术的成熟和发展,越来越多的光伏发电系统可以利用建筑物的屋顶和立面,改善光伏发电系统占地面积大的不足。

(3) 转换效率低。光伏发电的最基本单元是太阳能电池组件。光伏发电的转换效率指的是光能转换为电能的比率。目前晶体硅光伏电池的转换效率为 17%,非晶硅光伏电池的转换效率不超过 10%。由于光电转换效率太低,从而使光伏发电功率密度低,难以形成高功率发电系统。因此,太阳能电池的转换效率低是阻碍光伏发电大面积推广的瓶颈。

(4) 间歇性工作。在地球表面,光伏发电系统只能在白天发电,晚上不能发电,除非在太空中没有昼夜之分的情况下,太阳能电池才可以连续发电,这和人们的用电习惯不符。

(5) 受自然条件和气候环境因素影响大。太阳能光伏发电的能源直接来源于太阳光的照射,而地球表面上的太阳照射受自然条件和气候的影响很大,雨雪天、阴天、雾天甚至云层的变化都会严重影响系统的发电状态。另外,由于环境污染的影响,特别是空气中的颗粒物降落在太阳能电池组件表面,也会阻挡部分光线的照射,使电池组件光电转换效率降低,发电量减少。

(6) 地域依赖性强。地理位置不同,气候不同,使各地区日照资源相差很大。光伏发电系统只有在太阳能资源丰富的地区应用效果才好。

(7) 系统成本高。由于太阳能光伏发电效率低,到目前为止,光伏发电的成本仍然是其他长期发电方式(火力和水力发电)的几倍。这是制约其广泛应用的最主要因素。但是我们也应看到,随着太阳能电池产能的不断扩大及电池片光电转换效率的不断提高,光伏发电系统成本下降也非常快。

(8) 晶体硅电池的制造过程高污染、高能耗。晶体硅电池的主要原料是纯净的硅,硅是地球上含量仅次于氧的元素,主要存在形式是沙子(二氧化硅)。从沙子中提取二氧化硅并一步步提纯为含量 99.999 9%以上纯净的晶体硅,期间要经过多道化学和物理工序的处理,不仅要消耗大量能源,还会造成一定的环境污染。

尽管太阳能光伏发电有上述不足,但是随着全球化石能源的逐渐枯竭以及因化石能源过度消耗而引发的全球变暖和生态环境恶化,已经给人类带来了很大的生存压力,因此大力开发可再生能源的确是解决能源危机的主要途径。太阳能光伏发电是一种最具可持续发展理想特征的可再生能源发电技术,近年来我国政府也相继出台了一系列鼓励和支持新能源及太阳能光伏产业的政策法规,这将极大地促进太阳能光伏产业的迅猛发展,光伏发电技术和应用水平也将会不断提高,应用范围会逐步扩大,并将在全球能源结构中占有越来越大的比例。

4.2　太阳能光伏发电系统的构成

通过太阳能电池将太阳辐射能转换为电能的发电系统称为太阳能光伏发电系统，也可叫太阳能电池发电系统。尽管太阳能光伏发电系统应用形式多种多样，应用规模很大，从小到不足1 W的太阳能草坪灯，到几百千瓦甚至几兆瓦的大型光伏发电站，但太阳能光伏发电系统的组成结构和工作原理却基本相同。其主要结构由太阳能光伏组件（或方阵）、蓄电池（组）、光伏控制器、逆变器（在有需要输出交流电的情况下使用）以及一些测试、监控、防护等附属设施构成。

1. 太阳能光伏组件

太阳能光伏组件也叫电池组件或太阳能电池板，是太阳能发电系统中的核心部分，也是太阳能发电系统中价值最高的部分。其作用是将太阳光的辐射能量转换为电能，电能可以送往蓄电池中存储起来，也可以直接用于推动负载工作。当发电容量较大时，就需要用多块电池组件串、并联后构成太阳能光伏方阵。目前应用的太阳能电池主要是晶体硅电池，分为单晶硅太阳能电池、多晶硅太阳能电池和非晶硅太阳能电池等几种。

2. 蓄电池

蓄电池的作用主要是存储太阳能电池发出的电能，并可随时向负载供电。太阳能光伏发电系统对蓄电池的基本要求是：自放电率低，使用寿命长，充电效率高，深放电能力强，工作温度范围宽，少维护或免维护以及价格低廉。目前为光伏发电系统配套使用的主要是免维护铅酸电池，在小型、微型系统中，也可用镍氢电池、镍镉电池、锂电池或超级电容器等。当然，要存储大容量电能时，就需要将多只蓄电池串、并联起来构成电池组。

3. 光伏控制器

太阳能光伏控制器的作用是控制整个系统的工作状态，其功能主要有：防止蓄电池过充电保护、防止蓄电池过放电保护、系统短路保护、系统极性反接保护、夜间防反充电保护等。在温差较大的地方，控制器还具有温度补偿的功能。另外，控制器还有光控开关、时控开关等工作模式，以及充电状态、蓄电池电量等各种工作状态的显示功能。

光伏控制器一般分为小功率、中功率、大功率控制器等。

4. 交流逆变器

交流逆变器是把太阳能电池组件或者蓄电池输出的直流电转换成交流电，供应给电网或者交流负载使用的设备。逆变器按运行方式可分为独立运行逆变器和并网逆变器。独立运行逆变器用于独立运行的太阳能发电系统，为独立负载供电；并网逆变器用于并网运行的太阳能发电系统。

5. 光伏发电系统附属设施

光伏发电系统的附属设施包括直流配线系统、交流配电系统、运行监控和检测系统、防雷和接地系统等。

4.3　太阳能光伏发电系统的工作原理

太阳能光伏发电系统大类上可分为独立（离网）型光伏发电系统和并网型光伏发电系统两大类。

图 4-1 所示是独立型太阳能光伏发电系统的工作原理示意图。太阳能光伏发电系统的核心部件是太阳能电池板，它将太阳光的光能直接转换成电能，并通过控制器把太阳能电池产生的电能存储于蓄电池中。当负载用电时，蓄电池中的电能通过控制器合理地分配到各个负载上，太阳能电池所产生的电流为直流电，可以直接以直流电的形式应用，也可以用交流逆变器将其转换成为交流电，供交流负载使用。太阳能发电的电能可以即发即用，也可以用蓄电池等储能装置将电能存储起来，在需要时使用。

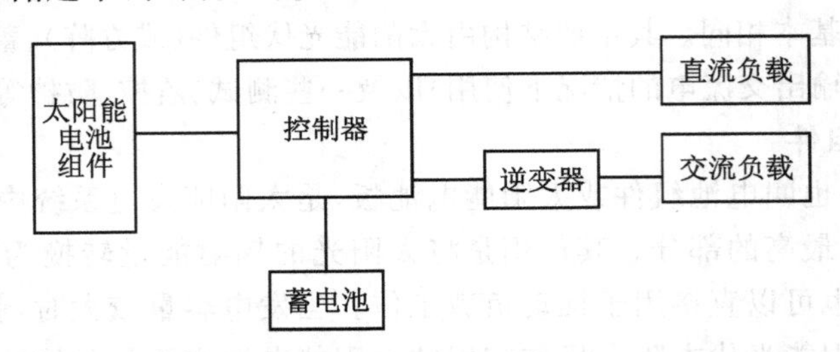

图 4-1　独立型太阳能光伏发电系统的工作原理示意图

图 4-2 所示是并网型太阳能光伏发电系统工作原理示意图。并网型光伏发电系统由太阳能电池组件方阵将光能转变成电能，并经直流配线箱进入并网逆变器，有些类型的并网型光伏系统还要配置蓄电池组存储直流电能。并网逆变器由充放电控制、功率调节、交流逆变、并网保护切换等部分构成。经逆变器输出的交流电供负载使用，多余的电能可通过电力变压器等设备逆流馈入公共电网（称为卖电）。当并网型光伏系统因气候原因发电不足或自身用电量偏大时，可由公共电网向交流负载补充供电（称为买电）。系统还配备有监控、测试及显示系统，用于对整个系统工作状态的监控、检测及发电量等各种数据的统计，还可以利用计算机网络系统进行远程传输控制和数据显示。与独立型太阳能光伏发电系统相比，并网型太阳能光伏系统除可以向公共电网逆流发电外，另一大优点是可以取消储能蓄电池（特殊场合除外），使系统成本降低，并且加强了供电的稳定性和可靠性。

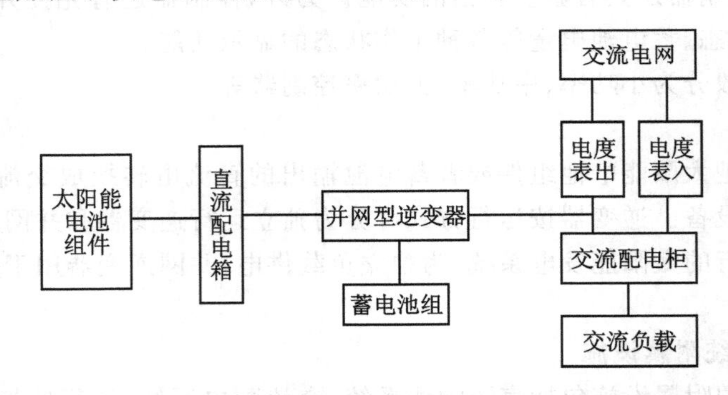

图 4-2　并网型太阳能光伏发电系统工作原理示意图

4.4　太阳能光伏发电系统的分类

太阳能光伏发电系统按大类可分为独立（离网）型光伏发电系统和并网型光伏发电系统两大类。其中，独立型光伏发电系统又可分为直流光伏发电系统、交流光伏发电系统以及交、直流混合光伏发电系统。而在直流光伏发电系统中，又可分为有蓄电池的系统和无蓄电池的系统。

并网型光伏发电系统也分为有逆流光伏发电系统和无逆流光伏发电系统，并根据用途，也分为有蓄电池系统和无蓄电池系统等。光伏发电系统的分类及具体应用可参看表 4－1。

表 4－1　光伏发电系统的分类及具体应用

类　型	分　类	具体应用实例
独立型光伏发电系统	无蓄电池的直流光伏发电系统	直流光伏水系，充电器，太阳能风扇
	有蓄电池的直流光伏发电系统	太阳能手电，太阳能手机充电器，太阳能草坪灯、庭院灯、路灯、交通标志灯、杀虫灯、航标灯，直流户用系统，高速公路监控，无电地区微波中继站、移动通信基站，农村小型发电站，石油管道阴极保护装置等
	交流及交、直流混合	交流太阳能户用系统，无电地区小型发电站，有交流设备的微波中继站，移动通信基站，气象、水文、环境检测站等
	市电互补型光伏发电系统	城市太阳能路灯改造、电网覆盖地区一般住宅光伏电站等
并网型光伏发电系统	有逆流并网光伏发电系统	一般住宅，建筑物，光伏建筑一体化系统
	无逆流并网光伏发电系统	一般住宅，建筑物，光伏建筑一体化系统
	切换型并网光伏发电系统	一般住宅，重要及应急负载，建筑物，光伏建筑一体化系统
	有储能装置的并网光伏发电系统	一般住宅，重要及应急负载，光伏建筑一体化系统，自然灾害避难所，高层建筑应急照明

下面就对各种光伏发电系统的构成与工作原理分别予以介绍。

4.4.1　独立型光伏发电系统

独立型光伏发电系统也叫离网型光伏发电系统，主要由太阳能光伏组件、控制器、蓄电池组成，若要为交流负载供电，还需要配置交流逆变器。因此，独立型光伏发电系统根据用电负载的特点，可分为下列几种形式。

1. 无蓄电池的直流光伏发电系统

无蓄电池的直流光伏发电系统如图 4－3 所示。该系统的特点是用电负载是直流负载，对负载使用时间没有要求，负载主要在白天使用。太阳能电池与用电负载直接连接，有阳光时就发电使负载工作，无阳光时就停止发电，负载停止工作。系统不需要使用控制器，也没有蓄电池储能装置。该系统的优点是，省去了能量通过控制器及在蓄电池的存储和释放过程中造成的损失，提高了太阳能的利用效率，这种系统最典型的应用是太阳能光伏水表。在白天太阳光强度足够大时，利用太阳能光伏水泵把水抽到蓄水池内储存起来，足够夜晚和阴雨天使用。

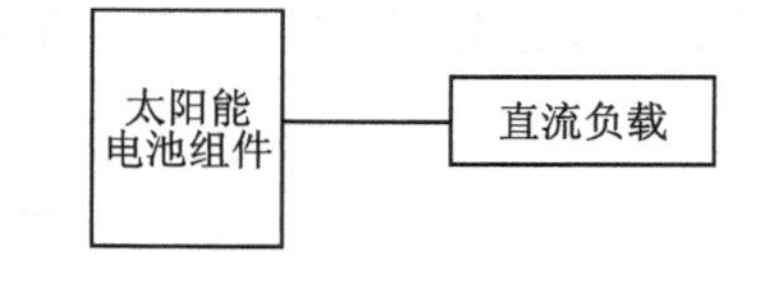

图 4－3　无蓄电池的直流光伏发电系统

2. 有蓄电池的直流光伏发电系统

有蓄电池的直流光伏发电系统如图 4－4 所示。该系统由太阳能电池、充放电控制器、蓄电池以及直流负载等组成。有阳光时，太阳能电池将光能转换为电能供负载使用，并同时向蓄电池提供存储电能。在夜间或阴雨天时，由蓄电池向负载供电。这种系统应用广泛，小到太阳能草坪灯、庭院灯，大到远离电网的移动通信基站、微波中继站以及边远地区农村供电系统等。当系统容量和负载功率较大时，就需要配备太阳能电池方阵和蓄电池组了。

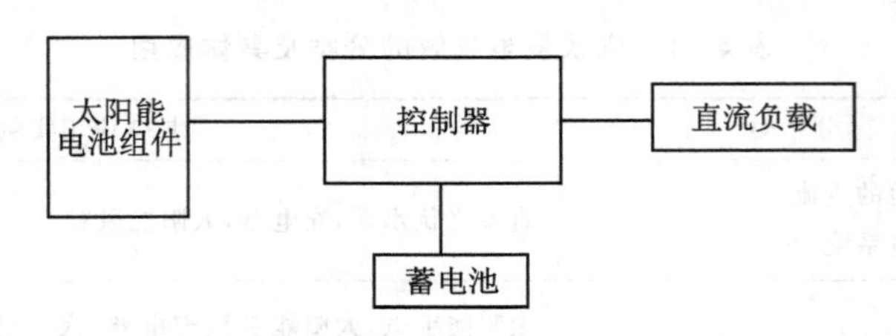

图 4-4 有蓄电池的直流光伏发电系统

3. 交流及交、直流混合光伏发电系统

交流及交、直流混合光伏发电系统如图 4-5 所示。与直流光伏发电系统相比，交流光伏发电系统多了一个交流逆变器，用来把直流电转换成交流电，为交流负载提供电能。交、直流混合光伏发电系统既能为直流负载供电，也能为交流负载供电。

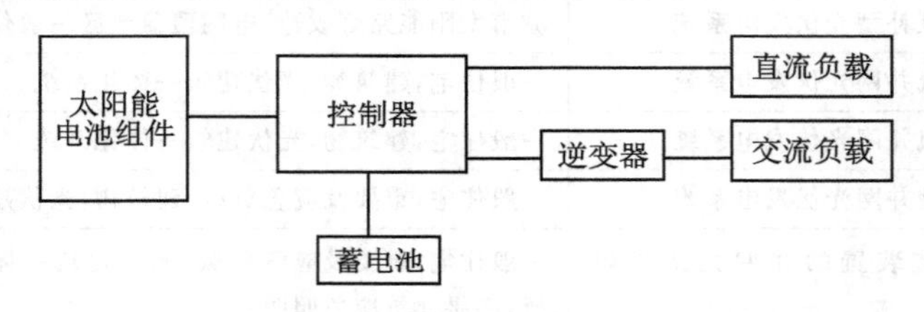

图 4-5 交流及交、直流混合光伏发电系统

4. 市电互补型光伏发电系统

所谓市电互补型光伏发电系统，就是在独立型光伏发电系统中以太阳能光伏发电为主，以普通 220 V 交流电补充电能为辅的系统，如图 4-6 所示。这样的光伏发电系统中，太阳能电池和蓄电池的容量都可以设计得小一些，基本上是当天有阳光，当天就用太阳能发的电，遇到阴雨天时就用市电能量做补充。我国大部分地区基本上全年都有 2/3 以上的晴好天气，这样系统全年就有 2/3 以上的时间用太阳能发电，剩余时间用市电补充能量。这种形式既减小了太阳能光伏发电系统的一次性投资，又有显著的节能减排效果，是太阳能光伏发电在现阶段推广和普及过程中一个过渡性的好办法。这种形式原理上与下面要介绍的无逆流并网型光伏发电系统有相似之处，但还不能等同于并网应用系统。

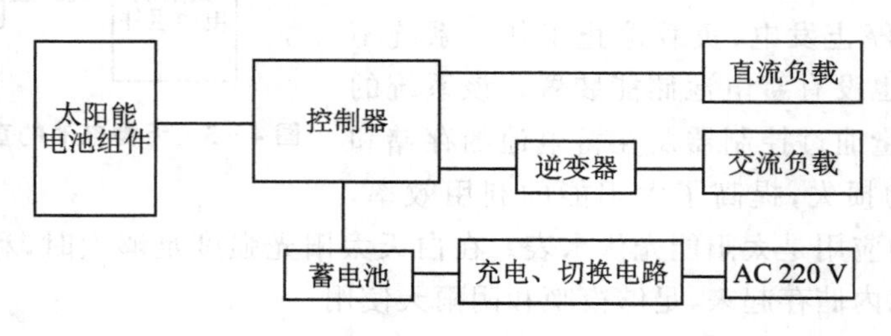

图 4-6 市电互补型光伏发电系统

4.4.2　并网型光伏发电系统

所谓并网型光伏发电系统，就是太阳能组件产生的直流电经过并网逆变器转换成符合市电电网要求的交流电之后直接接入公共电网。并网型光伏发电系统有集中式大型并网光伏系统，也有分散式小型并网光伏系统。集中式大型并网光伏电站一般都是国家级电站，主要特点是将所发电能直接输送到电网，由电网统一调配向用户供电。但这种电站投资大、建设周期长、占地面积大，需要复杂的控制和配电设备，其发电成本要比传统能源发电贵几倍。而分散式小型并网光伏系统，特别是与建筑物相结合的屋顶光伏发电系统、光伏建筑一体化发电系统，由于投资小、建设快、占地面积小、政策支持力度大，是目前并网型光伏发电的主流。分散式小型并网光伏系统发电功率一般为5～50 kW，主要特点是所发的电能直接分配到住宅的用电设备上，多余或不足的电力通过公共电网调节，多余时间向电网送电，不足时由电网供电。常见的并网型光伏发电系统一般有下列几种形式。

1. 有逆流并网型光伏发电系统

有逆流并网型光伏发电系统如图4－7所示。当太阳能光伏系统发出的电能充裕时，可将剩余电能馈入公共电网，向电网供电(卖电)；当太阳能光伏系统提供的电力不足时，由电网向负载供电(买电)。由于向电网供电时与电网供电的方向相反，所以称其为有逆流光伏发电系统。

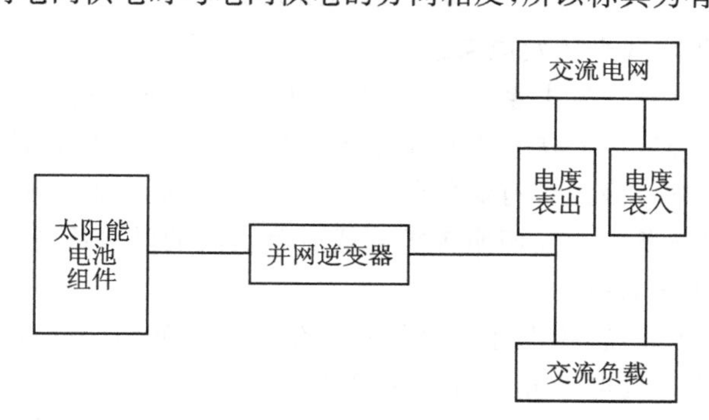

图4－7　有逆流并网型光伏发电系统

2. 无逆流并网型光伏发电系统

无逆流并网型光伏发电系统如图4－8所示。太阳能光伏发电系统即使发电充裕时也不向公共电网供电，但当太阳能光伏系统供电不足时，则由公共电网向负载供电。

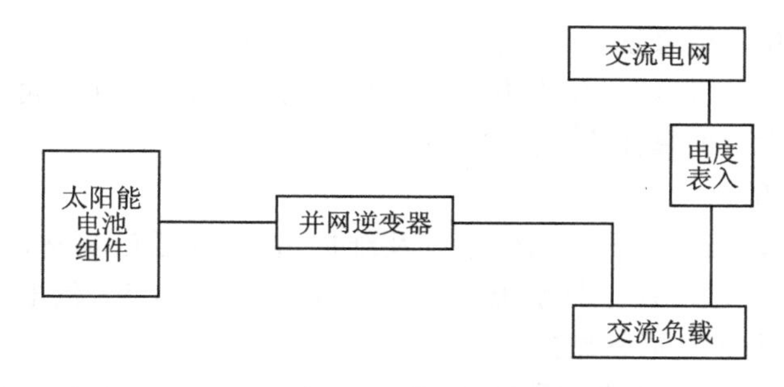

图4－8　无逆流并网型光伏发电系统

3. 切换并网型光伏发电系统

切换并网型光伏发电系统如图 4－9 所示。所谓切换并网型光伏发电系统，实际上是指其具有自动运行双向切换的功能。一是当光伏发电系统因多云、阴雨天及自身故障等，发电量不足时，切换器能自动切换到电网供电一侧，由电网向负载供电；二是当电网因为某种原因突然停电时，光伏系统可以自动切换使电网与光伏系统分离，成为独立型光伏发电系统。有些切换型光伏发电系统，还可以在需要时断开为一般负载的供电，接通对应急负载的供电。一般切换并网型光伏发电系统都带有储能装置。

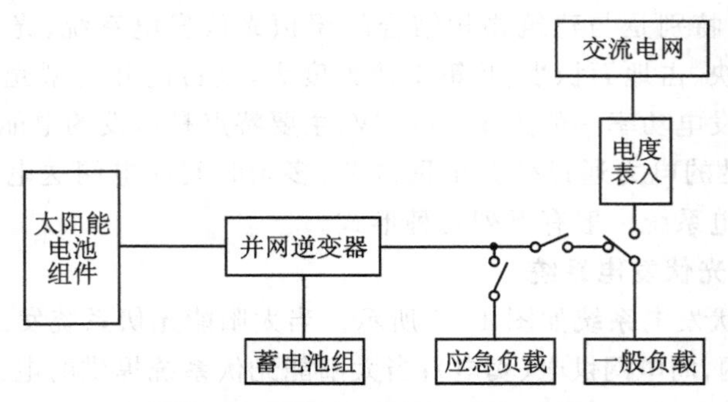

图 4－9　切换并网型光伏发电系统

4. 有储能装置的并网型光伏发电系统

有储能装置的并网型光伏发电系统，就是在上述几类并网型光伏发电系统中根据需要配置储能装置。带有储能装置的光伏发电系统主动性较强，当电网出现停电、限电及故障时，可独立运行，正常向负载供电，因此带有储能装置的并网型光伏发电系统可作为紧急通信电源、医疗设备、加油站、避难场所指示及照明等重要或应急负载的供电系统。

5. 大型并网型光伏发电系统

大型并网型光伏发电系统，由若干个并网型光伏发电单元组合构成，每个光伏发电单元将太阳能电池方阵发出的直流电经光伏并网逆变器转换成 380 V 的交流电，经升压系统变成 10 kV 的交流高压电，再送入 35 kV 变电系统后，并入 35 kV 的交流高压电网。35 kV 交流高压电经降压系统后变成 380～400 V 的交流电作为发电站的备用电源。

4.5　太阳能光伏发电的应用

太阳能电池及光伏发电系统已经广泛应用于工业、农业、科技、国防及人们生活的方方面面，预计到 21 世纪中叶，太阳能光伏发电将成为重要的发电方式，在可再生能源结构中占有一定比例。太阳能光伏发电的具体应用主要有以下几个方面：

1. 通信领域的应用

包括无人值守微波中继站，光缆通信系统及维护站，移动通信基站，广播、通信、无线寻呼电源系统，卫星通信和卫星电视接收系统，部队通信系统，士兵 GPS 供电等。

2. 公路、铁路、航通等交通领域的应用

如铁路和公路信号系统，铁路信号灯，交通警示灯、标志灯、信号灯，公路太阳能路灯，太阳能道钉灯、高空障碍灯，高速公路监控系统，高速公路、铁路无线电话亭，无人值守道班供电，航标灯灯塔和航标灯电源等(应用实例 1 见图 4－10)。

(a) 太阳能警示灯

(b) 太阳能航标灯

(c) 太阳能公路测速雷达及监控装置

(d) 太阳能交通信号灯

(e) 烟台海事局太阳能灯塔

(f) 大连海事局太阳能供电灯船

图 4－10　应用实例 1

3. 石油、海洋、气象领域的应用

如石油管道阴极保护和水库闸门阴极保护的太阳能电源系统，石油钻井平台生活及应急电源，海洋检测设备，气象和水文观测设备，观测站电源系统等。

4. 农村和边远无电地区应用

在高原、海岛、牧区、边防哨所、农村和边远无电地区应用太阳能光伏系统、小型风光互补发电系统等，发电功率大多在十几 W 到几百 W，可解决人们的日常生活用电问题，如照明、电视、收音机、卫星接收机等的用电，也解决了为手机、笔记本电脑等随身电器的充电问题。此外,应用独立型光伏发电系统或并网型光伏发电系统作为村庄、学校、医院、饭店等的供电系统。应用太阳能光伏水泵,解决无电地区的深水井抽水、农田灌溉等用电问题。

5. 太阳能光伏照明方面的应用

太阳能光伏照明方面的应用包括太阳能路灯、庭院灯、草坪灯,太阳能景观照明、太阳能路标标牌、信号指示、广告灯箱照明等;还有家庭照明灯具及手提灯、野营灯、登山灯、垂街灯、割胶灯、节能灯、手电等(应用实例 2 见图 4-11)。

(a) 各种太阳能草坪灯

(b) 各种太阳能庭院灯

(c) 太阳能手提灯

(d) 太阳能路灯系统结构图

图 4-11 应用实例 2

6. 大型光伏发电系统(电站)的应用

大型光伏发电系统(电站)是指 100 kW～50 MW 的地面独立或并网光伏电站、风光(柴)互补电站、各种大型停车厂充电站等。

7. 太阳能光伏建筑一体化

太阳能光伏建筑一体化是应用太阳能发电的一种新概念,将太阳能发电系统与建筑材料相结合,充分利用建筑的屋顶和外立面,使得大型建筑能实现电力自给、并网发电,这将是今后的一大发展方向。根据光伏方阵与建筑结合的方式不同,光伏建筑一体化可分为两大类:一类是光伏系统与建筑物相结合,即光伏系统附着在建筑上(BAPV: Building Attached PV,PV 即 PhotoVoltaic);另一类是光伏器件与建筑物相结合,即将太阳能发电(光伏)产品集成到建筑上的技术(BIPV: Building Integrated PV),如图 4－12 所示。

(a) BAPV型建筑

(b) BIPV型建筑

图 4－12 太阳能光伏建筑一体化

(1) 光伏系统与建筑物相结合(BAPV)

光伏方阵与建筑的结合是一种常用的形式,特别是与建筑屋面的结合。将太阳能光伏组件安装在建筑物屋顶或阳台、外墙,经过逆变器、控制器及输出端与公共电网并联,共同向建筑物供电。由于光伏方阵与建筑的结合不占用额外的地面空间,是光伏发电系统在城市中广泛应用的最佳安装方式,因而倍受关注。

该模式的特点为:可以充分利用闲置的屋顶、幕墙和阳台等处,不单独占用土地,不必配备储能装置,节省投资,夏天用电高峰时,正好太阳辐射强度大,光伏系统发电量多,可以对电网起到调峰作用;使用方便,维护简单,降低成本,并可以分散就地供电。

(2) 光伏器件与建筑物相结合(BIPV)

光伏建筑一体化(BIPV)不同于光伏系统附着在建筑上(BAPV)的形式,光伏方阵与建筑的集成是 BIPV 的一种高级形式,它对光伏组件的要求较高。光伏组件不仅要满足光伏发电的功能要求,同时还要兼顾建筑的基本功能要求。光伏组件与建筑物材料融为一体,采用特殊的材料和工艺手段,使光伏组件可以直接作为建筑材料使用,既能发电,又可作为建材,进一步降低发电成本;与一般的平板式光伏组件不同,BIPV 组件要兼有发电和建材的功能,就必须满足建材性能的要求,如隔热、绝缘、防雨、抗风、透光、美观,还要具有足够的强度和刚度,不易破损,便于施工安装及运输等,还要考虑使用寿命是否相当。

(3) 光伏一体化建筑的安装形式

BIPV 适合大多数建筑,如平屋顶、斜屋顶、幕墙、天棚等形式都可以安装,如图 4－13 所示。

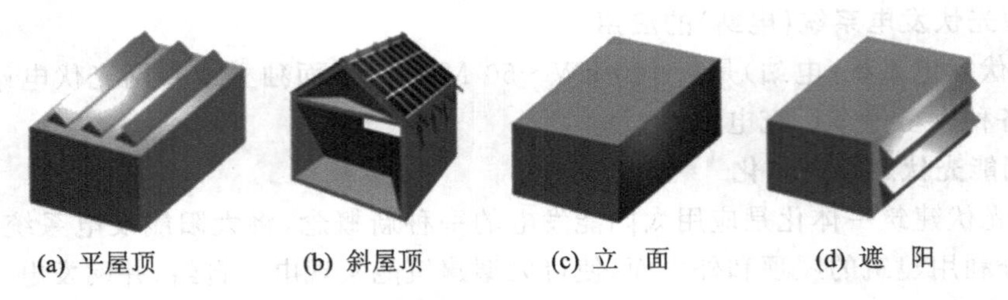

图 4-13 光伏一体化建筑的安装形式

① 平屋顶

- 可以按照最佳角度安装，获得最大发电量；
- 可以采用标准光伏组件，具有最佳性能；
- 与建筑物功能不发生冲突；
- 光伏发电成本最低，从发电经济性考虑是最佳选择。

② 斜屋顶

- 可以按照最佳角度或接近最佳角度安装，因此可以获得最大或者较大发电量；
- 可以采用标准光伏组件，性能好、成本低；
- 与建筑物功能不发生冲突；
- 光伏发电成本最低或者较低，是光伏系统优选安装方案之一，其他方向（偏正南）次之。

③ 光伏幕墙

- 除发电功能外，要满足幕墙所有功能要求，包括外部维护、透明度、力学、美学、安全等，组件成本高，光伏性能偏低；
- 要与建筑物同时设计、同时施工和安装，光伏系统工程进度受建筑总体进度制约；
- 光伏阵列偏离最佳安装角度，输出功率偏低；
- 发电成本高；
- 为建筑提升社会价值，带来绿色概念的效果。

④ 光伏天棚

- 光伏天棚要求使用透明组件，组件效率较低；
- 除发电和透明外，天棚构件要满足一定的力学、美学、结构连接等建筑方面要求，组件成本高；
- 发电成本高；
- 为建筑提升社会价值，带来绿色概念的效果。

(4) 太阳能建筑一体化原则

(a) 生态驱动设计理念向常规建筑设计的渗透。建筑本身应该具有美学形式，而 PV 系统与建筑的整合使建筑外观更加具有魅力。建筑中的 PV 板使用不仅很好地利用了太阳能，极大地节省了建筑对能源的使用，而且还丰富了建筑立面设计和立面美学。BIPV 设计应以不损害和影响建筑的效果、结构安全、功能和使用寿命为基本原则，任何对建筑本身产生损害和不良影响的 BIPV 设计都是不合格的设计。

(b) 传统建筑构造与现代光伏工程技术和理念的融合，引入建筑整合设计方法，发展太阳能与建筑集成技术。建筑整合设计是指将太阳能应用技术纳入建筑设计全过程，以达到建筑设计美观、实用、经济的要求。BIPV 首先是一个建筑，它是建筑师的艺术品，其成功与否关键一点就是建筑物的外观效果。建筑应该从设计开始，就要将太阳能系统包含的所有内容作为建筑不可或缺的设计元素加以设计，巧妙地将太阳能系统的各个部件融入建筑之中一体设计，使太阳能系统成为建筑组成不可分割的一部分，达到与建筑物的完美结合。

(c) 关注不同的建筑特征和人们的生活习惯：合适的比例和尺度。PV 板的比例和尺度必须与建筑整体的比例和尺度相吻合，与建筑的功能相吻合，这将决定 PV 板的分割尺寸和形式。PV 板的颜色和肌理必须与建筑的其他部分相和谐，与建筑的整体风格相统一。例如，在一个历史建筑上，PV 板集成瓦可能比大尺度的 PV 板更适合；在一个高技派的建筑中，工业化的 PV 板更能体现建筑的风格。

(d) 保温隔热的维护结构技术与自然通风采光遮阳技术的有机结合，精美的细部设计，不只是指 PV 屋顶的防水构造，而要更多关注的是具体的细部设计，PV 板要从一个单纯的建筑技术产品很好地融合到建筑设计和建筑艺术之中。

(d) 光伏系统和建筑是两个独立的系统，将这两个系统相结合，所涉及的方面很多，要发展光伏与建筑集成化系统，并不是光伏制作者能独立胜任的，必须与建筑材料、建筑设计、建筑施工等相关方面紧密配合，共同努力，才能成功。

(e) 建筑的初始投资与生命周期内光伏工程投资的平衡。综合考虑建筑运营成本及其外部成本。建筑运营体现在建筑物的策划、建设、使用及其改造、拆除等全寿命周期的各种活动中，建筑节能技术、太阳能技术以及生态建筑技术对于建筑运营具有重要影响。不仅要关注建筑初期的一次投资，更应关注建筑的后期运营和费用支出；不但要满足民众的居住需求，也要关注住房使用的耗能支出。另外，还应考虑二氧化碳排放等外部环境成本的增加等。

(5) 光伏一体化建筑特点

- 能够满足建筑美学的要求；
- 能够满足建筑物的采光要求；
- 能够满足建筑的安全性能要求；
- 能够满足安装方便的要求；
- 具有寿命长的优势；
- 具有绿色环保的效果；
- 无需占用宝贵的土地资源；
- 能有效地减少建筑能耗，实现建筑节能；
- 降低墙面及屋顶的温升。

8. 太阳能电子商品及玩具的应用

包括太阳能钟、太阳帽、太阳能充电器、太阳能计算器、太阳能玩具等。其应用实例 3 如图 4－14 所示。

9. 其他领域的应用

主要包括太阳能电动汽车、电动自行车，太阳能游艇，电池充电设备，太阳能汽车空调、换气扇、冷饮箱等，还有太阳能制氢加燃料电池的再生发电系统，海水淡化设备供电，卫星、航天器、空间太阳能电站等，应用实例 4 如图 4－15 所示。

(a) 太阳能计算器

(b) 太阳能手表

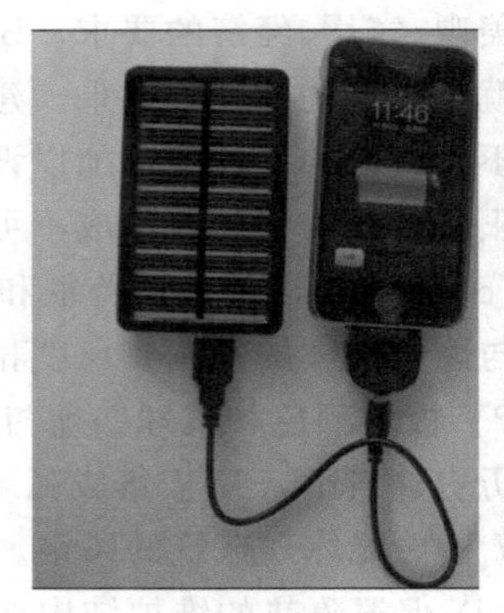

(c) 太阳能手机充电器

(d) 太阳能风帽

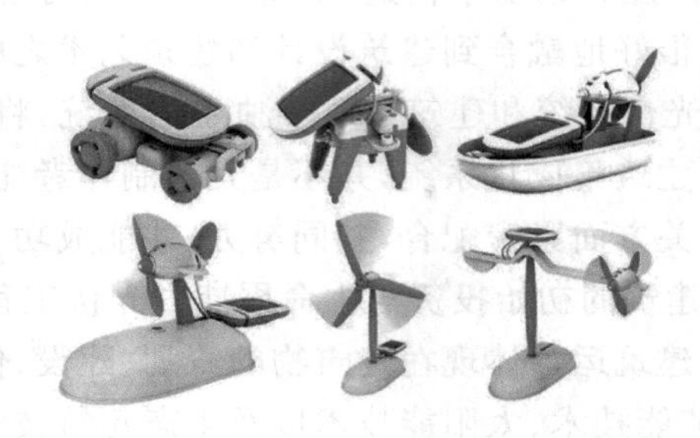

(e) 太阳能电动玩具

图 4－14　应用实例 3

(a) 太阳能汽车

(b) “星球太阳能号(Turanor Planet Solar)”太阳能游船

图 4－15　应用实例 4

(c) “太阳驱动”号太阳能飞机

图 4－15　应用实例 4(续)

练习与思考

一、填空题

1. 并网型光伏发电主要用于(　　)和(　　)。

2. 光伏与建筑相结合发电系统主要分为(　　)、(　　)。

3. 住宅用离网型光伏发电系统主要用太阳能作为供电能量。白天太阳能离网发电系统对蓄电池进行(　　)；晚间太阳能离网发电系统对蓄电池所存储的电能进行(　　)。

4. 独立型光伏发电系统按照供电类型可分为(　　)、(　　)和(　　)，其主要区别是系统中是否有(　　)。

二、选择题

1. 与常规发电技术相比，光伏发电系统有很多优点。下面(　　)不是光伏发电系统的优点。

A. 清洁环保，不产生公害　　B. 取之不尽、用之不竭

C. 不存在机械磨损、无噪声　　D. 维护成本高、管理烦琐

2. 与并网型光伏发电系统相比，(　　)是独立型光伏发电系统不可缺少的一部分。

A. 太阳能电池板　B. 控制器　C. 蓄电池组　D. 逆变器

3. 关于光伏建筑一体化的应用叙述不正确的是(　　)。

A. 造价低、成本小、稳定性好　　B. 采用并网型光伏发电系统，不需要配备蓄电池

C. 绿色能源，不会污染环境　　D. 起到建筑节能作用

4. (　　)是整个独立型光伏发电系统的核心部件。

A. 充放电控制器　B. 蓄电池组　C. 太阳能电池方阵　D. 储能元件

5. 目前国内外普遍采用的并网型光伏发电系统是(　　)。

A. 有逆流并网型系统　　B. 无逆流并网型系统

C. 切换并网型系统　　D. 直、交流并网型系统

6. 光伏并网发电系统不需要(　　)设备。

A. 负载　B. 逆变器　C. 控制器　D. 蓄电池

7. 独立型光伏发电系统由(　　)组成。

A. 光伏阵列　　B. 蓄电池　　C. 负载　　D. 控制器

E. 逆变器

8. 太阳能光伏发电系统中,没有与公用电网相连接的光伏系统称为(　　)太阳能光伏发电系统;与公共电网相连接的光伏系统称为(　　)太阳能光伏发电系统。

A. 并网,并网　　B. 离网,离网　　C. 并网,离网　　D. 离网,并网

三、作图题

太阳能发电系统有独立(离网)型光伏发电系统和并网型光伏发电系统两大类。独立型光伏发电系统常用于小容量用户或无电地区,需要提供蓄电池等储能设备。并网型光伏发电系统主要用于大容量用户,可以不带储能装置,但必须和商用电网联网,在允许的情况下可向电力公司出售剩余电力。

试画出:

① 独立光伏系统的框图;

② 并网型光伏发电系统的框图。

四、简答题

1. 简述光伏发电系统各组成部分的作用。
2. 简述 BIPV 与 BAPV 的区别。
3. 阐述太阳能光伏应用技术,列举光伏应用产品。
4. 总结生活和工作中哪些场合更适合使用太阳能光伏发电产品。

实践训练

一、实践训练内容

1. 观察生活中的太阳能光伏发电应用产品和工程(以 PPT 的形式展示)。
2. 利用 SkechUp 软件进行光伏组件的绘制。

二、实践训练组织方法及步骤

① 实践训练前准备。对实践训练的内容进行相关资料的搜集和准备。

② 以 3 人为单位进行实践训练。

③ 对实践训练的过程做完整记录,并以 PPT 的形式进行展示或撰写实践训练报告。

三、实践训练成绩评定

1. 实践训练成绩评定分级:

成绩按优秀、良好、中等、及格、不及格 5 个等级评定。

2. 实践训练成绩评定准则:

① 成员的参与程度。

② 成员的团结进取精神。

③ 撰写的实践训练报告是否语言流畅、文字简练、条理清晰、结论明确。

④ 讲解时语言表达是否流畅,PPT 制作是否新颖。

项目5　认识控制器

项目要求

- 了解控制器的分类和技术参数；
- 掌握控制器的功能；
- 掌握控制器的工作原理；
- 能分析光伏控制器的工作过程。

5.1　控制器的功能及原理

5.1.1　控制器的功能

太阳能电池组件在太阳光照射下，可以直接对直流负载供电，也可以将产生的电能储存在储能装置中，当发电不足或负载用电量大时，由储能装置向负载补充电能。储能装置尤其是蓄电池，在充电和放电过程中需加以控制，频繁地过充电和过放电，都会影响蓄电池的使用寿命，为保护蓄电池不受过充电和过放电的损害，必须有一套控制系统来防止蓄电池的过充电和过放电，这套系统称为充放电控制器，充放电控制器是离网型光伏发电系统中最基本的控制电路。控制器可以单独使用，也可以和逆变器等合为一体。光伏控制器外形如图5-1所示。

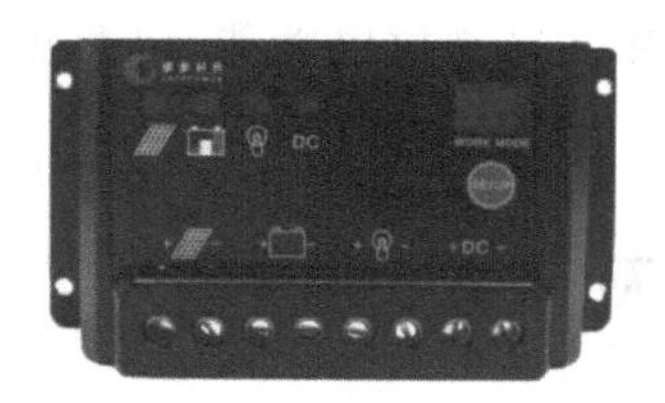

(a) 小功率控制器

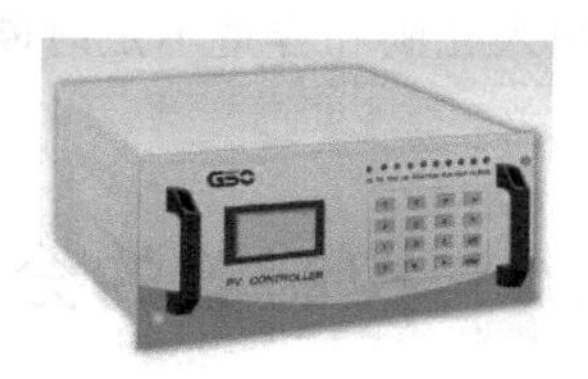

(b) 中功率控制器

(c) 大功率控制器

图5-1　光伏控制器外形图

控制器应具有以下功能：

- 防止蓄电池过充电和过放电，延长蓄电池寿命；
- 防止太阳能电池板或电池方阵、蓄电池极性接反；
- 防止负载、控制器、逆变器和其他设备内部短路；
- 具有防雷击引起的击穿保护；
- 具有温度补偿的功能；
- 显示光伏发电系统的各种工作状态，包括蓄电池(组)电压、负载状态、电池方阵工作状态、辅助电源状态、环境温度状态、故障报警等。

5.1.2 控制器的基本工作原理

控制电路根据光伏系统的不同,其复杂程度也不一样,但其基本原理都相同。图 5-2 是一个最基本的充放电控制器的工作原理图,在该电路原理图中,由太阳能光伏组件、蓄电池控制器电路和负载组成一个基本的光伏应用系统,这里 S1 和 S2 分别为充电开关和放电开关。S1 闭合时,由太阳能光伏组件给蓄电池充电;S2 闭合时,由蓄电池给负载供电。当蓄电池充满电或出现过充电时,S1 将断开,光伏组件不再对蓄电池充电;当电压回落到预定值时,S1 再自动闭合,恢复对蓄电池充电。当蓄电池出现过放电时,S2 将断开,停止向负载供电;当蓄电池再次充电,电压回升到预设值后,S2 再次闭合,自动恢复对负载供电。开关 S1 与 S2 的闭合和断开是由控制电路根据系统充放电状态决定的,开关 S1 和 S2 是广义的开关,它包括各种开关元件,如机械开关、电子开关。机械开关如继电器、交直流接触器等,电子开关如小功率三极管、功率场效应管、固态继电器、晶闸管等。根据不同的系统要求选用不同的开关元件或电器。

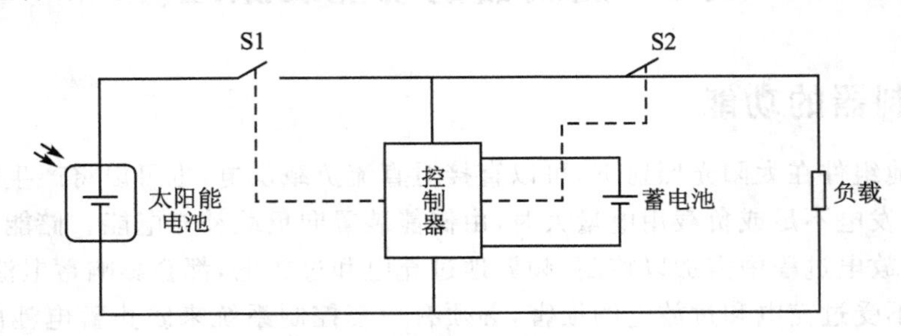

图 5-2 充放电控制器的工作原理

在独立型光伏发电系统中,充放电控制器的基本作用是为蓄电池提供最佳的充电电流和电压,同时保护蓄电池,具有输入充满和容量不足时断开和恢复充放电功能,以避免过充电和过放电现象的发生。

5.2 控制器的分类及应用

光伏控制器按电路方式的不同,可分为并联型、串联型、脉宽调制型、多路控制型和最大功率跟踪型;按电池组件输入功率和负载功率的不同,可分为小功率型、中功率型、大功率型及专用控制器(如草坪灯控制器)等。对于应用了微处理器的电路,实现了软件编程和智能控制,并附带有自动数据采集、数据显示和远程通信功能的控制器,称之为智能控制器。

1. 并联型控制器

并联型控制器是利用并联在太阳能电池两端的机械或电子开关器件控制充电过程。当蓄电池充满电时,把太阳能电池的输出分流到旁路电阻器或功率模块上去,然后以热的形式消耗掉;当蓄电池电压回落到一定值时,再断开旁路恢复充电。由于这种方式消耗热能,因此一般用于小型、小功率系统。

并联型控制器的电路原理如图 5-3 所示。并联型控制器电路中充电回路的开关器件 S1 并联在太阳能电池或电池组的输出端,控制器检测电路监控蓄电池的端电压,当充电电压超过蓄电池设定的充满断开电压值时,开关器件 S1 导通,同时防反充二极管 VD1 截止,使太阳能电池的输出电流直接通过S1旁路泄放，不再对蓄电池进行充电，从而保证蓄电池不被过充电，起到防止蓄电池过充电的保护作用。

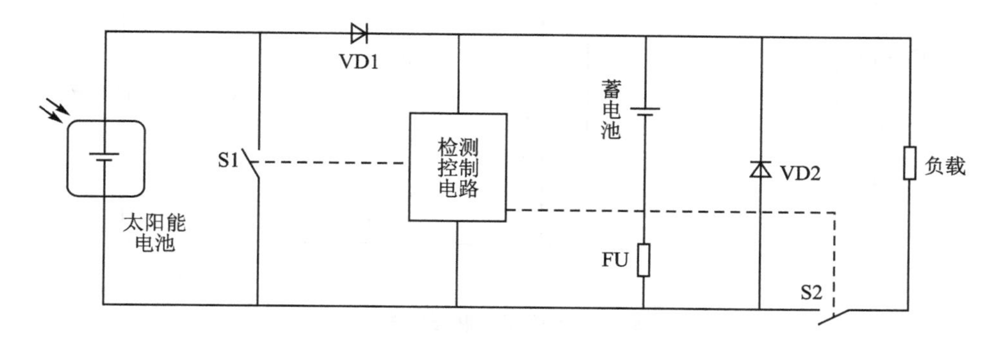

图5-3　并联型控制器的电路原理图

开关器件S2为蓄电池放电控制开关，当蓄电池的供电电压低于蓄电池的过放保护电压值时，S2关断，对蓄电池进行过放电保护。当负载因过载或短路使电流大于额定工作电流时，控制开关S2也会关断，起到输出过载或短路保护的作用。

检测控制电路随时对蓄电池的电压进行检测，当电压大于充满保护电压时，S1导通，电路实行过充电保护；当电压小于过放电电压时，S2关断，电路实行过放电保护。

电路中的VD2为蓄电池接反保护二极管，当蓄电池极性接反时，VD2导通，蓄电池将通过VD2短路放电，短路电流将熔断器熔断，电路起到防蓄电池接反保护作用。

开关器件、VD1、VD2及熔断器FU等一般和检测控制电路共同组成控制器电路。该电路具有线路简单、价格低廉、充电回路损耗小、控制器效率高的特点。当防过充电保护电路动作时，开关器件要承受太阳能电池组件或方阵输出的最大电流，所以要选用功率较大的开关器件。

2. 串联型控制器

串联型控制器是利用串联在充电回路中的机械或电子开关器件控制充电过程。当蓄电池充满电时，开关器件断开充电回路，停止为蓄电池充电；当蓄电池电压回落到一定值时，充电电路再次接通，继续为蓄电池充电。串联型控制器同样具有结构简单、价格低廉等特点，但由于控制开关是串联在充电回路中的，电路的电压损失较大，使充电效率有所降低。

串联型控制器的电路原理如图5-4所示。它的电路结构与并联型控制器的电路结构相似，区别仅仅是将开关器件S1由并联在太阳能电池输出端改为串联在蓄电池充电回路中。控制器检测电路监控蓄电池的端电压，当充电电压超过蓄电池设定的充满断开电压值时，S1关断，使太阳能电池不再对蓄电池进行充电，从而保证蓄电池不被过充电，起到防止蓄电池过充电的保护作用。

串、并联型控制器的检测控制电路实际上就是蓄电池过/欠电压的检测控制电路，主要是对蓄电池的电压随时进行取样检测，并根据检测结果向过充电、过放电开关器件发出接通或关断的控制信号。控制器检测控制电路原理如图5-5所示。该电路包括过电压检测控制和欠电压检测控制两部分电路，由带回差控制的运算放大器组成。其中IC1等为过电压检测控制电路，IC1的同相输入端输入基准电压，反相输入端接被测蓄电池。当蓄电池电压大于过充电电压值时，IC1输出端G1输出为低电平，使开关器件S1接通（并联型控制器）或关断（串联型

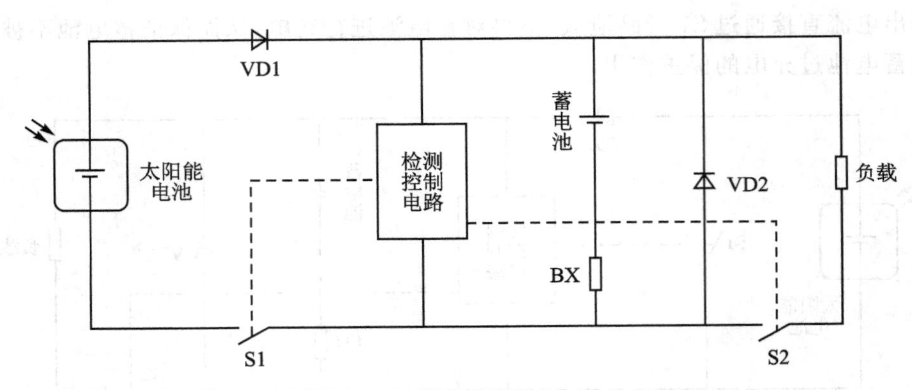

图 5-4　串联型控制器的电路图

控制器),起到过电压保护的作用;当蓄电池电压下降到小于过充电电压值时,IC1 的反相输入电位小于同相输入电位,则其输出端 G1 又从低电平变为高电平,蓄电池恢复正常充电状态。过充电保护与恢复的门限基准电压由 RP1 和 R1 配合调整确定。IC2 等构成欠电压检测控制电路,其工作原理与过电压检测控制电路相同。

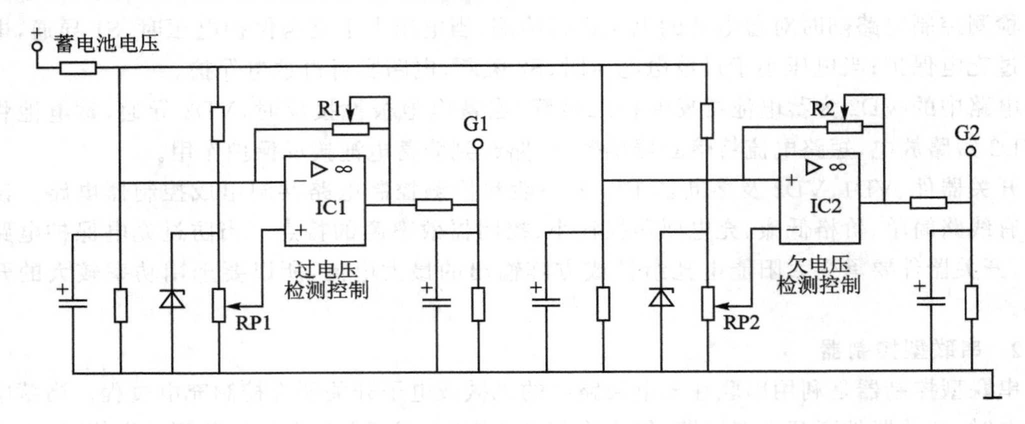

图 5-5　控制器检测控制电路原理图

3. 脉宽调制型控制器

脉宽调制(PWM)型控制器是以脉冲方式开关太阳能电池组件的输入,随着蓄电池的充满,脉冲的频率或占空比发生变化,使充电电流逐渐减小,当蓄电池电压由充满点向下降时,充电电流又会逐渐增大,符合蓄电池对于充放电过程的要求,能有效地消除极化,有利于完全恢复蓄电池的电量,延长蓄电池的循环使用寿命。另外,脉宽调制型控制器还可以实现光伏系统的最大功率跟踪功能,因此可作为大功率控制器用于大型光伏发电系统中。脉宽调制型控制器的缺点是控制器的自身工作有 4%～8%的功率损耗。

与串、并联型控制器相比,脉宽调制型控制方式无固定的过充和过放电压点,但电路会控制蓄电池端电压,当达到过充/过放控制点附近时,其充放电电流趋近于零,脉宽调制型充放电控制器的开关元件一般选用功率场效应晶体管(MOSFET),其电路原理如图 5-6 所示。

蓄电池的直流采样电压从比较器的负端输入,调制三角波从正端输入,用直流电压切割三角波,在比较器的输出端形成一组脉宽调制波,用这组脉冲控制开关晶体管的导通时间,达到

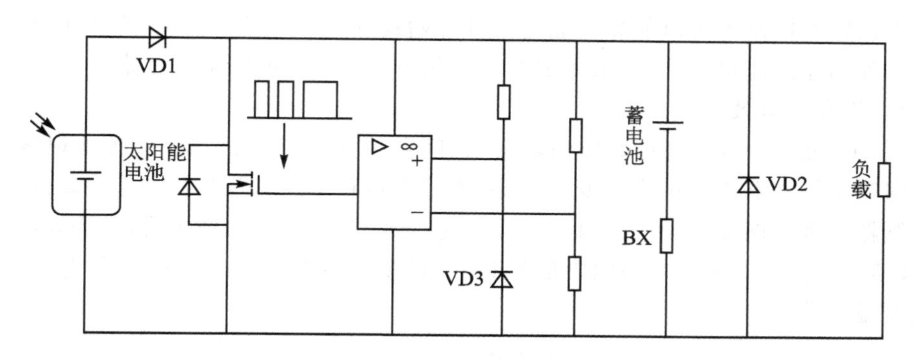

图 5-6 PWM 控制器电路原理图

控制充电电流的目的。对于串联型控制器，当蓄电池的电压上升时，脉冲宽度变窄，充电电流变小；当蓄电池的电压下降时，脉冲宽度变宽，充电电流增大。对于并联型控制器，蓄电池的直流采样电压和调制三角波在比较器的输入端与前面的相反，以实现随蓄电池电压的升高并联电流增大（充电电流减小），随电压下降并联电流减小（充电电流增大）。

4. 智能型控制器

智能型控制器采用 CPU 或 MCU 等微处理器对太阳能光伏发电系统的运行参数进行实时高速采集，并按照一定的控制规律由单片机内程序对太阳能电池组件进行接通与切断的智能控制，中、大功率的智能控制器还可通过单片机的 RS232/485 接口由计算机控制和传输数据，并进行远程通信和控制。智能型控制器不但具有充放电控制功能，而且具有数据采集和存储、通信及温度补偿功能。智能型控制器的电路原理如图 5-7 所示。

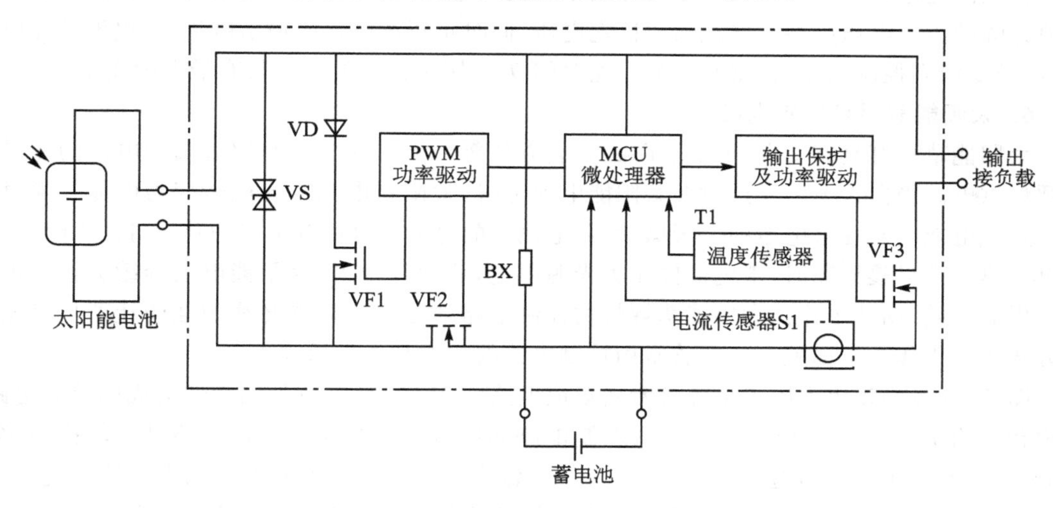

图 5-7 智能型控制器的电路原理图

5. 最大功率点跟踪型控制器

最大功率点跟踪型控制器（MPPT）的原理是，利用太阳能电池方阵的电压和电流检测后相乘得到的功率，判断太阳能电池方阵此时的输出功率是否达到最大，若不在最大功率点运行，则调整脉冲宽度，调制输出占空比，改变充电电流，再次进行实时采样，并做出是否改变占空比的判断。通过这样的寻优跟踪过程，可以保证太阳能电池方阵始终运行在最大功率点。

最大功率点跟踪型控制器可以使太阳能电池方阵始终保持在最大功率点状态，以充分利用太阳能电池方阵的输出能量。同时，采用PWM调制方式，使充电电流成为脉冲电流，以减少蓄电池的极化，提高充电效率。

MPPT的寻优方法有多种，如导纳增量法、间歇扫描法、模糊控制法、扰动观察法等。最大功率点跟踪型控制器主要由直流变换电路、测量电路和单片机及其控制采集软件等组成，其充放电控制器原理如图5-8所示。其中直流变换(DC/DC)电路一般为升压(BOOST)型或降压(BUCK)型斩波电路，测量电路主要是测DC/DC变换电路的输入侧电压和电流值、输出侧的电压值及温度等。

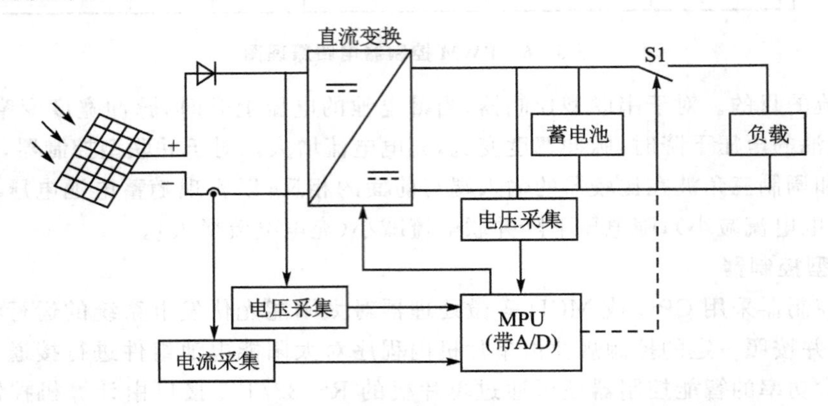

图5-8 最大功率跟踪型控制器充放电控制原理图

将太阳能电池方阵的工作电压信号反馈到控制电路，控制开关的导通时间 T_{on}，使太阳能电池方阵的工作电压始终工作在某一恒定电压，同时将斩波电路的输出电流(蓄电池的充电电流)信号反馈到控制电路，控制开关的导通时间 T_{on}，则可使斩波电路具有最大的输出电流。

6. 太阳能草坪灯控制电路

太阳能草坪灯具有安全、节能、环保、安装方便等特点。它主要利用太阳能电池的能量为草坪灯供电。当白天太阳光照射在太阳能电池上时，太阳能电池将光能转变为电能并通过控制电路将电能存储在蓄电池中。天黑后，蓄电池中的电能通过控制电路为草坪灯的LED光源供电。第二天早晨天亮时，蓄电池停止为光源供电，草坪灯熄灭，太阳能电池继续为蓄电池充电。周而复始、循环工作。太阳能草坪灯的控制电路就是通过外界光线的强弱让草坪灯按上述方式进行工作。下面就介绍几款常用控制电路的构成和工作原理。

图5-9是一款由太阳能草坪灯专用集成电路(ANA6601F)及外围元件构成的控制电路。其内包含有充电电路、驱动电路、光敏控制电路和脉宽调制电路等。该电路具有转换效率高(80%～85%)、工作电压范围宽(0.9～1.4 V)、输出电流在5～40 mA范围内可调等优点，并具有良好的蓄电池过放电保护功能和低环境亮度开启功能。各引脚功能为：第1～3引脚为蓄电池过放电保护控制端；第4引脚为电源地；第5引脚为启动端；第6引脚为电源正；第7引脚为脉宽调节端；第8引脚为输出端。

图5-9电路中，为什么都采用一节1.2 V蓄电池存储和供电，而不用两节或更多的电池串联供电呢？这是因为蓄电池电压低，为蓄电池充电的太阳能电池电压就可以相应地降低。而每片太阳能电池无论面积大小，它的工作电压都只有0.48 V左右，太阳能草坪灯用的太阳能电池是用多片太阳能电池片串联而成的太阳能电池组件，在满足功率要求的情况下，电压越

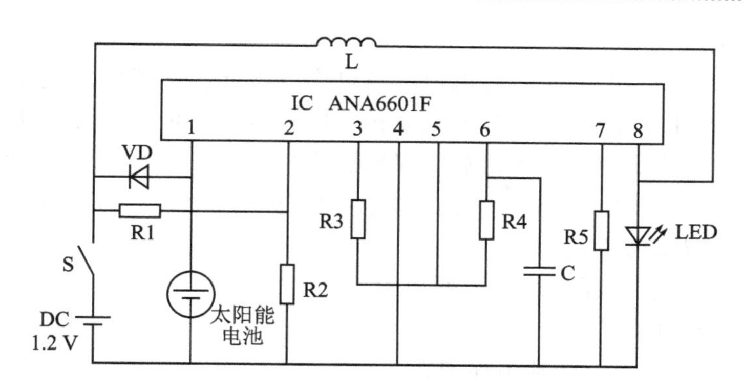

图 5-9　太阳能草坪灯控制电路原理图4

低,串联的太阳能电池片就越少,这对简化工艺、降低成本十分有利。另外,当多节蓄电池串联时,对每节蓄电池的一致性要求都较高,性能有差异的蓄电池串联在一起构成的电池组,其充放电性能及充放电寿命等都会提早终结,这对系统的可靠性和降低成本方面反而不如采用一节蓄电池更为有利。

图5-10是一款使用超级电容器储能的太阳能草坪灯电路。当环境光线强时,太阳能电池经VD1向超级电容Cl、C2充电,当电容两端电压达到0.8 V后,IC1(BL8530)开始工作,升压输出3.3 V电压,为IC2A及外围元器件组成的控制电路提供工作电源,控制电路开始工作。此时IC2B反相输入端电压较高,输出低电平,进而使IC2A输出低电平,VT截止,LED不发光。当环境光线较弱不足以为Cl、C2充电时,VD1阻止了C1、C2向太阳能电池的放电,同时IC2B同相输入端电压较高,输出高电平,IC2A光控电路进入工作状态,LED点亮。LED灯的数量可在1~5只间选择。

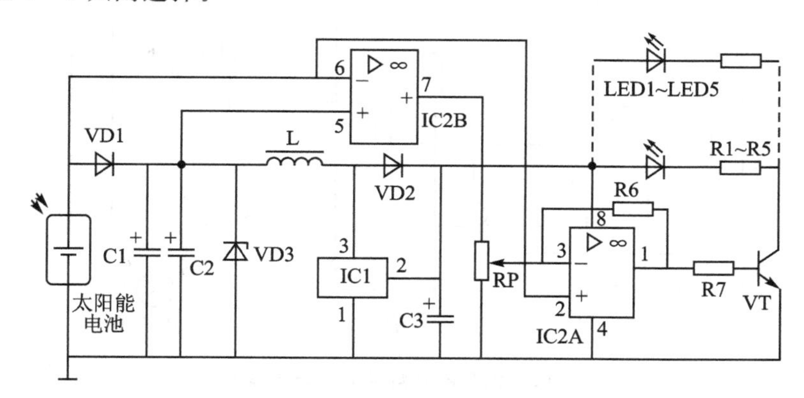

图 5-10　太阳能草坪灯控制电路原理图5

太阳能草坪灯实际上就是一个独立的太阳能发电系统,因此草坪灯的控制电路与其他控制器一样,除了能控制灯的正常工作外,还应有防过充电、防过放电、防反充电等保护功能。

防止过充电功能是通过几种方法实现的。一是通过合理的计算,使太阳能电池的发电容量与蓄电池容量及夜间耗电量相匹配,使太阳能电池一天的发电量正好满足蓄电池的存储量,甚至将蓄电池容量设计得有意偏大一点。虽然蓄电池成本偏高了一点,但控制电路不用专门设计防过充电路。二是在控制电路中加上防过充电路,即在输入回路中串联或并联一个晶体管泄放电路,通过电压高低鉴别控制晶体管的开关,将多余的太阳能电池能量通过晶体管泄放掉，保证蓄电池不被过充电。

防止过放电电路的作用是，保护蓄电池不因过度放电而损坏或缩短使用寿命。特别是太阳能草坪灯电路属于小倍率放电状态，放电截止电压更不能过低。因此，只要调整电路工作的截止电压，使控制电路在蓄电池达到过放电保护点的时候停止工作，就能起到过放电保护的作用。对采用 1.2 V 供电的电路来讲，一般把供电截止电压调到 0.9～1.0 V。

7. 太阳能路灯控制电路

理想的太阳能路灯控制器应具有下列功能：

- 电池组件及蓄电池反接保护；
- 负载过电流、短路及浪涌冲击保护；
- 蓄电池开路保护，过充电过电压保护，过放电欠电压保护；
- 线路防雷保护；
- 光控、时控、降功率控制功能；
- 各种工作状态显示功能；
- 夜间防反向放电保护；
- 环境温度补偿功能等。

太阳能路灯控制电路原理框图如图 5－11 所示，使用单片机作控制电路可使充电过程简单而高效，并选择串联型控制电路。单片机的 PWM 控制系统具有光伏组件最大功率点跟踪能力，使光伏电池利用率提高。PWM 控制系统还可以在蓄电池趋向充满时，控制充电脉冲的频率和缩短时间，使充电过程中平均充电电流的变化更符合蓄电池的荷电状态，真正实现 0%～100%充电工作。

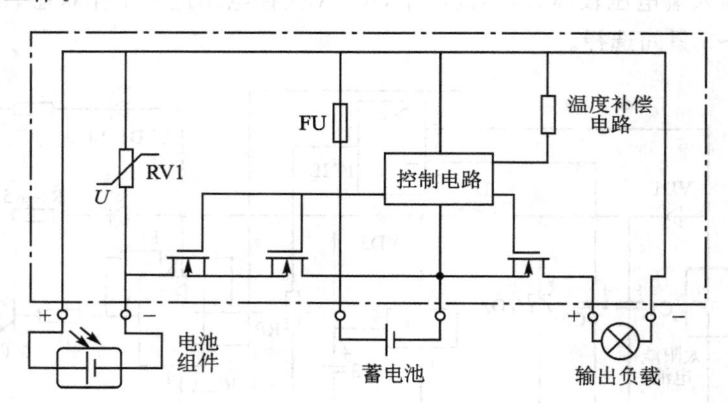

图 5－11　太阳能路灯控制电路原理框图

太阳能电池组件对蓄电池的充电分为直充、浮充和涓流充电 3 个阶段。设计电路时，必须对蓄电池的充、放电电压设定点作温度修正补偿，即对各充、放电阶段的电压设定值随温度变化而自动调整。温度补偿要满足蓄电池的技术条件，单节以－4 mV/℃作为参考值。

下面就介绍一款路灯控制器的电路构成及工作原理，具体电路如图 5－12 所示，由充电电路、放电电路、工作状态指示电路、温度补偿电路等组成。

图 5－12 中，蓄电池 DC 是控制器电路的工作电源，也是整个路灯的供电电源；C1、C3、C4 为高频滤波电容，用于滤除电池组件和负载感应或产生的高频杂波，减少对单片机和控制系统的干扰；压敏电阻 RV1 用于吸收经电池组件和线路进入控制器的雷电浪涌电压；VT4、VD6

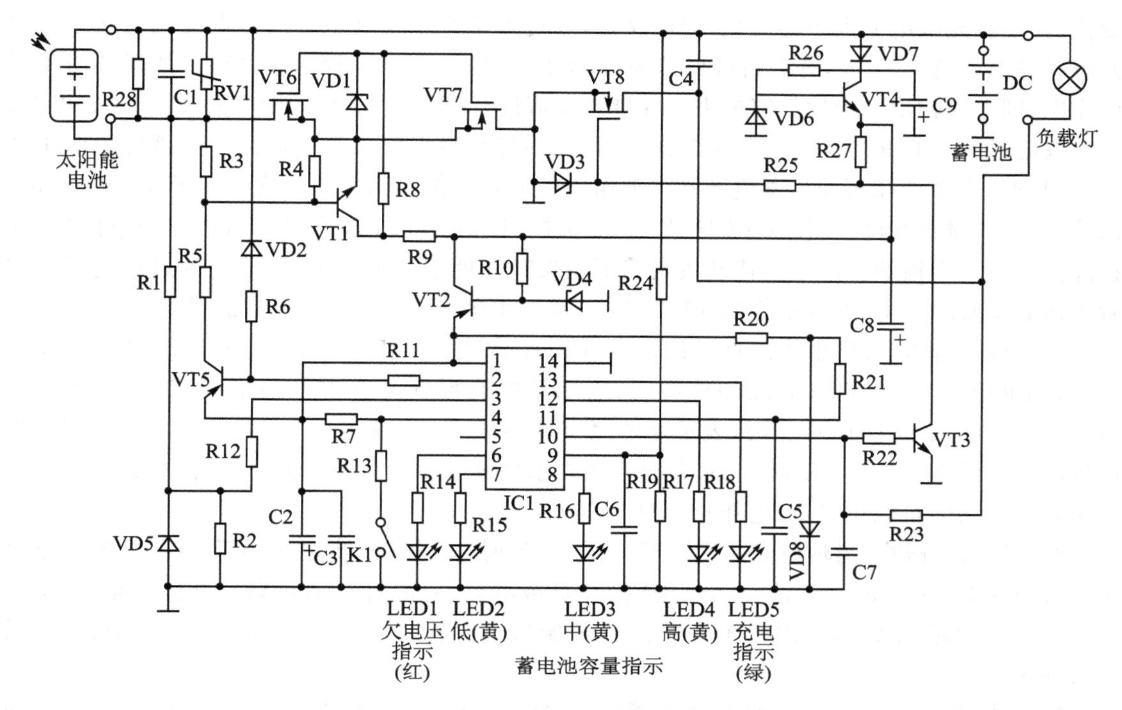

图 5-12 太阳能路灯控制的电路原理图

等元器件构成稳压电路，把蓄电池的 12 V 输入电压稳定到 10 V，供控制器电路工作，防止蓄电池电压的变化对控制电路的影响；VT2、VD4 等构成 5 V 稳压电路，为单片机及相关电路供电；稳压二极管 VD1、VD3 为 MOS 管栅极保护用器件；电阻 Rl、R2、R12、R28 和二极管 VD5 等组成太阳能电池组件输出电压检测电路，把电池组件输出电压的各种状态通过单片机芯片 IC1 的第 3 引脚输入到单片机电路，还可以通过电池组件的光敏作用对路灯进行光控开关；R19、R24、C6 等组成蓄电池电压检测电路，将蓄电池端电压的状况传输给单片机，由单片机根据蓄电池端电压的状况作出相应的充电各阶段的控制；单片机 IC1 的第 1 引脚为正电源脚，第 14 引脚为控制器地线，即蓄电池负极，第 4 引脚为铅酸蓄电池和胶体蓄电池的选择功能端，通过 S1 开关的开闭选择；VT3 是控制输出的晶体管，当 VT3 导通时，MOS 输出控制晶体管 VT8 会关断向负载的供电，输出保护(欠电压)指示灯 LED1 点亮。

充电过程：当电池组件受到阳光照射时，电压信号通过 IC1 的第 3 引脚输入，其内部 A/D 输入转换电路实现对电池组件电压的采样测量比较，当电池组件输出电压超过 6 V 时，太阳能充电指示灯 LED5 点亮，启动充电程序。当蓄电池容量较低时，IC1 的第 2 引脚输出高电平，VT5 截止，VT1 关断，VT6、VT7 导通。电池组件电流从电池组件正极→蓄电池正极→蓄电池负极→VT6→VT7→电池组件负极流动，给蓄电池快速充电。随着蓄电池两端电压的不断升高，蓄电池容量指示灯 LED2、LED3、LED4 依次点亮，显示蓄电池的容量状况。

在充电过程中，当蓄电池端电压达到 13.6 V 并能持续 30 s 时，电路自动转换为 PWM 浮充电状态，IC1 的第 2 引脚由高电平变为输出 PWM 信号，频率为 30 Hz，经 VT5、VT1 控制 VT6、VT7 的导通和截止，为蓄电池浮充电。

在蓄电池的浮充电过程中，随着蓄电池端电压的高低变化，充电电流的开通脉冲宽窄随之变化，调整着充电电流大小的变化，如此反复，经过 PWM 浮充电状态使蓄电池端电压达到过充电保护电压值 15.6 V，并能持续保持 30 s 以上时，整个充电过程基本完成。如果还需要涓流充电，则电路输出一个比较窄的 PWM 脉冲电流进行间断性充电，间断时间为 30 min 以上。

放电过程：由 R25、R27、VT8、VD3 以及照明灯负载等组成放电回路。当蓄电池电压高于 11 V 时，负载两端可输出蓄电池和电池组件的混合电能。当蓄电池电压降至 11 V 时，IC1 的第 10 引脚输出高电平，使 VT3 导通、VT8 关断，同时欠电压指示灯 LED1 点亮，过放电保护起作用。由于铅酸蓄电池的特性决定其不能长时间处于亏电状态，因此受到过放电保护的蓄电池必须及时充电，并要求充到 12.5 V 时，系统才允许蓄电池恢复给负载供电。

蓄电池容量指示灯由 LED2、LED3 和 LED4 构成。LED4 亮时，表示蓄电池容量大于 75%，端电压在 12.8 V 以上；LED3 亮时，表示蓄电池容量大于 25%而小于 75%，端电压在 11.8～12.8 V 之间；LED2 亮时，表示蓄电池容量小于 25%，端电压在 11～11.8 V 之间。当电压降至接近 11 V 时，LED2 闪亮，此时系统要求关断负载，保护蓄电池，如不关断，3 min 后系统将强制切断负载供电，欠电压指示灯 LED1 点亮。

光控开灯：傍晚，当环境光照度降至 5～10 LX 时，电池板输出电压小于 6 V，达到电路启控点，IC1 延时 10 min 后确认，VT8 导通接通负载电源，照明灯自动点亮。早晨天亮，环境光达到一定照度时，电池板输出电压高于 6 V，控制器再次延时 10 min 后确认，VT8 截止，照明灯自动关闭。

VT6 是夜间或太阳光不足时，防止蓄电池向电池板反向放电的 MOS 保护器件，当 IC1 的第 3 引脚检测到太阳电池板电压低于 11.3 V 时，自动使 VT6 关断。R20、R21、VD8 组成蓄电池环境温度补偿电路，VD8 随温度变化而引起 IC1 的第 11 引脚电压变化，经 IC1 内部 A/D 电路转换，再由软件处理，改变各充放电阶段的电压设定值，补偿系数为－25 mV/℃。

8. 实用光伏控制器举例

一个实际光伏控制器的结构框图如图 5－13 所示。控制器的核心是美国 TI 公司的 MSP430 系列单片机。该单片机内置的各种转换和驱动模块可免接大部分的外围电路，使整个系统电路简洁，使用方便，易于维护。另外，该单片机的 A/D 转换速度快，数据实时性极好，功耗低。它主要包括电压采集模块、电流采集模块、蓄电池温度采集电路、光强采集电路和充放电模块等。

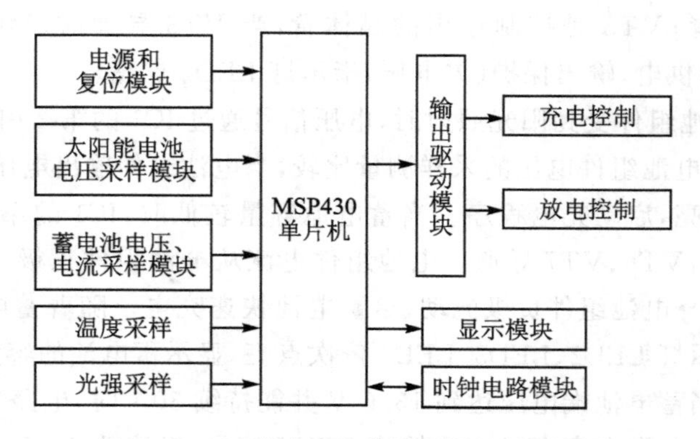

图 5－13 一个实际光伏控制器的结构框图

(1) 光伏组件(阵列)电压采集模块

光伏组件(阵列)电压采集模块电路如图 5-14 所示,采用电阻分压方法来采集光伏组件(阵列)电压,通过线性光电耦合器 L0C110 使单片机与太阳能电池阵列(及蓄电池)在电气上进行隔离,输出电压送到单片机 MSP430 中,进行电压大小判断。

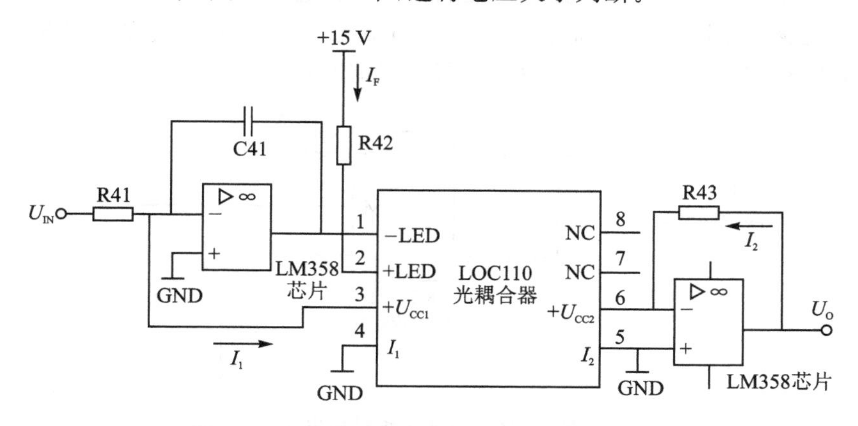

图 5-14 光伏组件(阵列)电压采集模块电路

(2) 电流采集模块

通过霍尔电流传感器 SMNA100L 来直接采集电流,然后进行分压、分流、滤波和跟随等一系列调理,最后将采样的电流数据输入到单片机 MSP430 中,进行电流大小判断。

(3) 蓄电池温度采集模块

采用集成式温度传感器 AD590 采集蓄电池温度,蓄电池温度采集模块电路如图 5-15 所示。LM358 芯片的同相输入端电压为 $U_P = I_r \times R_{28}$,LM358 芯片的反相输入端电压为

$$U_{IN} = U_{CC}/(R_{21} + R_{22} + R_{23} + R_{24}) \times R_{24}$$

所以

$$U_o = (U_{IN} - U_P) \times A_{uf}$$

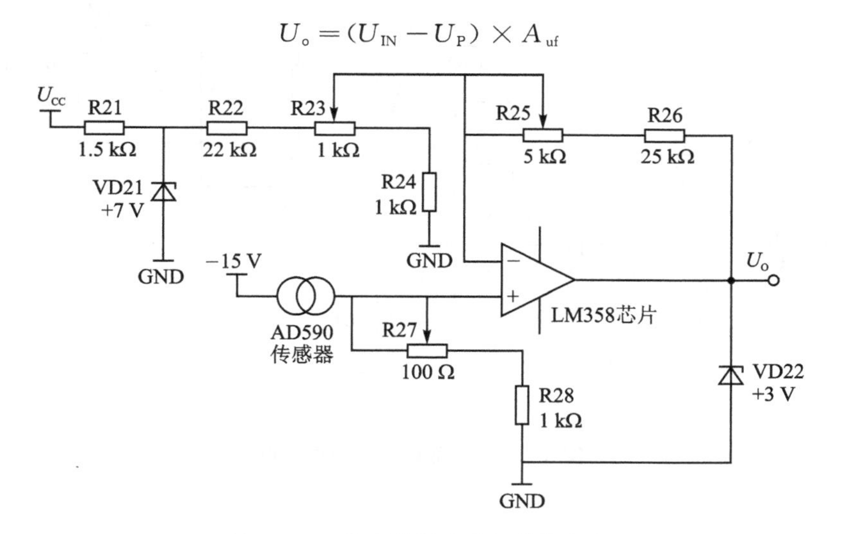

图 5-15 蓄电池温度采集模块电路

温度发生变化后,流过传感器的电流 I_r 发生改变,从而使 U_P 发生变化,经放大后的输出

电压送到单片机 MSP430 中，进行温度大小判断。

(4) 光强采集模块

光强采集模块的基本原理是，太阳光光强与太阳能电池的电流成正比，通过检测太阳能电池的电流即可采集到太阳能阵列的光强。光强采集模块电路如图 5-16 所示。KT1A/P 为电流传感器。当光强发生改变时，电流传感器输出电流也发生改变，在电阻及 R31 上形成电压也发生改变，此值送到单片机 MSP430 中，进行光强情况判断。

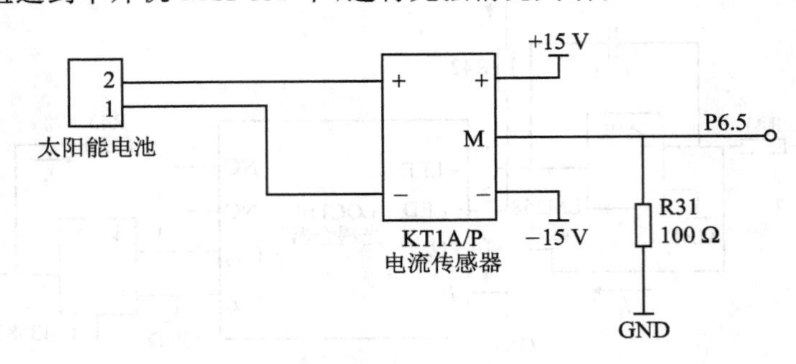

图 5-16 光强采集模块电路

(5) 充放电控制模块

充放电控制电路如图 5-17 所示。由 TLP250 驱动的 POWER MOSFET 作为充放电模块中的开关器件。以放电控制模块为例说明其工作过程。当单片机 MSP430 输出高电平时，晶体管 VT5(S9013)导通，TLP250 输出高电平，IRF3205 的栅源电压被钳位于 10 V，VT2 导通，蓄电池向负载供电。同理，当放电控制端输出低电平时，晶体管 VT5(S9013)截止，TLP250 输出低电平，IRF3205 的栅源电压小于阈值电压，VT2 不能导通，相当于开关处于断开状态，蓄电池不能向负载供电。

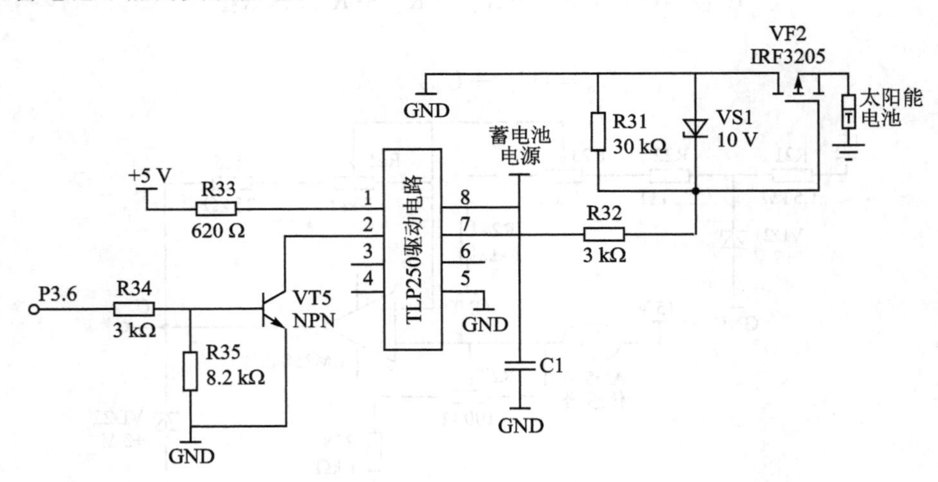

图 5-17 充放电控制模块电路

5.3 控制器的性能及技术参数

5.3.1 光伏控制器的主要性能特点

1. 小功率光伏控制器

小功率光伏控制器的主要性能特点如下：

① 目前大部分小功率控制器都采用低损耗、长寿命的 MOSFET 场效应管等电子开关元件作为控制器的主要开关器件。

② 运用脉冲宽度调制(PWM)控制技术对蓄电池进行快速充电和浮充充电，使太阳能发电能量得以充分利用。

③ 具有单路、双路负载输出和多种工作模式。其主要工作模式有普通开/关工作模式(即不受光控和时间控制的工作模式)、光控开/光控关工作模式、光控开/时控关工作模式。双路负载控制器控制关闭的时间长短可分别设置。

④ 具有多种保护功能，包括蓄电池和太阳能电池接反、蓄电池开路、蓄电池过充电和过放电、负载过压、夜间防反充电、控制器温度过高等多种保护。

⑤ 用 LED 指示灯对工作状态、充电状况、蓄电池电量等进行显示，并通过 LED 指示灯颜色的变化显示系统工作状况和蓄电池的剩余电量等的变化。

⑥ 具有温度补偿功能。其作用是在不同的工作环境温度下，能够对蓄电池设置更为合理的充电电压，防止过充电和欠充电状态而造成电池充放电容量过早下降甚至过早报废。

2. 中功率光伏控制器

一般把额定负载电流大于 15 A 的控制器划分为中功率控制器。其主要性能特点如下：

① 采用 LCD 液晶屏显示工作状态和充放电等各种重要信息，如电池电压、充电电流和放电电流、工作模式、系统参数、系统状态等。

② 具有自动/手动/夜间功能，可编制程序设定负载的控制方式为自动或手动方式。手动方式时，负载可手动开启或关闭。当选择夜间功能时，控制器在白天关闭负载；检测到夜晚时，延迟一段时间后，自动开启负载，定时时间到，又自动地关闭负载，延迟时间和定时时间可编程设定。

③ 具有蓄电池过充电、过放电、输出过载、过压、温度过高等多种保护功能。

④ 具有浮充电压的温度补偿功能。

⑤ 具有快速充电功能。当电池电压低于一定值时，快速充电功能自动开始，控制器将提高电池的充电电压；当电池电压达到理想值时，开始快速充电倒计时程序，定时时间到后，退出快速充电状态，以达到充分利用太阳能的目的。

⑥ 中功率光伏控制器同样具有普通充放电工作模式(即不受光控和时控的工作模式)、光控开/光控关工作模式、光控开/时控关工作模式等。

3. 大功率光伏控制器

大功率光伏控制器采用微电脑芯片控制系统，具有下列性能特点：

① 具有 LCD 液晶点阵模块显示，可根据不同的场合通过编程任意设定、调整充放电参数及温度补偿系数，具有中文操作菜单，方便用户调整。

② 可适应不同场合的特殊要求,可避免各路充电开关同时开启和关断时引起的振荡。

③ 可通过 LED 指示灯显示各路光伏充电状况和负载通断状况。

④ 有 1～18 路太阳能电池输入控制电路,控制电路与主电路完全隔离,具有极高的抗干扰能力。

⑤ 具有电量累计功能,可实时显示蓄电池电压、负载电流、充电电流、光伏电流、蓄电池温度、累计光伏发电量、累计负载用电量等参数。

⑥ 具有历史数据统计显示功能,如过充电次数、过放电次数、过载次数、短路次数等。

⑦ 用户可分别设置蓄电池过充电保护和过放电保护时负载的通断状态。

⑧ 各路充电电压检测具有"回差"控制功能,可防止开关器件进入振荡状态。

⑨ 具有蓄电池过充电、过放电、输出过载、短路、浪涌、太阳能电池接反或短路、蓄电池接反、夜间防反充等一系列报警和保护功能。

⑩ 可根据系统要求提供发电机或备用电源启动电路所需的无源干节点。

⑪ 配接有 RS232/485 接口,便于远程通信、遥控;PC 监控软件可测实时数据、报警信息显示、修改控制参数,读取 30 天的每天蓄电池最高电压、蓄电池最低电压、每天光伏发电量累计和每天负载用电量累计等历史数据。

⑫ 参数设置具有密码保护功能且用户可修改密码。

⑬ 具有过压、欠压、过载、短路等保护报警功能。具有多路无源输出的报警或控制接点,包括蓄电池过充电、蓄电池过放电、其他发电设备启动控制、负载断开、控制器故障、水淹报警等。

⑭ 工作模式可分为普通充放电工作模式(阶梯型逐级限流模式)和一点式充放电模式(PWM 工作模式)。其中一点式充放电模式分 4 个充电阶段,控制更精确,更好地保护蓄电池不被过充电,对太阳能予以充分利用。

⑮ 具有不掉电实时时钟功能,可显示和设置时钟。

⑯ 具有雷电防护功能和温度补偿功能。

5.3.2 光伏控制器的主要技术参数

光伏控制器的主要技术参数如下:

1. 系统电压

系统电压也叫额定工作电压,是指光伏发电系统的直流工作电压,电压一般为 12 V 和 24 V,中、大功率控制器也有 48 V、110 V、220 V 等。

2. 最大充电电流

最大充电电流是指太阳能电池组件或方阵输出的最大电流,根据功率大小分为 5 A、6 A、8 A、10 A、12 A、15 A、20 A、30 A 、40 A、50 A、70 A、100 A、150 A、200 A、250 A、300 A 等多种规格。有些厂家用太阳能电池组件最大功率来表示这一内容,间接地体现了最大充电电流这一技术参数。

3. 太阳能电池方阵输入路数

小功率光伏控制器一般都是单路输入,而大功率光伏控制器都是由太阳能电池方阵多路输入,一般大功率光伏控制器可输入 6 路,最多的可接入 12 路、18 路。

4. 电路自身损耗

控制器的电路自身损耗也是其主要技术参数之一，也叫空载损耗（静态电流）或最大自消耗电流。为了降低控制器的损耗，提高光伏电源的转换效率，控制器的电路自身损耗要尽可能低。控制器的最大自身损耗不得超过其额定充电电流的1%或0.4 W。根据电路不同自身损耗一般为5～20 mA。

5. 蓄电池过充电保护电压（HVD）

蓄电池过充电保护电压也叫充满断开或过压关断电压，一般可根据需要及蓄电池类型的不同，设定在15.1～15.5 V（12 V系统）、28.2～29 V（24 V系统）和56.3～58 V（48 V系统）之间，典型值分别为15.4 V、28.8 V和57.6 V。蓄电池充电保护的关断恢复电压（HVR）一般设定为13.1～13.4 V（12 V系统）、26.1～26.8 V（24 V系统）和52.4～53.6 V（48 V系统）之间，典型值分别为13.2 V、26.3 V和52.8 V。

6. 蓄电池的过放电保护电压（LVD）

蓄电池的过放电保护电压也叫欠压断开或欠压关断电压，一般可根据需要及蓄电池类型的不同，设定在10.8～11.4 V（12 V系统）、21.6～22.8 V（24 V系统）和43.2～45.6 V（48 V系统）之间，典型值分别为11.1 V、22.2 V和45.4 V。蓄电池过防电保护的关断恢复电压（LVR）一般设定为12.1～12.6 V（12 V系统）、24.2～25.2 V（24 V系统）和48.4～50.4 V（48 V系统）之间，典型值分别为12.4 V、25.8 V和49.6 V。

7. 蓄电池充电浮充电压

蓄电池的充电浮充电压一般为13.7 V（12 V系统）、27.4 V（24 V系统）和55.8 V（48 V系统）。

8. 温度补偿

控制器一般都具有温度补偿功能，以适应不同的环境工作温度，为蓄电池设置更为合理的充电电压。控制器的温度补偿系数应满足蓄电池的技术要求，其温度补偿值一般为－20～－40 mV/℃。

9. 工作环境温度

控制器的使用或工作环境温度范围随厂家不同而不同，一般在－20～＋50 ℃之间。

10. 其他保护功能

① 控制器输入、输出短路保护功能。控制器的输入、输出电路都要具有短路保护电路，提供保护功能。

② 防反充保护功能。控制器要具有防止蓄电池向太阳能电池反向充电的保护功能。

③ 极性反接保护功能。太阳能电池组件或蓄电池接入控制器，当极性接反时，控制器要具有保护电路的功能。

④ 防雷击保护功能。控制器输入端应具有防雷击的保护功能，避雷器的类型和额定值应能确保吸收预期的冲击能量。

⑤ 耐冲击电压和冲击电流保护。在控制器的太阳能电池输入端施加1.25倍的标称电压持续1 h，控制器不应该损坏。将控制器充电回路电流达到标称电流的1.25倍并持续1 h，控制器也不应该损坏。

5.3.3 光伏控制器的配置选型

光伏控制器的配置选型要根据整个系统的各项技术指标并参考厂家提供的产品样本手册

来确定。一般要考虑下列几项技术指标：

① 系统工作电压(即蓄电池电压)指光伏发电系统中蓄电池组的工作电压。控制器的系统电压应与蓄电池的电压保持一致。如12 V控制器用于12 V系统,24 V控制器用于24 V系统等。

② 光伏控制器的额定输入电流和输入路数。光伏控制器的额定输入电流取决于太阳能电池组件或阵列的输入电流(通常以短路电流作为方阵的最大电流值),选型时光伏控制器的额定输入电流应等于或大于太阳能电池的输入电流。为提高安全系数,在此短路电流的基础上再加25%裕量。光伏控制器的输入路数要多于或等于太阳能电池方阵的设计输入路数。各路电池方阵的输出电流应小于或等于光伏控制器每路允许输入的最大电流值。

③ 光伏控制器的额定负载电流,也就是光伏控制器输出到直流负载或逆变器的直流输出电流,该数据要满足负载或逆变器的输入要求。

在光伏控制器选型中考虑问题的顺序如下：首先,根据光伏系统蓄电池的电压选择光伏控制器的工作电压等级;其次,根据太阳能电池组件的容量大小和光伏组件串的并联数量,计算光伏控制器的充电电流和控制方式;再次,根据负载特点选择是否需要光伏控制器的蓄电池放电控制功能,如果需要,则根据负载功率计算放电电流的大小;最后,依据用户要求选择是否需要其他辅助功能,列出满足要求的光伏控制器生产厂和型号,按系统配置最优原则确定光伏控制器。

5.3.4 离网光伏电站的光伏控制器的选型

离网光伏电站的装机容量一般大于1 kWp,选择光伏控制器主要是根据系统要求确定控制器的电压、电流、控制方式以及是否需要其他辅助功能。

对于安装容量为1～5 kWp的系统,选择光伏控制器时,先根据系统设计的蓄电池电压等级确定光伏控制器的工作电压,如通信基站一般的仪器设备是48 V直流供电的,蓄电池就是48 V的标称电压,光伏控制器则要选择48 V的;再根据选用光伏组件的电流值和组件串并联数量计算最大充电电流,确定光伏控制器的工作电流。对于1～5 kWp系统的光伏控制器,常见的控制方式有脉宽调制(PWM)控制和多路多阶控制,如果构成系统的光伏组件串的并联数达到5个以上,使用分路多阶控制方式的控制器就可达到较理想的充电效果;如果并联数少于5个,就建议使用PWM控制方式的控制器;其他的辅助功能可以按需要选择。

在选择离网光伏电站的控制器时,一般不使用具有负载放电控制功能的控制器,即使选用具有该功能的控制器,也需要禁止该功能的使用。因为一般通信基站等专业用户使用的直流电源,直接从蓄电池组取电,只要蓄电池还有一点电,就必须保持工作;对于村落光伏电站而言,给交流负载供电必须用逆变器,逆变器本身就具有蓄电池过放电保护功能,实际的使用说明,控制器和逆变器双重的过放电保护并不会带来更多的安全性,反而会因为过多的保护动作带来不必要的麻烦。

5.3.5 户用光伏控制器的选型

户用光伏发电系统容量一般小于1 kWp,为安全和方便安装移动考虑,蓄电池一般为12 V或24 V,光伏组件较少,一般采用一组串联的接线方式。

选用光伏控制器也应先确定控制器的工作电压和电流,由于只有一组光伏组件,因此控制方式应选用PWM控制。考虑用户使用和维护的方便，光伏控制器的操作和显示方式越少、越直观越好，尽量不要各种辅助功能。

对于只给直流负载供电的光伏发电系统，光伏控制器必须提供蓄电池过放电保护功能。目前流行的户用光伏发电系统多为交流供电，系统中配备了逆变器，甚至将控制器和逆变器制作在一起构成控制逆变一体机，光伏控制器就不必要提供单独的蓄电池过放电保护功能了。

练习与思考

一、填空题

1.（　　）具有防止蓄电池过充电和过放电，延长蓄电池寿命的功能。

2. 光伏控制器按电路方式的不同分为并联型、串联型、（　　）型、多路控制型和（　　）型。

3. 对于应用了微处理器的电路，实现了软件编程和智能控制，并附带有自动数据采集、数据显示和远程通信功能的控制器，称之为（　　）控制器。

4. 光伏控制器按电路方式的不同主要分为（　　）、（　　）、（　　）、（　　）。

二、选择题

1. 在离网型光伏发电系统、并网型光伏发电系统以及光伏-风力混合发电系统中，需要配置储能装置和（　　）等。

A. 蓄电池　　B. 控制器　　C. 斩波器　　D. 太阳能电池

2.（　　）不属于控制器分类。

A. 并联型　　B. 串联型　　C. 脉宽调制型　　D. 电压源型

3. 几千瓦以上的大功率光伏发电系统一般选用（　　）控制器。

A. 并联型　　B. 串联型　　C. 脉宽调制型　　D. 多路型

三、问答题

1. 光伏控制器的功能是什么？

2. 光伏控制器的作用是什么？

3. 简述光伏控制器的控制原理。

4. 设计太阳能光伏手机充电器控制器。

实践训练

一、实践训练内容

1. 记录实验用的光伏控制器型号及铭牌上参数，说明参数含义。

2. 结合光伏控制器使用说明书，说明控制器指示灯的灭亮表示的含义。

3. 光伏控制器过充电实验。把光源灯打开，使光伏组件接受光源灯光发电，持续给蓄电池（12 V）充电，直到充电电流接近0（为了保证实验结果能在课堂内完成，先把蓄电池的电压充电到13.5 V）为止。此时说明控制器自动关闭输出，蓄电池进入充电保护状态。用万用表测量此时蓄电池两端的电压大小，此电压便为蓄电池过充电保护电压（HVD），并进行记录。

4. 光伏控制器过放电实验。把蓄电池外接大功率“可调电阻”，对蓄电池（12 V）进行放电，直至光伏控制器的负载 LED 灯灭（为了能保证使实验结果能在课堂内完成，应先把蓄电池放电到 11.5 V）为止，说明光伏控制器自动关闭输出，蓄电池进入低电压保护状态。用万用表测量此时蓄电池两端电压的大小，此电压便为蓄电池的过放电保护电压（LVD），并进行记录。

5. 完成 2 kWp 离网（独立）型光伏发电系统的控制器设计和选型。

二、实践训练组织方法及步骤

① 实践训练前准备。对实践训练的内容进行相关资料的搜集和准备。

② 以 3 人为单位进行实践训练。

③ 对实践训练的过程做完整记录，并以 PPT 的形式进行展示或撰写实践训练报告。

三、实践训练成绩评定

1. 实践训练成绩评定分级：

成绩按优秀、良好、中等、及格、不及格 5 个等级评定。

2. 实践训练成绩评定准则：

① 成员的参与程度。

② 成员的团结进取精神。

③ 撰写的实践训练报告是否语言流畅、文字简练、条理清晰、结论明确。

④ 讲解时语言表达是否流畅，PPT 制作是否新颖。

项目 6　认识逆变器

项目要求

- 了解光伏逆变器的分类和技术参数；
- 掌握光伏逆变器的功能；
- 掌握光伏逆变器的工作原理；
- 能分析光伏逆变器电路的工作过程。

6.1　逆变器的作用及分类

6.1.1　逆变器的作用

将直流电变换成为交流电的过程称为逆变，而实现逆变过程的装置称为逆变器或逆变设备。太阳能光伏系统中使用的逆变器是一种将太阳能电池所产生的直流电转换为交流电的转换装置。它使转换后的交流电的电压、频率与电力系统交流电的电压、频率相一致，以满足为各种交流用电装置、设备供电及并网发电的需要。图 6－1 所示是逆变器外形图。

图 6－1　逆变器外形图

光伏发电系统对逆变器的具体要求如下：

- 合理的电路结构，严格的元器件筛选，具备各种保护功能；
- 较宽的直流输入电压适应范围；
- 较少的电能变换中间环节，以节约成本、提高效率；
- 高的转换效率；
- 高可靠性，无人值守和维护；
- 输出电压、电流满足电能质量要求，谐波含量小，功率因数高；
- 具有一定的过载能力。

6.1.2 逆变器的分类

逆变器的种类很多,可以按照不同的方法分类,具体如下:

按照逆变器输出交流电的相数不同,可分为单相逆变器、三相逆变器和多相逆变器。

按照逆变器逆变转换电路工作频率的不同,可分为工频逆变器、中频逆变器和高频逆变器。

按照逆变器输出电压的波形不同,可分为方波逆变器、阶梯波逆变器和正弦波逆变器。

按照逆变器线路原理的不同,可分为自激振荡型逆变器、阶梯波叠加型逆变器、脉宽调制型逆变器和谐振型逆变器等。

按照逆变器输出功率大小的不同,可分为小功率逆变器(<5 kW)、中功率逆变器(5~50 kW)、大功率逆变器(>50 kW)。

按照逆变器主电路结构的不同,可分为单端式逆变结构、半桥式逆变结构、全桥式逆变结构、推挽式逆变结构、多电平逆变结构、正激逆变结构和反激逆变结构等。其中,小功率逆变器多采用单端式逆变结构、正激逆变结构和反激逆变结构;中功率逆变器多采用半桥式逆变结构、全桥式逆变结构等;高压大功率逆变器多采用推挽式逆变结构和多电平逆变结构。

按照逆变器隔离(转换)方式的不同,可分为带工频隔离变压器方式、带高频隔离变压器方式和不带隔离变压器方式等。

按照逆变器输出能量的去向不同,可分为有源逆变器和无源逆变器。对太阳能光伏发电系统来说,在并网型光伏发电系统中需要有源逆变器,而在离网独立型光伏发电系统中需要无源逆变器。

在太阳能光伏发电系统中,还可将逆变器分为离网型逆变器(应用在独立型光伏系统中的逆变器)和并网型逆变器。

在并网型逆变器中,又可根据光伏电池组件或方阵接入方式的不同,分为集中式并网逆变器、组串式并网逆变器、微型(组件式)并网逆变器和双向并网逆变器等。

6.2 逆变器的结构及工作原理

逆变器主要由半导体功率器件和逆变器驱动、控制电路两大部分组成。随着微电子技术与电力电子技术的发展,新型大功率半导体开关器件和驱动控制电路的出现,促进了逆变器的快速发展和技术完善。目前的逆变器多采用功率场效应晶体管(VMOSFET)、绝缘栅极晶体管(IGBT)、MOS控制器晶闸管(MCT)、静电感应晶闸管(STTH)以及智能型功率模块(IPM)等多种先进且易于控制的大功率器件,控制逆变驱动电路也从模拟集成电路发展到单片机控制,甚至采用数字信号处理器(DSP)控制,使逆变器向着系统化、节能化、全控化和多功能化方向发展。

6.2.1 逆变器的基本结构

逆变器的基本电路结构如图 6-2 所示,由输入电路、输出电路、主逆变电路、控制电路、辅助电路和保护电路等构成。

各部分作用如下:

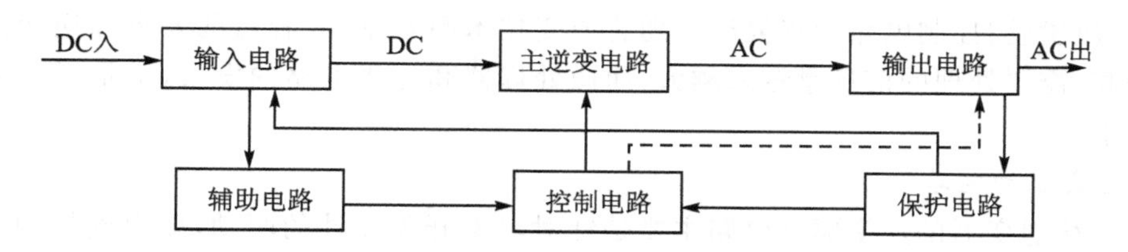

图6－2　逆变器的基本电路结构图

- 输入电路——为主逆变电路提供可确保其正常工作的直流工作电压。
- 主逆变电路——逆变电路的核心，其主要作用是通过半导体开关器件的导通和关断完成逆变的功能。逆变电路分为隔离式和非隔离式两大类。
- 输出电路——主要对主逆变电路输出的交流电的波形、频率、电压、电流的幅值相位等进行修正、补偿、调理，使之能满足使用需求。
- 控制电路——主要为主逆变电路提供一系列的控制脉冲来控制逆变开关器件的导通与关断，配合主逆变电路完成逆变功能。
- 辅助电路——主要将输入电压变换成适合控制电路工作的直流电压。辅助电路还包含了多种检测电路。
- 保护电路——主要包括输入过压、欠压保护，输出过压、欠压保护，过载保护，过流和短路保护，过热保护等。

6.2.2　逆变器的主要元器件

1. 半导体功率开关器件

表6－1所列是逆变器常用的半导体功率开关器件，主要有可控硅（晶闸管）、大功率晶体管、功率场效应管及功率模块等。

表6－1　逆变器常用的半导体功率开关器件

类　型	器件名称	器件符号
双极型器件	普通晶闸管	SCR
	双向晶闸管	TRIS
	可关断晶闸管	GTO
	静电感应晶闸管	SITH
	大功率晶体管	GTR
单极型器件	功率场效应晶体管	VMOSFET
	静电感应晶体管	SIT
复合型器件	绝缘栅极晶体管	IGBT
	MOS控制晶体管	MGT
	MOS控制晶闸管	MCT
	智能型功率模块	IPM

2. 逆变驱动和控制电路

传统的逆变器电路是用许多的分离元件和模拟集成电路等构成的，这种电路结构元件数量多、波形质量差、控制电路烦琐复杂。随着逆变技术高效率、大容量的要求和逆变技术复杂程度的提高，需要处理的信息量越来越大，而微处理器和专用电路的发展，满足了逆变器技术发展的要求。

（1）逆变驱动电路

光伏系统逆变器的逆变驱动电路主要是针对功率开关器件的驱动，要得到好的PWM脉冲波形，驱动电路的设计很重要。随着微电子和集成电路技术的发展，许多专用多功能集成电路的陆续推出，给应用电路的设计带来了极大的方便，同时也使逆变器的性能得以极大的提高。例如各种开关驱动电路SG3524、SG3525、TL494、IR2130、TLP250等，在逆变器电路中得到广泛应用。

（2）逆变控制电路

光伏逆变器中常用的控制电路主要是对驱动电路提供符合要求的逻辑与波形，如PWM、SPWM控制信号等，从8位的带有PWM口的微处理器到16位的单片机，直至32位的DSP器件等，使先进的控制技术如矢量控制技术、多电平变换技术、重复控制技术、模糊逻辑控制技术等在逆变器中得到应用。在逆变器中常用的微处理器电路有MP16、8XC196MC、PIC16C73、68HC16、MB90260、PD78366、SH7034、M37704、M37705等，常用的专用数字信号处理器(DSP)电路有TMS320F206、TMS320F240、M586XX、DSPIC30、ADSP-219XX等。

6.2.3 逆变电路基本工作原理

逆变电路原理示意图和对应的波形如图6-3所示。

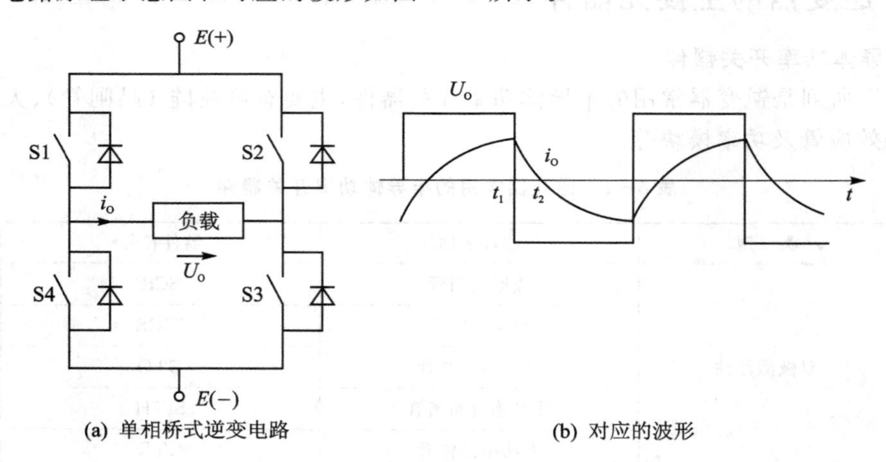

(a) 单相桥式逆变电路　　(b) 对应的波形

图6-3　逆变器原理示意图和对应的波形图

图6-3(a)所示为单相桥式逆变电路，4个桥臂由开关构成，输入直流电压后，当开关S1和S3闭合、S2和S4断开时，负载上得到左正右负的电压，输出U_o为正；间隔一段时间后，将S1和S3断开、S2和S4闭合时，负载上得到左负右正的电压，即输出U_o为负。若以一定频率交替切换S1、S3和S2、S4，负载上就可以得到如图6-3(b)所示的波形，这样就把直流电变换成交流电，改变两组开关的切换频率，就可以改变输出交流电的频率。电阻性负载时，电流和电压的波形相同；电感性负载时，电流和电压的波形不相同，电流滞后电压一定的角度。

6.3 离网独立型逆变器的电路原理

6.3.1 单相逆变器电路原理

逆变器的工作原理是通过功率半导体开关器件的开通和关断作用，把直流电能变换成交流电能。单相逆变器的基本电路有推挽式、半桥式和全桥式3种，虽然电路结构不同，但工作原理类似。电路中都使用具有开关特性的半导体功率器件，由控制电路周期性地对功率器件发出开关脉冲控制信号，控制各个功率器件轮流导通和关断，再经过变压器耦合升压或降压后，整形滤波输出符合要求的交流电。

1. 推挽式逆变电路

推挽式逆变电路原理如图6-4所示。该电路由两只共负极连接的功率开关管和一个初级带有中心抽头的升压变压器组成。升压变压器的中心抽头接直流电源正极，两只功率开关管在控制电路的作用下交替工作，输出方波或三角波的交流电力。由于功率开关管的共负极连接，使得该电路的驱动和控制电路可以比较简单，另外由于变压器具有一定的漏感，可限制短路电流，因而提高了电路的可靠性。该电路的缺点是变压器效率低，带感性负载的能力较差，不适合直流电压过高的场合。

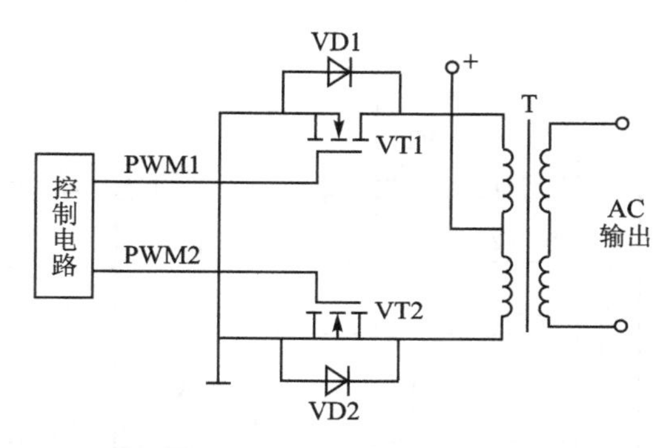

图6-4 推挽式逆变电路原理图

2. 半桥式逆变电路

半桥式逆变电路原理如图6-5所示。该电路由两只功率开关管、两只储能电容器和耦合变压器等组成。该电路将两只串联电容的中点作为参考点，当功率开关管VT1在控制电路的作用下导通时，电容器C1上的能量通过变压器初级释放，当功率开关管VT2导通时，电容器C2上的能量通过变压器初级释放，VT1和VT2的轮流导通，在变压器次级获得了交流电能。半桥式逆变电路结构简单，由于两只串联电容的作用，不会产生磁偏或直流分量，非常适合后级带动变压器负载。当该电路工作在工频(50 Hz或者60 Hz)时，需要较大的电容容量，使电路的成本上升，因此该电路更适合用于高频逆变器电路中。

3. 全桥式逆变电路

全桥式逆变电路原理如图6-6所示。该电路由4只功率开关管和变压器等组成。该电路克服了推挽式逆变电路的缺点，功率开关管VT1、VT4和VT2、VT3反相，VT1、VT3和VT2、VT4轮流导通，使负载两端得到交流电能。为便于大家理解，用图6-6(b)等效电路对全桥式逆变电路原理进行介绍。图中E为输入的直流电压，R为逆变器的纯电阻性负载，开关S1～S4等效于图6-6(a)中的VT1～VT4。当开关S1、S3接通时，电流流过S1、R、S3，负载R上的电压极性是左正右负；当开关S1、S3断开，S2、S4接通时，电流流过S2、R和S4，负载上的电压极性相反。若两组开关S1、S3和S2、S4以某一频率交替切换工作时，负载R上便可得到这一频率的交变电压。

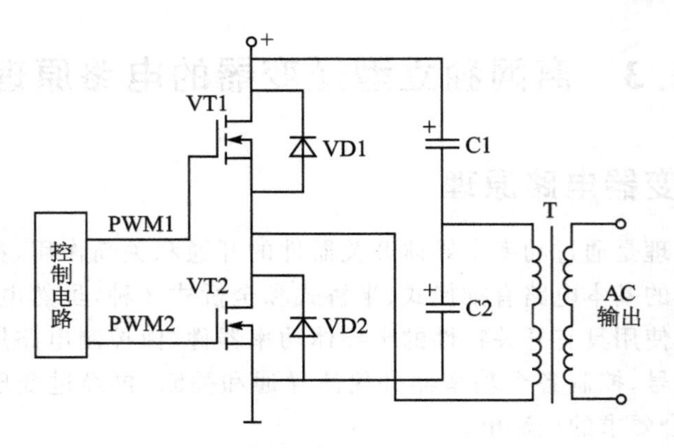

图 6-5　半桥式逆变电路原理图

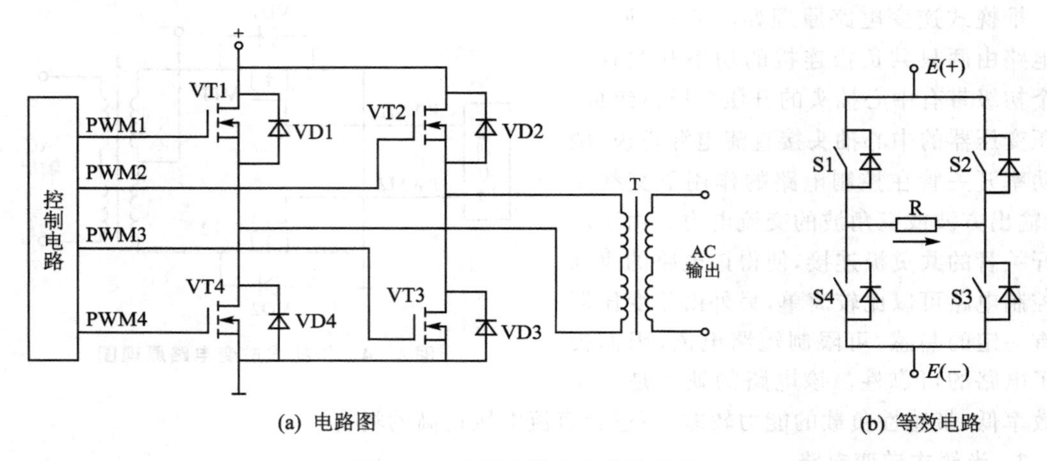

图 6-6　全桥式逆变电路原理图

上述几种电路都是逆变器的最基本电路，在实际应用中，除了小功率光伏逆变器主电路采用这种单级的(DC-AC)转换电路外，中、大功率逆变器主电路都采用两级（DC-DC-AC)或三级(DC-AC-DC-AC)的电路结构形式。一般来说，中、小功率光伏系统的太阳能电池组件或方阵输出的直流电压都不太高，而且功率开关管的额定耐压值也都比较低，因此逆变电压也比较低，要得到 220 V 或者 380 V 的交流电，无论是推挽式还是全桥式的逆变电路，其输出都必须加工频升压变压器，由于工频变压器体积大、效率低、质量重，因此只能在小功率场合应用。随着电力电子技术的发展，新型光伏逆变器电路都采用高频开关技术和软开关技术实现高功率密度的多级逆变。这种逆变电路的前级升压电路采用推挽逆变电路结构，但工作频率都在 20 kHz 以上，升压变压器采用高频磁性材料做铁芯，因而体积小、质量轻。低电压直流电经过高频逆变后变成了高频高压交流电，又经过高频整流滤波电路后得到高压直流电（一般均在 300 V 以上），再通过工频逆变电路实现逆变得到 220 V 或者 380 V 的交流电，整个系统的逆变效率可达到 90%以上，目前大多数正弦波光伏逆变器都是采用这种三级的电路结构，如图 6-7 所示。其具体工作过程是：首先将太阳能电池方阵输出的直流电（如 24 V、48 V、110 V 和 220 V 等）通过高频逆变电路逆变为波形为方波的交流电，逆变频率一般在几千赫兹到几十千赫兹，再通过高频升压变压器整流滤波后变为高压直流电，然后经过第三级 DC-AC

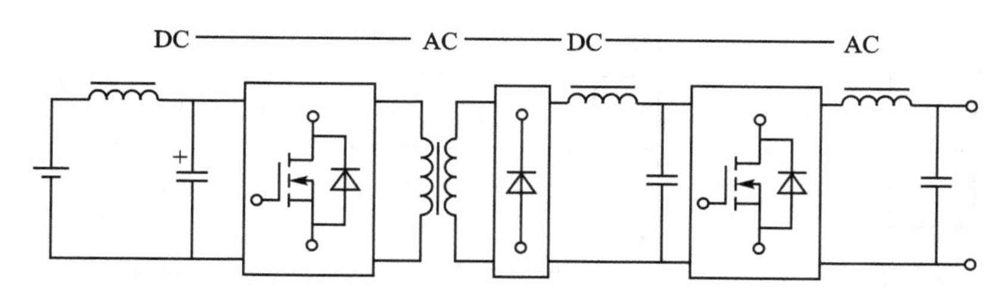

图 6 - 7　逆变器的三级电路结构原理示意图

逆变为所需要的 220 V 或 380 V 工频交流电。

图 6 - 8 所示是逆变器将直流电转换成交流电的转换过程示意图，以帮助大家加深对逆变器工作原理的理解。半导体功率开关器件在控制电路的作用下以(1/100)s 的速度进行开关动作，将直流切断，并将其中一半的波形反向而得到矩形的交流波形，然后通过电路使矩形的交流波形平滑，得到正弦交流波形。

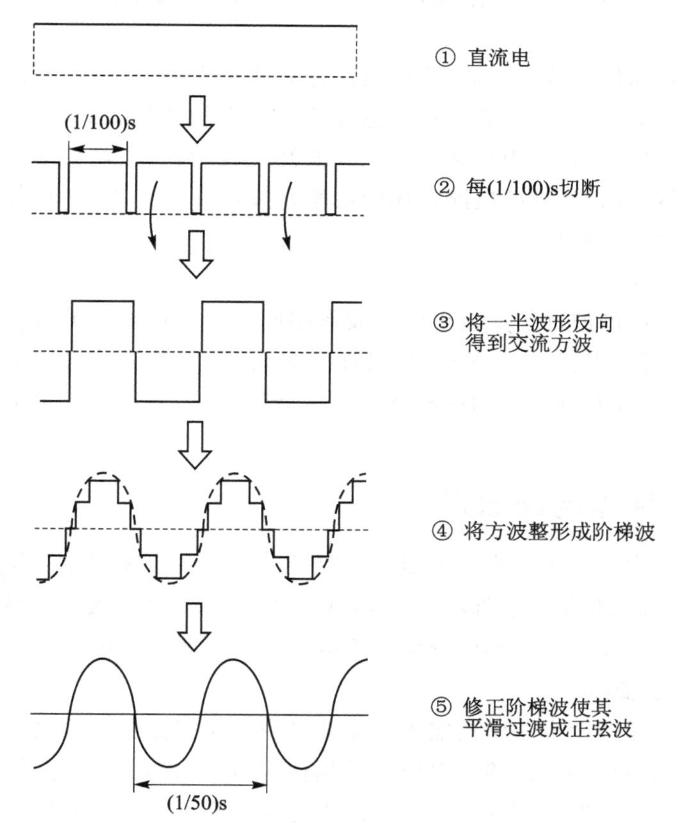

图 6 - 8　逆变器波形转换过程示意图

4. 不同输出波形单相逆变器的优缺点

逆变器按照输出电压波形的不同，可分为方波逆变器、阶梯波逆变器和正弦波逆变器，其输出波形如图 6 - 9 所示。在太阳能光伏发电系统中，方波和阶梯波逆变器一般都用在小功率场合。下面就分别对这 3 种不同输出波形逆变器的优缺点进行介绍。

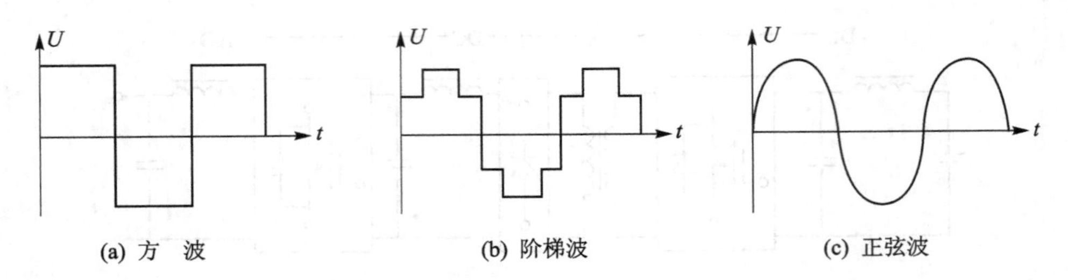

(a) 方　波　　(b) 阶梯波　　(c) 正弦波

图 6-9　逆变器输出波形示意图

(1) 方波逆变器

方波逆变器输出的波形是方波，也叫矩形波。尽管方波逆变器所使用的电路不尽相同，但共同的优点是线路简单（使用的功率开关管数量最少）、价格低廉、维修方便，其设计功率一般在数百瓦到几千瓦之间。缺点是调压范围窄、噪声较大，方波电压中含有大量高次谐波，带感性负载如电动机等用电器中将产生附加损耗，因此效率低，电磁干扰大。

(2) 阶梯波逆变器

阶梯波逆变器也叫修正波逆变器，阶梯波比方波波形有明显的改善，波形类似于正弦波，波形中的高次谐波含量少，因此能满足包括感性负载在内的各种负载。当采用无变压器输出时，整机效率高。缺点是线路较为复杂。为把方波修正成阶梯波，需要多个不同的复杂电路，产生多种波形叠加修正而成，这些电路使用的功率开关管也较多，电磁干扰严重。阶梯波形逆变器不能应用于并网发电的场合。

(3) 正弦波逆变器

正弦波逆变器输出的波形与交流市电的波形相同。这种逆变器的优点是输出波形好、失真度低，干扰小、噪声低，保护功能齐全，整机性能好，技术含量高。缺点是线路复杂、维修困难、价格较高。在太阳能并网发电的应用场合，为了避免对公共电网的电力污染，必须使用正弦波逆变器。

6.3.2　三相逆变器电路原理

单相逆变器电路由于受到功率开关器件的容量、零线（中性线）电流、电网负载平衡要求和用电负载性质等的限制，容量一般都在 100 kVA 以下，大容量的逆变电路大多采用三相形式。三相逆变器按照直流电源的性质不同分为三相电压型逆变器和三相电流型逆变器。

1. 三相电压型逆变器

电压型逆变器就是逆变电路中的输入直流能量由一个稳定的电压源提供，其特点是逆变器在脉宽调制时输出电压的幅值等于电压源的幅值，而电流波形取决于实际的负载阻抗。三相电压型逆变器的基本电路如图 6-10 所示。该电路主要由 6 只功率开关器件和 6 只续流二极管以及带中性点的直流电源构成。图中负载 L 和 R 表示三相负载的各路相电感和相电阻。

功率开关器件 VT1～VT6 在控制电路的作用下，当控制信号为三个互差 120°的脉冲信号时，可以控制每个功率开关器件导通 180°或 120°，相邻两个开关器件的导通时间互差 60°，逆变器三个桥臂中的上边和下边开关元件以 180°间隔交替开通和关断，VT1～VT6 以 60°的电位差依次导通和关断，在逆变器输出端形成 a、b、c 三相电压。

控制电路输出的开关控制信号可以是方波、阶梯波、脉宽调制方波、脉宽调制三角波和锯

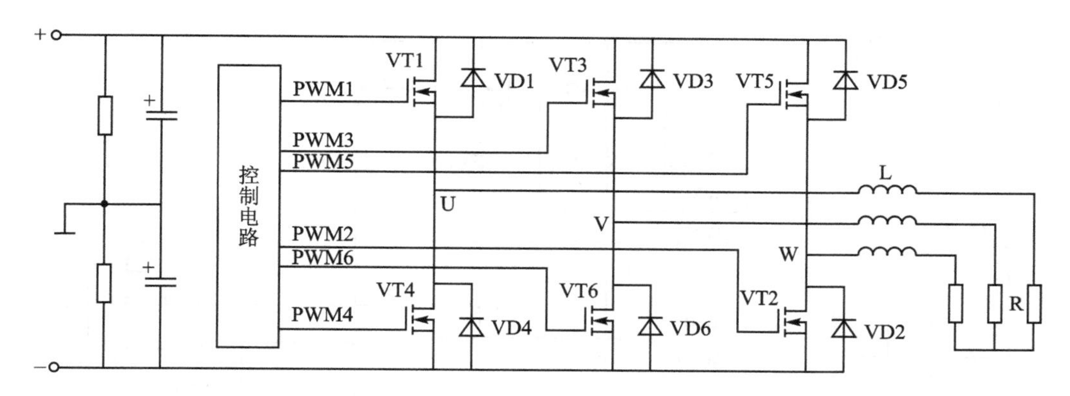

图 6-10 三相电压逆变器电路原理图

齿波等，其中后 3 种脉宽调制的波形都以基础波作为载波，正弦波作为调制波，最后输出正弦波波形。普通方波和被正弦波调制的方波的区别如图 6-11 所示。与普通方波信号相比，被调制的方波信号是按照正弦波规律变化的系列方波信号，即普通方波信号是连续导通的，而被调制的方波信号要在正弦波调制的周期内导通和关断 N 次。

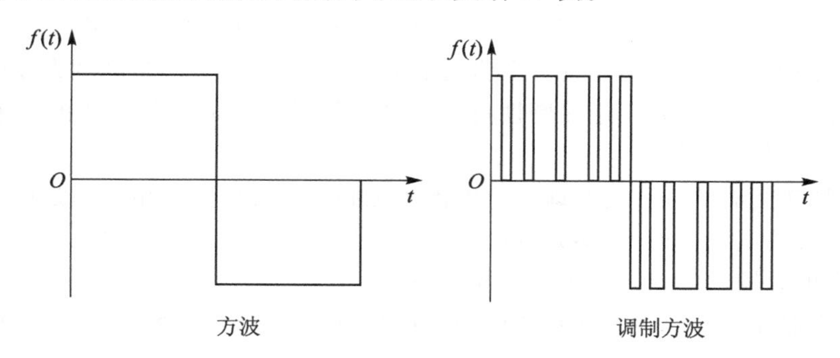

图 6-11 方波与被调制方波波形示意图

2. 三相电流型逆变器

电流型逆变器的直流输入电源是一个恒定的直流电流源，需要调制的是电流，若一个矩形电流注入负载，电压波形则是在负载阻抗的作用下生成的。在电流型逆变器中，有两种不同的方法控制基波电流的幅值：一种是直流电流源的幅值变化法，这种方法使得交流电输出侧的电流控制比较简单；另一种是用脉宽调制来控制基波电流。三相电流型逆变器的基本电路如图 6-12 所示。该电路由 6 只功率开关器件和 6 只阻断二极管以及直流恒流电源、浪涌吸收电容等构成，R 为用电负载。

电流型逆变器的特点是在直流电输入侧接有较大的滤波电感，当负载功率因数变化时，交流输出电流的波形不变，即交流输出电流波形与负载无关。从电路结构上与电压型逆变器不同的是，电压型逆变器在每个功率开关元件上并联了一个续流二极管，而电流型逆变器则是在每个功率开关元件上串联了一个反向阻断二极管。

与三相电压型逆变器电路一样，三相电流型逆变器也是由三组上下一对的功率开关元件构成，但开关动作的方法与电压型的不同。由于在直流输入侧串联了大电感器 L，使直流电流的波动变化较小，当功率开关器件进行开关动作和切换时，都能保持电流的稳定和连续。因此

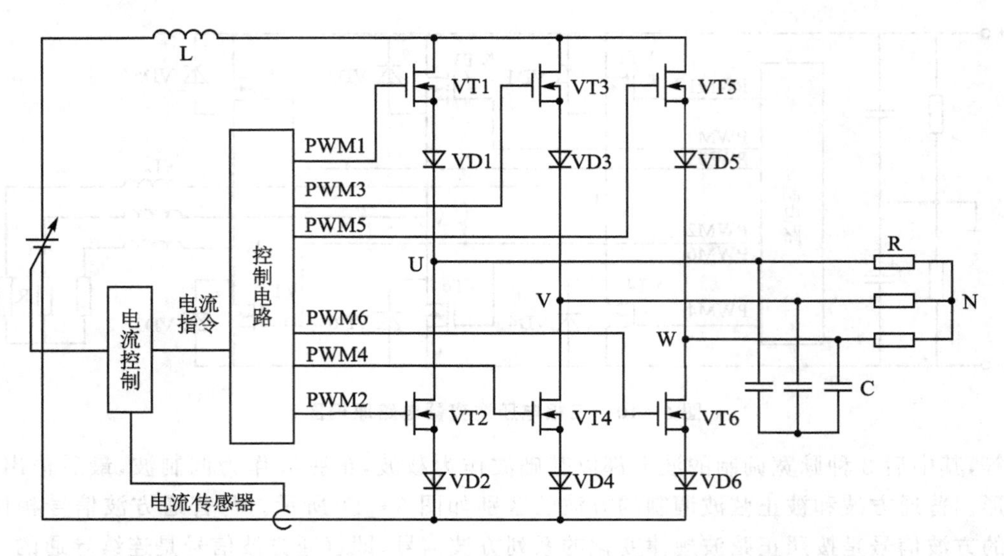

图 6-12　三相电流型逆变器电路原理图

三个桥臂中的上边开关元件 VT1、VT3、VT5 中的一个和下边开关元件 VT2、VT4、VT6 中的一个，均可按每隔 1/3 周期分别流过一定值的电流，输出的电流波形是高度为该电流值的 120° 通电期间的方波。另外，为防止连接感性负载时电流急剧变化而产生浪涌电压，在逆变器的输出端并联了浪涌吸收电容器 C。

三相电流型逆变器的直流电源即直流电流源是利用可变电压的电源通过电流反馈控制来实现的。但是，仅用电流反馈，不能减少因开关动作形成的逆变器输入电压的波动而使电流随着波动，所以在电源输入端串入了大电感器(电抗器)L。

电流型逆变器非常适合在并网系统应用，特别是在太阳能光伏发电系统中，电流型逆变器有着独特的优势。

3. 正弦脉宽调制技术 SPWM

随着逆变器控制技术的发展，电压型逆变器出现了多种变压、变频控制方法。目前采用较多的是正弦脉宽调制调制技术，即 SPWM (Sinusoidal Pulse Width Modulation)控制技术。

通过对半导体开关器件的导通和关断进行控制，使输出端得到一系列幅值相等而宽度不相等的脉冲，用这些脉冲来代替正弦波或其他所需要的波形。如图 6-13(a)所示，把一个正弦半波分成 N 等份，然后把每一等份的正弦曲线与横轴包围的面积，用与它等面积的等高而不等宽的矩形脉冲代替，矩形脉冲的中点与正弦波每一等分的中点重合，根据冲量相等效果相同的原理，这样一系列的矩形脉冲与正弦半波是等效的，对于正弦波的负半周也可以用同样的方法得到 PWM 波形。像这样的脉冲宽度按正弦规律变化而和正弦波等效的 PWM 波形就是 SPWM 波。如果按一定的规则对各脉冲的宽度进行调制，则可改变逆变电路输出电压的大小和输出频率。

SPWM 有两种控制方式：一种是单极性，如图 6-13(b)所示；一种是双极性，如图 6-13(c)所示。两种控制方式调制方法相同，输出基本电压的大小和频率也都是通过改变正弦参考信号的幅值和频率而改变的，只是功率开关器件通断的情况不一样。

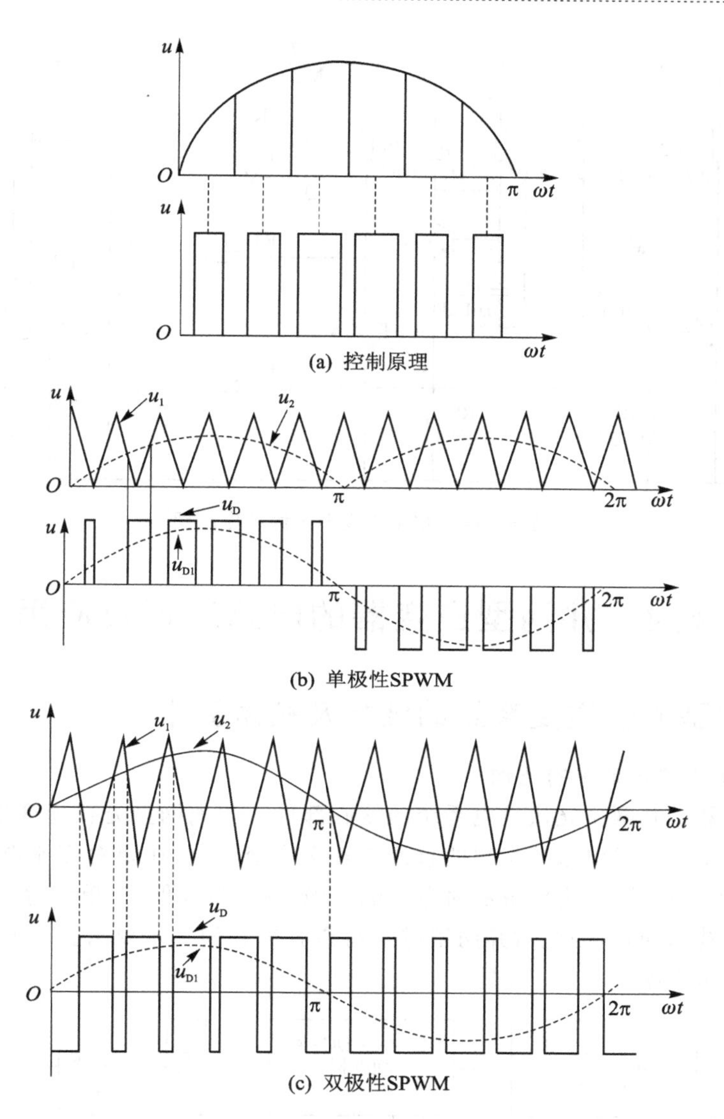

(a) 控制原理

(b) 单极性SPWM

(c) 双极性SPWM

图 6-13　正弦脉宽调制技术 SPWM

4. 实用逆变器电路原理

一款家用逆变器电源电路如图 6-14 所示。它将 12 V 直流电源电压逆变为 220 V 市电电压，输出功率为 150 W，为缩小逆变变压器的体积、减轻质量，设计频率为 300 Hz 左右，输出方波波形。这款逆变电源可以用在停电时家庭照明、电子镇流器的荧光灯、开关电源的家用电器等方面。由 VT2 和 VT3 组成多谐振荡器，再通过 VT1 和 VT4 驱动，以控制 VT5 和 VT6 工作。其中由 VT7 与 VD3 组的稳压电源给多谐振荡器供电，这样可以使输出频率比较稳定。

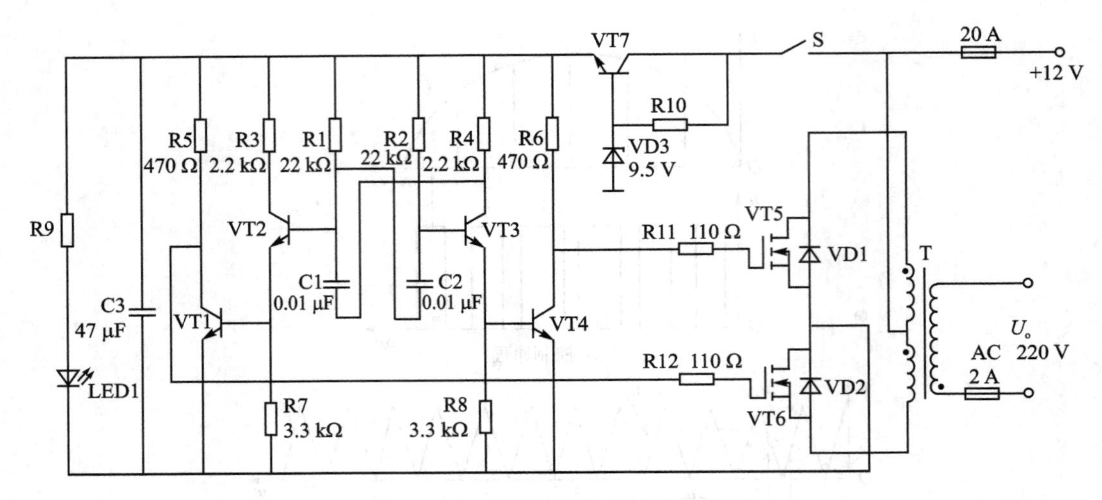

图 6-14 家用逆变器电源的电路图

6.4 并网型逆变器的电路原理及应用

6.4.1 并网型光伏逆变系统的结构及技术要求

1. 并网型光伏逆变系统的结构

并网型逆变器是并网型光伏发电系统的核心部件。与离网型光伏逆变器相比，并网型逆变器不仅要将太阳能光伏电系统发出的直流电转换为交流电，还要对交流电的电压、电流、频率、相位与同步等进行控制，也要解决对电网的电磁干扰、自我保护、单独运行和孤岛效应以及最大功率跟踪等技术问题，因此对并网型逆变器要有更高的技术要求。图 6-15 是并网型光伏逆变系统结构示意图。

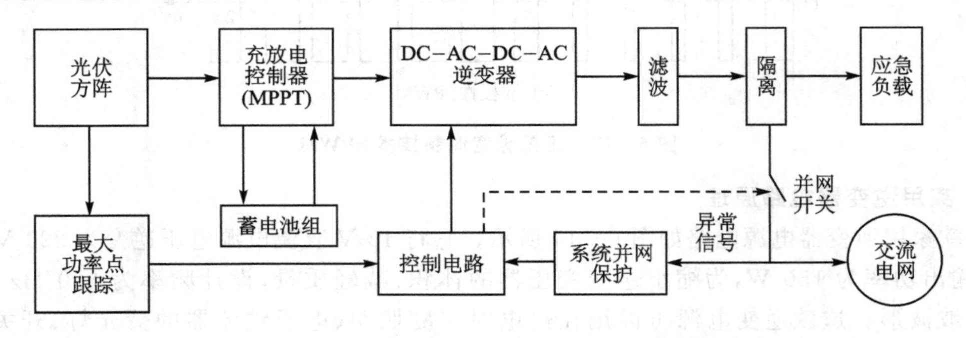

图 6-15 并网型光伏逆变系统结构示意图

2. 并网型逆变器的技术要求

太阳能光伏发电系统并网运行，对逆变器提出了如下较高的技术要求：

① 要求逆变器必须输出正弦波电流。光伏系统馈入公用电网的电力，必须满足电网规定的指标，如逆变器的输出电流不能含有直流分量，高次谐波必须尽量减少，不能对电网造成谐波污染等。

② 要求逆变器在负载和日照变化幅度较大的情况下均能高效运行。光伏系统的能量来自太阳能，而日照强度随着气候而变化，所以工作时输入的直流电压变化较大，这就要求逆变器在不同的日照条件下都能高效运行。同时要求逆变器本身也要有较高的逆变效率，一般中小功率逆变器满载时的逆变效率要求达到85%～90%，大功率逆变器满载时的逆变效率要求达到90%～95%。

③ 要求逆变器能使光伏方阵始终工作在最大功率点状态。太阳能电池的输出功率与日照、温度、负载的变化有关，即其输出特性具有非线性关系。这就要求逆变器具有最大功率跟踪功能，即无论日照、温度等如何变化，都能通过逆变器的自动调节实现太阳能电池方阵的最佳运行。

④ 要求具有较高的可靠性。许多光伏发电系统处在边远地区及无人值守和维护的状态，这就要求逆变器要具有合理的电路结构和设计，具备一定的抗干扰能力、环境适应能力、瞬时过载保护能力以及各种保护功能，如输入直流极性接反保护、交流输出短路保护、过热保护、过载保护等。

⑤ 要求有较宽的直流电压输入适应范围。太阳能电池方阵的输出电压会随着负载和日照强度、气候条件的变化而变化，对于接入蓄电池的并网光伏系统，虽然蓄电池对太阳能电池输出电压具有一定的钳位作用，但由于蓄电池本身电压也随着蓄电池的剩余电量和内阻的变化而波动，特别是不接蓄电池的光伏系统或蓄电池老化时的光伏系统，其端电压的变化范围很大。例如一个接12 V蓄电池的光伏系统，它的端电压会在11～17 V之间变化。这就要求逆变器必须在较宽的直流电压输入范围内都能正常工作，并保证交流输出电压的稳定。

⑥ 要求逆变器要体积小、质量轻，以便于室内安装或墙壁上悬挂。

⑦ 要求在电力系统发生停电时，并网型光伏系统既能独立运行，又能防止孤岛效应，能快速检测并切断向公用电网的供电，防止触电事故的发生。待公用电网恢复供电后，逆变器能自动恢复并网供电。

6.4.2 并网型逆变器的电路原理

1. 三相并网型逆变器电路原理

三相并网型逆变器输出电压一般为交流380 V或更高电压，频率为50/60 Hz，其中50 Hz为中国和欧洲标准，60 Hz为美国和日本标准。三相并网型逆变器多用于容量较大的光伏发电系统，输出波形为标准正弦波，功率因数接近1。

三相并网型逆变器的电路原理如图6－16所示。电路分为主电路和微处理器电路两部分。其中主电路主要完成DC－DC－AC的转换和逆变过程。微处理器电路主要完成系统并网的控制过程。系统并网控制的目的是使逆变器输出的交流电压值、波形、相位等维持在规定的范围内，因此微处理器控制电路要完成电网、相位实时检测，电流相位反馈控制，光伏方阵最大功率跟踪以及实时正弦波脉宽调制信号发生等内容。其具体工作过程是：公用电网的电压和相位经过霍尔电压传感器送给微处理器的A/D转换器，微处理器将回馈电流的相位与公用电网的电压相位做比较，其误差信号通过PID运算器运算调节后送给PWM脉宽调制器，这就完成了功率因数为1的电能回馈过程。微处理器完成的另一项主要工作是实现光伏方阵的最大功率输出。光伏方阵的输出电压和电流分别由电压、电流传感器检测并相乘，得到方阵输出功率，然后调节PWM输出占空比。这个占空比的调节实质上就是调节回馈电压大小，从而实现最大功率寻优。当 U 的幅值变化时，回馈电流与电网电压之间的相位角 φ 也将有一定的变化。由于电流相位已实现了反馈控制，因此自然实现了相位有幅值的解耦控制，使微处理器的处理过程更简便。

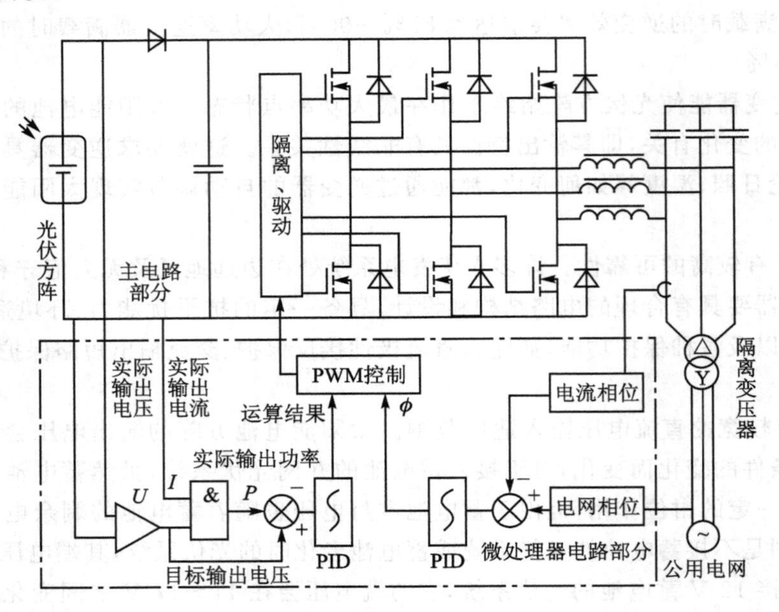

图 6－16　三相并网型逆变器的电路原理示意图

2. 单相并网型逆变器电路原理

单相并网型逆变器输出电压为交流 220 V 或 110 V 等，频率为 50 Hz，波形为正弦波，多用于小型的户用系统。单相并网型逆变器电路原理如图 6－17 所示。其逆变和控制过程与三相并网逆变器基本类似。

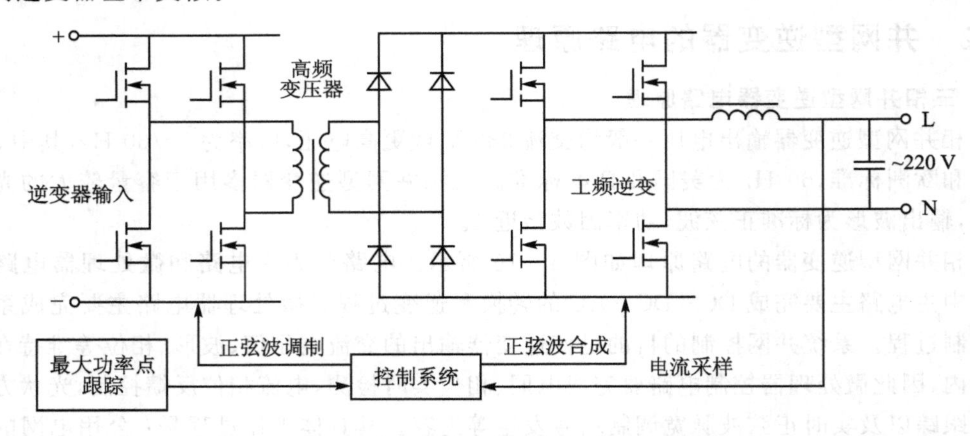

图 6－17　单相并网型逆变器电路原理示意图

6.4.3　并网型逆变器单独运行的检测与防止孤岛效应

在太阳能光伏并网发电过程中，由于太阳能光伏发电系统与电力系统并网运行，当电力系统由于某种原因发生异常而停电时，如果太阳能光伏发电系统不能随之停止工作或与电力系统脱开，则会向电力输电线路继续供电，这种运行状态被形象地称为“孤岛效应”。特别是当太阳能光伏发电系统的发电功率与负载用电功率平衡时，即使电力系统断电，光伏发电系统输出端的电压和频率等参数也不会快速随之变化，使光伏发电系统无法正确判断电力系统是否发生故障或中断供电，因而极易导致“孤岛效应”现象的发生。

“孤岛效应”的发生会产生严重的后果。当电力系统电网发生故障或中断供电后，由于光伏发电系统仍然继续给电网供电，会威胁到电力供电线路的修复及维修作业人员及设备的安全，造成触电事故。不仅妨碍了停电故障的检修和正常运行的尽快恢复，而且有可能给配电系统及一些负载设备造成损害。因此为了确保维修作业人员的安全和电力供电的及时恢复，当电力系统停电时，必须使太阳能光伏系统停止运行或与电力系统自动分离。

在逆变器电路中，检测出光伏系统单独运行状态的功能称为单独运行检测。检测出单独运行状态，并使太阳能光伏系统停止运行或与电力系统自动分离的功能就叫单独运行停止或“孤岛效应”现象发生。

单独运行检测功能分为被动式检测和主动式检测两种方式：

- 被动式检测方式是通过实时监视电网系统的电压、频率、相位的变化，检测因电网电力系统停电向单独运行过渡时的电压波动、相位跳动、频率变化等参数变化，检测出单独运行状态的方法。
- 主动式检测方式是指由逆变器的输出端主动向系统发出电压、频率或输出功率等变化量的扰动信号，并观察电网是否受到影响，根据参数变化检测出是否处于单独运行状态。

6.4.4 并网型逆变器的开关结构类型

并网型逆变器的成本一般来说占了整个光伏发电系统总成本的10%～15%，而并网型逆变器的成本主要取决于其内部的开关结构类型和功率电子部件，目前的并网型逆变器一般有以下3种开关结构类型。

1. 带工频变压器的逆变器

这种开关类型通常由功率晶体管（如MOSFET）构成的单相逆变桥和后置工频变压器两部分组成，工频变压器既可以轻松实现与电网电压的匹配，又可以起到DC-AC的隔离作用。采用工频变压器技术的逆变器工作非常稳定可靠，且在低功率范围有较好的经济性。这种结构的缺点是体积大、笨重，逆变效率相对较低。

2. 带高频变压器的逆变器

使用高频电子开关电路可以显著地减小逆变器的体积和质量。这种开关结构类型由一个将直流电压升压到大于300 V的直流变换器和由IGBT构成的桥式逆变电路组成。高频变压器比工频变压器体积、质量都小许多，如一个2.5 kW逆变器的工频变压器质量约为20 kg，而相同功率逆变器的高频变压器只有约0.5 kg。这种结构类型的工作效率较高，缺点是高频开关电路及部件的成本也较高，甚至还要依赖进口。但总体衡量成本劣势并不明显，特别是高功率应用有相对较好的经济性。

3. 无变压器的逆变器

这种开关结构类型因为减少了变压器环节带来的损耗，因而有相对最高的转换效率，但抗干扰及安全措施的成本将提高。

6.4.5 并网型逆变器的应用特点

在并网型光伏发电系统中，根据光伏电池组件或方阵接入方式的不同，将并网型逆变器大致分为集中式并网型逆变器、组串式并网型逆变器（含双向并网型逆变器）和微型（组件式）并网型逆变器3类。图6－18是各种并网型逆变器的接入方式示意图。

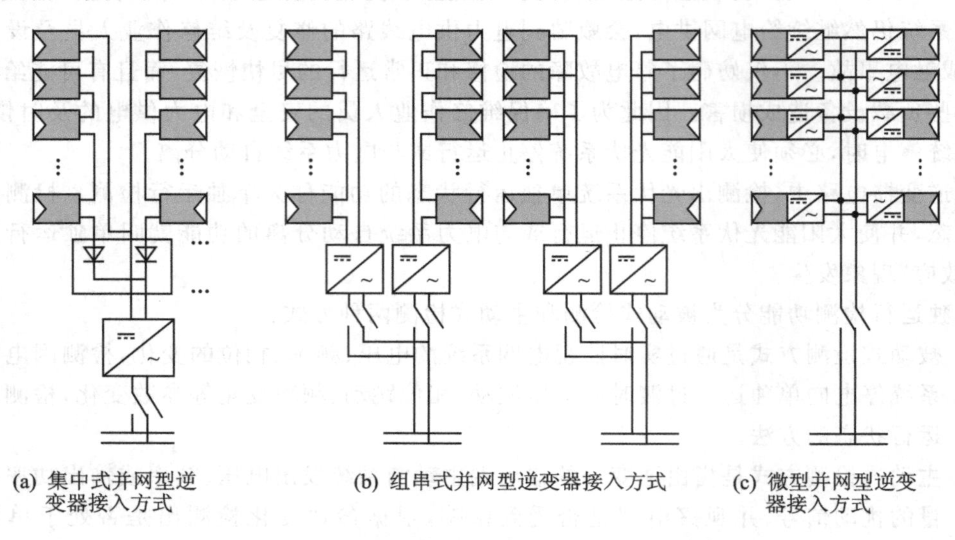

(a) 集中式并网型逆变器接入方式
(b) 组串式并网型逆变器接入方式
(c) 微型并网型逆变器接入方式

图6－18　各种并网型逆变器的接入方式示意图

1. 集中式并网型逆变器

集中式并网型逆变器的特点就如其名称一样，是把多路电池组串构成的方阵集中接入到一台大型的逆变器中。一般是先把若干个电池组件串联在一起构成一个组串，然后再把所有组串通过直流接线（汇流）箱汇流，并通过直流接线（汇流）箱集中输出一路或几路后输入到集中式并网型逆变器中，如图6－18(a)所示。当一次汇流达不到逆变器的输入特性和输入路数的要求时，还要进行二次汇流。这类并网型逆变器容量一般为10～1 000 kW。

集中式并网型逆变器的主要特点如下：

① 由于光伏电池方阵要经过一次或二次汇流后输入到并网型逆变器，该逆变器的最大功率跟踪（MPPT）系统不可能监控到每一路电池组串的工作状态和运行情况，也就是说不可能使每一组串都同时达到各自的MPPT模式，所以当电池方阵因照射不均匀、部分遮挡等原因使部分组串工作状况不良时，会影响到所有组串及整个系统的逆变效率。

② 集中式并网型逆变器系统无冗余能力，整个系统的可靠性完全受限于逆变器本身，若其出现故障，将导致整个系统瘫痪，并且系统修复只能在现场进行，修复时间较长。

③ 集中式并网型逆变器通常为大功率逆变器，其相关安全技术花费较大。

④ 集中式并网型逆变器一般体积都较大、质量也较大，安装时需要动用专用工具、专业机械和吊装设备，逆变器也需要安装在专门的配电室内。

⑤ 集中式并网型逆变器直流侧连接需要较多的直流线缆，其线缆成本和线缆电能损耗相对较大。

⑥ 采用集中式并网型逆变器的发电系统可以集中并网，便于管理。在理想状态下，集中式并网型逆变器还能在相对较低的投入成本下提供较高的效率。

2. 组串式并网型逆变器

组串式并网型逆变器是基于模块化的概念，即把光伏方阵中每个光伏组串输入到一台指定的逆变器中，多个光伏组串和逆变器又模块化地组合在一起，所有逆变器在交流输出端并联并网，如图 6-18(b)所示。这类逆变器容量一般为 1～10 kW。

组串式并网型逆变器的主要特点如下：

① 每路组串的逆变器都有各自的 MPPT 功能和孤岛保护电路，不受组串间光伏电池组件性能差异和局部遮影的影响，可以处理不同朝向和不同型号的光伏组件，也可以避免部分光伏组件上有阴影时造成巨大的电量损失，提高了发电系统的整体效率。

② 组串式并网型逆变器系统具有一定的冗余运行能力，即使某个电池组串或某台并网型逆变器出现故障也只是使系统容量减小，可有效地减小因局部故障而导致的整个系统停止工作所造成的电量损失，提高了系统的稳定性。

③ 组串式并网型逆变器系统可以分散就近并网，减少了直流电缆的使用，从而减少了系统线缆成本及线缆电能损耗。

④ 组串式并网型逆变器体积小、质量轻，搬运和安装都非常方便，不需要专业工具和设备，也不需要专门的配电室。直流线路连接也不需要直流接线箱和直流配电柜等。

⑤ 组串式并网型逆变器分散分布于光伏系统中，为了便于管理，对信息通信技术提出了相对较高的要求，但随着通信技术的不断发展，新型通信技术和方式的不断出现，这个问题也已经基本解决。

3. 多组串式并网型逆变器

多组串式并网型逆变器是为了同时获得组串式逆变器和集中式逆变器的各自优点，在组串与组串之间引入了"主-从"的概念，而形成的多组串逆变方式。采用多组串逆变方式使得当处于"主"地位的单一组串产生的电能不能使相对应的逆变器正常工作时，系统将使与其相关联(处于从属地位)的几组组串中的一组或几组参与工作，从而生产更多的电能。这种形式的多组串逆变器是借助 DC-DC 变换器把很多组串连接在一个共有的逆变器系统上，并仍然可以完成各组串各自单独的 MPPT 功能，从而提供了一种完整的比普通组串逆变系统模式更经济的方案。

多组串式逆变器系统方案不仅使逆变器应用数量减少，还可以使不同额定值的光伏组串(如不同的额定功率、不同的尺寸、不同厂家和每组串不同的组件数量)、不同朝向的组串、不同倾斜角和不同阴影遮挡的组串连接在一个共同的逆变器上，同时每一组串都工作在它们各自的最大功率峰值点上，使因组串间的差异而引起的发电量损失减到最小，整个系统工作在最佳效率状态。

多组串式逆变器容量一般在 3～10 kW。

4. 双向并网型逆变器

双向并网型逆变器是既可以将直流电变换成交流电，也可以将交流电变换成直流电的逆变器。双向并网型逆变器主要控制蓄电池组的充电和放电，同时是系统的中心控制设备。双向并网型逆变器可以应用到有蓄电功能要求的并网发电系统，蓄电系统用于对应急负载和重要负载的临时供电。它又可以和组串式逆变器结合构成独立运行的光伏发电系统，原理如图 6-19 所示。双向并网型逆变器由蓄电池组供电，将直流电变换为交流电，在交流总线上建立起电网。

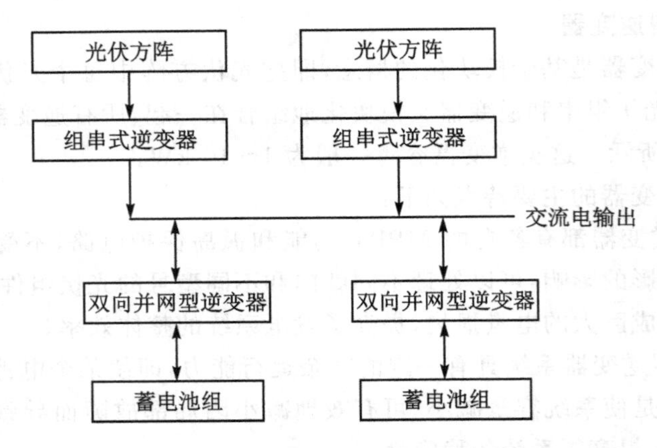

图 6－19　双向并网型逆变器的应用

组串式逆变器自动检测太阳电池方阵是否有足够的能量，检测交流电网是否满足并网发电条件，当条件满足后进入并网发电模式，向交流总线馈电，系统启动完成。系统正常工作后，双向并网型逆变器检测负载用电情况，组串式逆变器馈入电网的电能首先供负载使用。如果有剩余的电能，双向并网型逆变器将其变换为直流电给蓄电池组充电；如果组串式逆变器馈入的电能不够负载使用，双向并网型逆变器又将蓄电池组供给的直流电变换为交流电馈入交流总线供负载使用。以此为基本单元组成的模块化结构的分散式独立供电系统还可与其他电网并网。

5. 微型并网型逆变器

微型并网型逆变器也叫组件式并网型逆变器或模块式并网型逆变器，其外形如图 6－20 所示。微型并网型逆变器可以直接固定在组件背后，每一块电池组件都对应匹配一个具有独立的 DC－AC 逆变功能和 MPPT 功能的微型并网型逆变器。微型并网型逆变器特别适合应用于 1 kW 以内的小型光伏发电系统，如光伏建筑一体化玻璃幕墙等。用微型并网型逆变器构成的光伏发电系统更为高效、可靠、智能，在光伏发电系统的运行寿命期内，与应用其他逆变器的光伏发电系统相比，发电量最高可提高 25%。

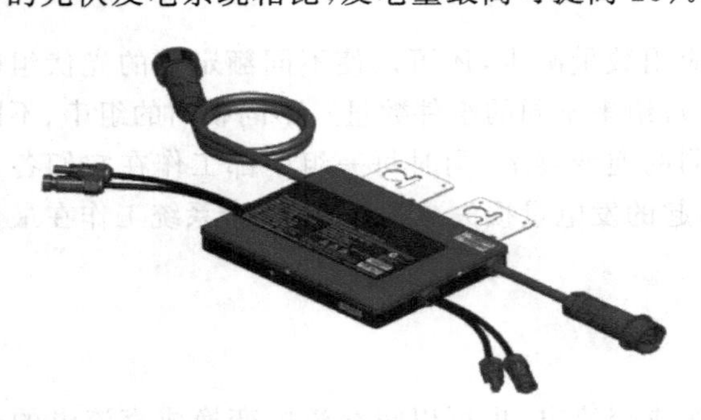

图 6－20　微型并网型逆变器外形图

微型并网型逆变器有效地克服了集中式逆变器的缺陷以及组串式逆变器的不足，并具有下列一些特点：

① 发电量最大化。微型并网型逆变器针对每个单独组件做 MPPT，可以从各组件分别获得最高功率，发电总量最多可提高 25%。

② 对应用环境适应性强。微型并网型逆变器对光伏组件的一致性要求较低，实际应用中诸如出现阴影遮挡、云雾变化、污垢积累、组件温度不一致、组件安装倾斜角度不一致、组件安装方位不一致、组件细小裂缝和组件效率衰减不均等内外部不理想条件时，问题组件不会影响其他组件，从而不会显著降低整个系统的整体发电效率。

③ 能快速诊断和解决问题。用微型并网型逆变器构成的光伏发电系统采用电力载波技术,可以实时监控光伏发电系统中每一块组件的工作状况和发电性能。

④ 几乎不用直流电缆,但交流侧需要较多的布线成本和费用。

⑤ 避免单点故障。传统集中式逆变器是整个光伏发电系统的薄弱环节和故障高发单元,微型并网型逆变器的使用不但取消了这一薄弱环节,而且其分布式架构保证不会因单点故障导致整个系统停止工作。

⑥ 施工安装快捷、简便、安全。微型并网型逆变器的应用使光伏发电系统摆脱了危险的高压直流电路,安装时组件性能不必完全一致,因而不用对光伏组件挑选匹配,使安装时间和成本都降低 15%～25%,还可以随时对系统做灵活变更和扩容。

⑦ 微型并网型逆变器内部主电路采用了谐振式软开关技术,开关频率最高达几百千赫,开关损耗小,变换效率高。同时采用体积小、质量轻的高频变压器实现电气隔离及功率变换,功率密度高,实现了高效率、高功率密度和高可靠性的需要。

6.5 光伏逆变器的技术参数与配置选型

6.5.1 光伏逆变器的主要性能特点

1. 离网型逆变器主要性能特点

- 采用 16 位单片机或 32 位 DSP 微处理器进行控制。
- 太阳能充电采用 PWM 控制模式,大大提高了充电效率。
- 采用数码或液晶显示各种运行参数,可灵活地设置各种定值参数。
- 方波、修正波、正弦波输出。纯正弦波输出时,波形失真率一般小于 5%。
- 稳压精度高,额定负载状态下,输出精度一般不大于±3%。
- 具有缓启动功能,避免对蓄电池和负载的大电流冲击。
- 高频变压器隔离,体积小、质量轻。
- 配备标准的 RS232/485 通信接口,便于远程通信和控制。
- 可在海拔 5 500 m 以上的环境中使用。适应环境温度范围为－20～50 ℃。
- 具有输入接反保护、输入欠压保护、输入过压保护、输出过压保护、输出过载保护、输出短路保护、过热保护等多种保护功能。

2. 并网型逆变器主要性能特点

- 功率开关器件采用新型 IPM 模块,大大提高系统效率。
- 采用 MPPT 自寻优技术实现太阳能电池最大功率跟踪,最大限度地提高系统的发电量。
- 液晶显示各种运行参数,人性化界面,可通过按键灵活设置各种运行参数。
- 设置有多种通信接口可以选择,可方便地实现上位机监控(上位机是指人可以直接发出操控命令的计算机,屏幕上显示各种信号变化,如电压、电流、水位、温度、光伏发电量等)。
- 具有完善的保护电路,系统可靠性高。
- 具有较宽的直流电压输入范围。

- 可实现多台逆变器并联组合运行，简化光伏发电站设计，使系统能够平滑扩容。
- 具有电网保护装置，具有防孤岛保护功能。

6.5.2 光伏逆变器的主要技术参数

1. 额定输出电压

光伏逆变器在规定的输入直流电压允许的波动范围内，应能输出额定的电压值，一般在额定输出电压为单相 220 V 和三相 380 V 时，电压波动偏差有如下规定：

- 在稳定状态运行时，一般要求电压波动偏差不超过额定值的±5%。
- 在负载突变时，电压偏差不超过额定值的±10%。
- 在正常工作条件下，逆变器输出的三相电压不平衡度不应超过 8%。
- 输出的电压波形（正弦波）失真度一般要求不超过 5%。
- 逆变器输出交流电压的频率在正常工作条件下其偏差应在 1%以内。GB/T19064—2003 规定的输出电压频率应在 49～51 Hz 之间。

2. 负载功率因数

负载功率因数大小表示了逆变器带感性负载的能力，在正弦波条件下负载功率因数为 0.7～0.9，额定值为 0.9。

3. 额定输出电流和额定输出容量

额定输出电流是表示在规定的负载功率因数范围内逆变器的额定输出电流，单位为 A；额定输出容量是指当输出功率因数为 1（即纯电阻性负载）时，逆变器额定输出电压和额定输出电流的乘积，单位是 kVA 或 kW。

4. 额定输出效率

额定输出效率是指在规定的工作条件下，输出功率与输入功率之比，以百分数表示。逆变器的效率会随着负载的大小而改变，当负载率低于 20%和高于 80%时，效率要低一些。标准规定逆变器的输出功率在大于或等于额定功率的 75%时，效率应大于或等于 80%。

5. 过载能力

过载能力是要求逆变器在特定的输出功率条件下能持续工作一定的时间，其标准规定如下：

- 输入电压与输出功率为额定值时，逆变器应连续可靠工作 4 h 以上。
- 输入电压与输出功率为额定值的 125%时，逆变器应连续可靠工作 1 min 以上。
- 输入电压与输出功率为额定值的 150%时，逆变器应连续可靠工作 10 s 以上。

6. 额定直流输入电压

额定直流输入电压是指光伏发电系统中输入逆变器的直流电压，小功率逆变器输入电压一般为 12 V 和 24 V，中、大功率逆变器电压有 24 V、48 V、110 V、220 V 和 500 V 等。

7. 额定直流输入电流

额定直流输入电流是指太阳能光伏发电系统为逆变器提供的额定直流工作电流。

8. 直流电压输入范围

光伏逆变器直流输入电压允许在额定直流输入电压的 90%～120%范围内变化，而不影响输出电压的变化。

9. 使用环境条件

① 工作温度。逆变器功率器件的工作温度直接影响到逆变器的输出电压、波形、频率、相位等许多重要特性,而工作温度又与环境温度、海拔高度、相对湿度以及工作状态有关。

② 工作环境。对于高频高压型逆变器,其工作特性和工作环境、工作状态有关。在高海拔地区,空气稀薄,容易出现电路极间放电,影响工作。在高湿度地区则容易结露,造成局部短路。因此逆变器都规定了适用的工作范围。

光伏逆变器的正常使用条件为:环境温度−20～+50 ℃,海拔≤5 500 m,相对湿度≤93%,且无凝露。当工作环境和工作温度超出上述范围时,要考虑降低容量使用或重新设计定制。

10. 电磁干扰和噪声

逆变器中的开关电路极容易产生电磁干扰,容易在铁芯变压器上因振动而产生噪声。因而在设计和制造中都必须控制电磁干扰和噪声指标,使之满足有关标准和用户的要求。其噪声要求是:当输入电压为额定值时,在设备高度的1/2、正面距离为3 m处用声级计分别测量50%额定负载和满载时的噪声应小于或等于65 dB。

11. 保护功能

太阳能光伏发电系统应该具有较高的可靠性和安全性,作为光伏发电系统重要组成部分的逆变器应具有如下保护功能:

- 欠压保护。当输入电压低于额定电压的85%时,逆变器应能自动保护和显示。
- 过压保护。当输入电压高于额定电压的130%时,逆变器应能自动保护和显示。
- 过电流保护。当工作电流超过额定值的150%时,逆变器应能自动保护。当电流恢复正常后,设备又能正常工作。
- 短路保护。当逆变器输出短路时,应具有短路保护措施。短路排除后,设备应能正常工作。
- 极性反接保护。逆变器的正极输入端与负极输入端反接时,逆变器应能自动保护。待极性正接后,设备应能正常工作。
- 雷电保护。逆变器应具有雷电保护功能,其防雷器件的技术指标应能保证吸收预期的冲击能量。

12. 安全性能要求

① 绝缘电阻。逆变器直流输入与机壳间的绝缘电阻应大于或等于50 MΩ,逆变器交流输出与机壳间的绝缘电阻应大于或等于50 MΩ。

② 绝缘强度。逆变器的直流输入与机壳间应能承受频率为50 Hz、正弦波交流电压为1 500 V、历时1 min的绝缘强度试验,无击穿或飞弧现象。逆变器交流输出与机壳间应能承受频率为50 Hz,正弦波交流电压为1 500 V,历时1 min的绝缘强度试验,无击穿或飞弧现象。

6.5.3 光伏逆变器的配置选型

1. 光伏逆变器的配置选型

光伏逆变器是太阳能光伏发电系统的主要部件和重要组成部分,为了保证太阳能光伏发电系统的正常运行,对逆变器的正确配置选型显得尤为重要。逆变器的配置选型除了要根据整个光伏发电系统的各项技术指标并参考生产厂家提供的产品样本手册来确定外。一般还要重点考虑下列几项技术指标：

(1) 额定输出功率

额定输出功率表示逆变器向负载供电的能力。额定输出功率高的逆变器可以带更多的用电负载。选用逆变器时应首先考虑具有足够的额定功率，以满足最大负荷下设备对电功率的要求，以及系统的扩容及一些临时负载的接入。当用电设备以纯电阻性负载为主或功率因数大于0.9时，一般选取逆变器的额定输出功率比用电设备总功率大10%～15%。

(2) 输出电压的调整性能

输出电压的调整性能表示逆变器输出电压的稳压能力。一般逆变器产品都给出了当直流输入电压在允许波动范围变动时，该逆变器输出电压的波动偏差的百分率，通常称为电压调整率。高性能的逆变器应同时给出当负载由零向100%变化时，该逆变器输出电压的偏差百分率，通常称为负载调整率。性能优良的逆变器的电压调整率应小于或等于±3%，负载调整率应小于或等于±6%。

(3) 整机效率

整机效率表示逆变器自身功率损耗的大小。容量较大的逆变器还要给出满负荷工作和低负荷工作下的效率值。逆变器的效率高低对光伏发电系统提高有效发电量和降低发电成本有重要影响，因此选用逆变器要尽量进行比较，应选择整机效率高一些的产品。

(4) 启动性能

逆变器应保证在额定负载下可靠启动。高性能的逆变器可以做到连续多次满负荷启动而不损坏功率开关器件及其他电路。小型逆变器为了自身安全，有时采用软启动或限流启动措施或电路。

以上几点是作为逆变器设计和选购的主要依据，也是评价逆变器技术性能的重要指标。

2. 并网型光伏逆变器的配置选型

(1) 逆变器类型选择

并网型逆变器主要分高频变压器型、低频变压器型和无变压器型3大类。根据所设计电站以及业主的具体要求，主要从安全性和效率两个层面来选择变压器的类型。

(2) 容量匹配设计

并网系统设计中要求电池阵列与所接逆变器的功率容量相匹配，一般的设计思路如下：

电池阵列功率＝组件标称功率×组件串联数×组件并联数

在容量设计中，并网型逆变器的最大输入功率应近似等于电池阵列功率，以实现逆变器资源的最大化利用。

(3) MPPT电压范围与电池组电压匹配

根据太阳能电池的输出特性，电池组件存在功率最大输出点，并网型逆变器具有在额定输入电压范围内自动追踪最大功率点的功能，因此电池阵列的输出电压应处于逆变器MPPT电压范围以内。

电池阵列电压＝电池组件电压×组件串联数

一般的设计思路是，电池阵列的标称电压近似等于并网型逆变器MPPT电压的中间值，这样可以达到MPPT的最佳效果。

(4) 最大输入电流与电池组电流匹配

电池组阵列的最大输出电流应小于逆变器最大输入电流。为了减少组件到逆变器过程中的直流损耗,以及防止电流过大使逆变器过热或电气损坏,逆变器最大输入电流值与电池阵列的电流值的差值应尽量大一些。

电池阵列最大输出电流=电池组件短路电流×组件并联数

(5) 转换效率

并网型逆变器的效率一般分为最大效率和欧洲效率,通过加权系数修正的欧洲效率更为科学。逆变器在其他条件满足的情况下,转换效率越高越好。

(6) 配套设备

并网发电系统是完整的体系,逆变器是重要的组成部分,与之配套相关的设备主要是配电柜和监控系统。

并网电站的监控系统包括硬件和软件,根据自身特点的需要而量身定做,一般大型的逆变器厂家都针对自己的逆变器专门开发了一套监控系统,因此在逆变器选型过程中,应考虑相关的配套设备是否齐全。

(7) 品牌与质量

应该优先选择一些知名品牌且质量比较好的逆变器。

练习与思考

一、填空题

1. 太阳能光伏系统中使用(　　)将太阳能电池所产生的直流电能转换为交流电能。

2. 按照逆变器输出电压的波形不同,可分为方波逆变器、(　　)波逆变器和(　　)波逆变器。

3. 按照逆变器输出交流电的相数不同,可分为(　　)逆变器、(　　)逆变器和多相逆变器。

4. 整流器的功能是将交流电变换成为直流电,逆变器的功能是将直流电变换成为(　　),一般要求输出电压的基波(　　)和(　　)均能调节控制。

5. 单相逆变器按其结构可分为(　　)、(　　)、推挽式逆变器和其他形式的逆变器。

二、选择题

1. 太阳能电池在阳光照射下产生直流电,由于大多数民用电力为交流电,然而以直流电形式供电的系统有很大的局限性,除特殊用户外,在光伏发电系统中都需要配备(　　)。

A. 蓄电池　　B. 控制器　　C. 逆变器　　D. 光伏电板

2. 若以单相桥式逆变电路为例来分析在光伏逆变器的工作原理,当改变两组开关的(　　)时,即可改变输出交流电的频率。这就是最基本的逆变电路工作原理。

A. 死区时间　　B. 切换频率　　C. 之间负载大小　　D. 导通电流

3. 太阳能光伏系统按照运行方式可分为独立型太阳能光伏系统和并网型太阳能光伏电系统,与公共电网相连接且共同承担供电任务的太阳能光伏电站称为并网型光伏电站,典型特征为不需要(　　)。

A. 蓄电池　　B. 控制器　　C. 逆变器　　D. 光伏电板

4. 电压型单相全桥逆变器输出基波有效值 u_{o1} 是电压型单相半桥逆变器输出基波有效值 u_{o1} 的(　　)倍。

A. 0.5　　B. $\sqrt{2}$　　C. 2　　D. $\sqrt{3}$

5. 并网型逆变器区别于离网型逆变器的一个重要特征是必须进行(　　)防护。

A. 扰动观测法　　B. 孤岛效应　　C. 隔离型　　D. 非隔离型

6. 逆变器按输出电压波形的不同,可分为(　　)。

A. 正弦波逆变器　　B. 方形波逆变器　　C. 三角波逆变器　　D. 阶梯波逆变器

7. 逆变器输入(　　),输出(　　)。

A. 交流、交流　　B. 交流、直流　　C. 直流、直流　　D. 直流、交流

8. 电流型逆变器的中间直流环节储能元件是(　　)。

A. 电容　　B. 电池　　C. 电阻　　D. 电感

9. 在 PWM 斩波器中,电压比较器两个输入端信号是三角波信号和直流信号,输出信号是(　　)。

A. 阶梯波信号　　B. 正弦信号　　C. 方波信号　　D. 梯形波信号

10. 太阳能光伏发电系统中(　　)指在电网失电情况下,发电设备仍作为孤立电源对负载供电这一现象。

A. 孤岛效应　　B. 光伏效应　　C. 充电效应　　D. 霍尔效应

11. 改变(　　)可改变逆变器输出电压频率。

A. 载波频率　　B. 调制波频率　　C. 调制波幅值　　D. 调制比

三、简答题

1. 什么叫逆变?太阳能光伏发电系统中为什么要使用光伏逆变器?

2. 简述逆变电路工作的原理。

3. 什么叫做孤岛效应?如果电力线受到破坏或被迫关闭,为什么逆变器就要停止向用电设备或电网供电?

4. 设计一个逆变电路,实现 48 V 直流电到 220 V 交流电的逆变。

实践训练

一、实践训练内容

1. 记录实验用光伏逆变器的型号及铭牌上的参数,说明参数的含义。

2. 光伏逆变器的测试。把辐射光源灯打开,使光伏组件接受辐射光源灯光发电,此时可以看到蓄电池处于充电状态。按下光伏逆变器启动按钮,使逆变器工作。测量光伏逆变器输入、输出电压。改变接入逆变器输出负载的大小,测量光伏逆变器输出电压、电流的大小,并进行记录。

3. 完成 2 kWp 离网(独立)型光伏发电系统逆变器的设计和选型。

4. 完成 2 kWp 并网型光伏发电系统逆变器的设计和选型。

二、实践训练组织方法及步骤

① 实践训练前准备。对实践训练的内容进行相关资料的搜集和准备。

② 以 3 人为单位进行实践训练。

③ 对实践训练的过程做完整记录，并以 PPT 的形式进行展示或撰写实践训练报告。

三、实践训练成绩评定

1．实践训练成绩评定分级：

成绩按优秀、良好、中等、及格、不及格 5 个等级评定。

2．实践训练成绩评定准则：

① 成员的参与程度。

② 成员的团结进取精神。

③ 撰写的实践训练报告是否语言流畅、文字简练、条理清晰、结论明确。

④ 讲解时语言表达是否流畅，PPT 制作是否新颖。

项目 7　认识太阳能光伏离网系统储能装置

项目要求

- 了解蓄电池的结构及种类；
- 了解蓄电池的技术参数；
- 理解蓄电池的工作原理；
- 能分析蓄电池的充、放电电路的工作过程。

7.1　光伏离网系统对储能部件的基本要求

太阳辐射存在昼夜、季节性和天气变化，因而光伏发电的输出功率和能量随时都在变动，使得用户无法获得连续而稳定的电能供应。因此，在未与公共电网连接的光伏系统，即光伏离网发电系统中，需要依赖储能装置对太阳能电池发出来的电能进行储存和调节，图 7.1 所示光伏离网发电系统中的储能装置。

图 7－1　光伏离网发电系统中的储能装置

在太阳能光伏发电系统中，常用的储能电池及器件有铅酸蓄电池、碱性蓄电池、锂离子蓄电池、镍氢蓄电池及超级电容器等，它们分别应用于太阳能光伏发电的不同场合或产品中。由于性能及成本的原因，目前应用最多、使用最广泛的还是铅酸蓄电池。

太阳能光伏发电系统对储能蓄电部件的基本要求是：

- 自放电率低；
- 使用寿命长；
- 深放电能力强；
- 充电效率高；
- 少维护或免维护；
- 工作温度范围宽；
- 具有较高的性能价格比。

7.2　光伏离网系统中蓄电池的种类

蓄电池的种类很多。蓄电池按照电解液的类型分为两大类。一类是酸性水溶液为电解质的蓄电池称为酸性蓄电池，由于酸性蓄电池的电极主要是以铅和铅的氧化物为材料，因此也称为铅酸蓄电池。另一类是以碱性水溶液为电解质的蓄电池称为碱性蓄电池。

蓄电池按照其用途可分为循环使用电池和浮充使用电池。循环使用的电池有铁路电池、汽车电池、太阳能蓄电池、电动车电池等类型。浮充使用电池主要作为后备电源。

按照蓄电池的使用环境可分为固定型电池和移动型电池。固定型电池主要用于后备电源，广泛用于邮电、电站和医院等，因其固定在一个地方，故重量不是关键问题，最大要求是安全可靠。移动型电池主要有内燃机用电池、铁路客车用电池、摩托车用电池、电动汽车用电池等。

考虑到蓄电池的使用条件和价格，大部分太阳能离网光伏系统选择铅酸蓄电池，其中阀控式密封铅酸蓄电池(VRLA)、胶体铅酸蓄电池和免维护蓄电池被广泛应用。由于传统铅酸蓄电池采用硫酸液为电解质，在生产、使用和废弃过程中，对自然环境造成毁坏性的污染，这也是亟待进行技术改造的。

7.2.1　铅酸蓄电池

铅酸蓄电池的储能方式是将电能转换为化学能，需要时再将化学能转换为电能。由于组成蓄电池正极的材料是氧化铅，负极是铅，而电解液主要是稀硫酸，所以被称为铅酸蓄电池。表7-1是常用于光伏发电系统的几种铅酸蓄电池的技术特性表。

1. 铅酸蓄电池的基本结构

普通铅酸蓄电池是指排气式的铅蓄电池，这类电池在充电后期要发生分解水的反应，表现为电解液中有激烈的冒气现象，并因此产生水的损失，所以要定期向蓄电池内补加纯水(蒸馏水)。阀控密封免维护(VRLA电池)与普通铅蓄电池的构造基本相同，但它是密封结构。为了实现密封，需要解决电池内部气体的析出问题，解决的途径之一就是采取特殊的电池结构。

表7-1　常用于光伏发电系统的几种铅酸蓄电池的技术特性表

种　类	技术特性	寿命/年	应用场合
固定式铅酸蓄电池(2 V系列)	● 允许深度放电(80%) ● 寿命相对较长，80%深度放电循环寿命＞2 000次，浮充寿命＞10年 ● 耐过充过放能力强 ● 自放电：每月5% ● 容量范围：200～3 000 A·h ● 有酸雾，需要隔离安放 ● 需要补充蒸馏水或去离子水，维护工作量大 ● 安装和运输不方便	10～15	有补充蒸馏水条件的通信系统和大型光伏电站系统，也用于大型风光互补电站系统

续表 7－1

种　类	技术特性	寿命/年	应用场合
工业型阀控密封免维护铅酸蓄电池（2 V 系列）	● 不允许过充电和过放电，娇气 ● 寿命较短，80% 深度放电循环寿命为 400 次，20% 深度放电循环环寿命为 1 500 次，浮充寿命为 7～8 年 ● 自放电：每月 5% ● 容量范围：200～3 000 A·h ● 无酸雾溢出，不需要隔离安放 ● 免维护，不用补充蒸馏水 ● 安装和运输方便	7～8	主要用于通信领域，也用于 200 W 以上的太阳能光伏发电系统或电站
小型阀控密封免维护铅酸蓄电池（6 V、12 V 系列）	● 不允许过充电和过放电，娇气 ● 寿命短，浮充寿命只有 3～5 年 ● 自放电：每月 5% ● 容量范围：200 A·h 以下 ● 无酸雾溢出，不需要隔离安放 ● 免维护，不用补充蒸馏水 ● 安装和运输方便	3～5	主要用于小于 200 W 的太阳能路灯及户用电源等光伏发电系统
汽车用启动蓄电池	● 不允许超过 20% 的深度放电 ● 寿命短，浮充寿命<5 年 ● 自放电：每月 8% ● 容量范围：40～200 A·h ● 有酸雾溢出，需要隔离安放 ● 需要补充蒸馏水或去离子水，维护工作量大 ● 安装和运输不方便	<5	不适合用在光伏发电系统，常常用于小型风力发电系统

铅酸蓄电池由正负极板、隔板（膜）、壳体（电池槽、盖）、电解液、安全阀、正负接线端等组成，其结构如图 7－2 所示。

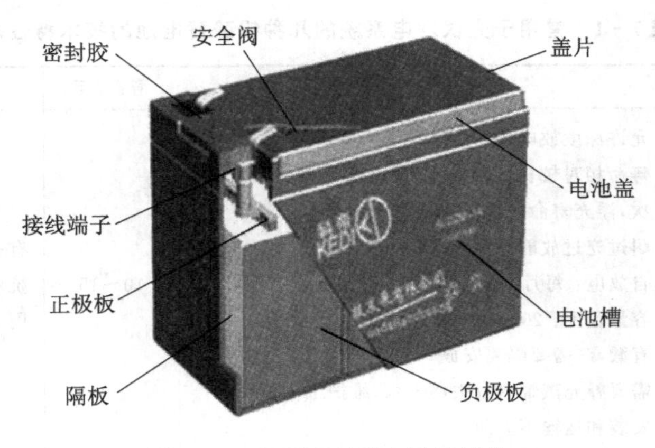

图 7－2　铅酸密封蓄电池的结构

（1）正、负极板

正、负极板是由板栅和活性物质组成的。蓄电池的充放电过程是依靠极板上的活性物质和电解液中硫酸的化学反应来实现的。极板在蓄电池中的作用有两个：一是发生电化学反应，实现化学能与电能间的转换；二是传导电流。

正极活性物质主要成分为深棕色的二氧化铅（PbO_2），负极活性物质主要成分为海绵状铅（Pb），呈深灰色。

板栅在极板中的作用也有两个：一是作为活性物质的载体，因为活性物质呈粉末状，所以必须有板栅作为载体才能成形；二是实现极板传导电流的作用，即依靠其栅格将电极上产生的电流传送到外电路，或将外电源传入的电流传递给极板上的活性物质。

将用于片正极板或负极板在极耳焊接成正极板组或负极板组，以增大电池的容量，极板片数越多，电池容量越大。通常负极板的极板数比正极板组的要多一片。组装时，正负极板交错排列，使每片正极板都夹在两片负极板之间，其目的是使两面都均匀地起电化学反应，产生相同的膨胀和收缩，减少极板弯曲的机会，延长电池的寿命。

（2）隔板（膜）

普通铅蓄电池采用隔板，而 VRLA 蓄电池采用隔膜。它的主要作用是防止正负极板短路，使电解液中正负离子顺利通过；阻缓正负极板活性物质的脱落，防止正负极板因振动而损伤。所用隔板是由微孔橡胶、玻璃纤维等材料制成的（VTLA 蓄电池采用超细玻璃纤维隔膜），因此要求隔板具有孔率高、孔径小、耐酸不分泌有害杂质、有一定强度、在电解液中电阻小、具有化学稳定性的特点。组装时，应将隔板（膜）置于交错排列的正负极板之间。

（3）蓄电池的壳体（电池槽、盖）

蓄电池的壳体（电池槽、盖）是由 PP 塑料、橡胶等材料制成的，是盛放正、负极板和电解液等的容器。壳体底部的凸筋是用来支持极板的，并可使脱落的活性物质掉入凹槽中，以免正、负极板短路。

（4）电解液

电解液是蓄电池的重要组成部分，其作用有二：一是使极板上的活性物质发生溶解和电离，产生电化学反应；二是起导电作用（蓄电池使用时通过电解液中离子迁移，起到导电作用），使电化学反应得以顺利进行。它是以纯浓硫酸和蒸馏水按一定比例配制而成的，电解液的相对密度一般为 1.24～1.30 g/cm^3（15 ℃）。

为了密封的需要，VRLA 蓄电池采用贫液式结构。所谓贫液式结构，是指电解液全部被极板上的活性物质和隔膜所吸附，电解液处于不流动的状态，且电解液在极板和隔膜中的饱和度小于 100%，其目的是使隔膜中未被电解液充满的孔成为气体（氧气）扩散通道。通常电解液的饱和程度为 60%～90%；低于 60%的饱和度，说明电池失水严重，极板上的活性物质不能与电解液充分接触；高于 90%的饱和度，说明正极氧气的扩散通道被电解液堵塞，不利于氧气向负板扩散。

（5）安全阀

安全阀是蓄电池的关键部件之一，位于蓄电池顶部，一般由塑料材料制成，作用有两个：一是安全使用，即在蓄电池使用过程中内部产生气体气压达到安全阀压时，开阀将压力释放，以防止产生电池变形、破裂等现象；二是密封作用，当蓄电池内压低于安全阀的闭阀压时，关闭安全阀，对蓄电池起到密封作用，阻止空气进入，以防止极板氧化和内部气体酸雾向外泄漏等。

(6) 正负接线端

蓄电池各单格电池串联后,两端单格的正、负极柱分别穿出蓄电池盖,形成蓄电池的正、负接线端,实现电池与外界的连接。正接线柱标"+"号或涂红色,负接线柱标"—"号或涂蓝色、绿色。

2. 铅酸蓄电池的工作原理

铅酸蓄电池的工作过程就是通过电化学反应将电能转化为化学能,再将化学能转化为电能的过程,其电化学反应过程如下:

正极　电解液　负极　正极　水　负极

放电过程:　$PbO_2+2H_2SO_4+Pb \rightarrow PbSO_4+2H_2O+PbSO_4$

充电过程:　$PbO_2+2H_2SO_4+Pb \leftarrow PbSO_4+2H_2O+PbSO_4$

铅酸蓄电池在充电和放电过程中的可逆反应理论比较复杂,目前公认的是"双硫酸化理论"。该理论的含义为:铅酸电池在放电后,两电极的活性物质和硫酸发生作用,均转变为硫酸化合物——硫酸铅;充电时又恢复为原来的铅和二氧化铅。

由于铅酸蓄电池技术的发展,后期有了阀控和密封型铅酸蓄电池,其基本原理与上面的化学反应相同,当蓄电池充电后期,在正极板产生氧气,在负极板产生氢气,为了解决充电后期水的电解,阀控蓄电池将原有的栅板进行了改进,采用了铅钙合金栅板,这样提高了释放氢气的电位,抑制了氢气的产生,从而减少了气体释放量,同时使自放电率降低。利用负极活性物质海绵状铅的特性,与氧快速反应,使负极吸收氧气,抑制水的减少。在充电最终阶段或在过充电时,充电能量消耗在分解电解液的水上,使正极板产生氧气,此氧气与负极板的海绵状铅以及硫酸起反应,使氧气再化合为水。同时,一部分负极板变成放电状态,因此也抑制了负极板氢气产生。与氧气反应变成放电状态的负极物质经过充电又恢复到原来的海绵状铅,由此导致电池在浮充过程中产生的气体90%以上消除,少量气体通过可闭的阀控制排放,这就实现了有条件的密封,即阀控密封蓄电池。

3. 铅酸蓄电池的充电控制

(1) 充电过程中的阶段划分

充电过程一般分为主充、均充和浮充,下面分别予以介绍。

① 主　充

主充一般是快速充电,如两阶段充电、变流间歇式充电和脉冲式充电都是现阶段常见的主充模式。以慢充作为主充模式,一般采用的是低电流的恒流充电模式。

② 均　充

铅酸蓄电池组深度放电或长期浮充后,串联中的单体蓄电池的电压和容量都可能出现不平衡,为了消除这种平衡现象而进行的充电叫做均衡充电,简称为均充。

通常铅酸蓄电池都不是一个单节单独工作的,而是由多个单节组成的铅蓄电池组承担工作。均充的目的,并不完全是给铅蓄电池充电,而是将铅蓄电池组中各单节之间的工作状态均衡化,具体包括两方面的内容:一是使铅蓄电池组中各单节容量均衡化。在电池组中,如果测出某单节容量偏低,其数值同铅蓄电池组容量相差30%以上,或者端电压比全组平均值低0.05 V,就应进行均衡性充电。通常均衡性充电就是过充电,对落后铅蓄电池进行单独过充电。如果过充电没有效果,就只能用合格备品替换。为了节约能源和时间,可对整组铅蓄电池进行充电的同时,对落后铅蓄电池进行单独充电。

③ 浮 充

为保护蓄电池不过充，在蓄电池快速充电至80%～90%容量后，一般转为浮充（恒压充电）模式，以适应后期蓄电池可接受充电电流的减小。当浮充电压值与蓄电池端电压相等时，会自动停止充电。VRLA蓄电池浮充的主要作用：补充VRLA蓄电池自放电的损失；向日常性负载提供电流；浮充电流应足以维持VRLA蓄电池内氧循环。为了使浮充电运行的VRLA蓄电池既不欠电，也不过充电，在VRLA蓄电池投入运行之前，必须为其设置浮充状态下的充电电压和充电电流。标准型VRLA蓄电池的浮充电压应设置在2.25 V，允许变化范围为－4 mV/℃。应根据温度的变化调整浮充电压的大小，否则将引起VRLA蓄电池过充电和过热，使VRLA蓄电池的使用寿命降低甚至损坏。

(2) 主充、均充、浮充各阶段的自动转换

主充、均充、浮充各阶段的自动转换方法如下：

- 时间控制，即预先设定各阶段充电时间，由时间继电器或CPU控制转换时刻。
- 设定转换点的充电电流或蓄电池端电压值，当实际电流或电压值达到设定值时，自动进行转换。
- 采用积分电路在线监测蓄电池的容量，当容量达到一定值时，发出信号改变充电电流的大小。

在上述方法中，时间控制比较简单，但这种方法缺乏来自蓄电池的实时信息，控制比较粗略；容量监控方法控制电路比较复杂，但控制精度较高。

(3) 充电程度的判断

在对蓄电池进行充电时，必须随时判断蓄电池的充电程度，以便控制充电电流的大小。判断充电程度的主要方法如下：

- 观察蓄电池去极化后的端电压变化。一般来说，在充电初始阶段，电池端电压的变化率很小；在充电的中间阶段，电池端电压的变化率很大；在充电末期，端电压的变化率极小。因此，通过观测单位时间内端电压的变化情况，就可判断蓄电池所处的充电阶段。
- 检测蓄电池的实际容量值，并与其额定容量值进行比较，即可判断其充电程度。
- 检测蓄电池端电压判断。当蓄电池端电压与其额定值相差较大时，说明处于充电初期；当两者差值很小时，说明已接近充满。

(4) 停充控制

在蓄电池充足电后，必须适时地切断充电电流，否则蓄电池将出现大量出气、失水和温升等过充反应，直接危及蓄电池的使用寿命。因此，必须随时监测蓄电池的充电状况，保证电池充足电而又不过充电。主要的停充控制方法如下：

① 定时控制

采用恒流充电法时，电池所需充电时间可根据电池容量和充电电流的大小很容易地确定，因此只要预先设定好充电时间，一旦时间到，定时器即可发出信号停充或降为涓流充电。定时器可由时间继电器或者由单片机充当。这种方法简单，但充电时间不能根据电池充电前的状态而自动调整，因此实际充电时，可能会出现有时欠充、有时过充的现象。

② 电池温度控制

对VRLA电池而言，正常充电时，蓄电池的温度变化并不明显，但是，当电池过充时，其内

部气体压力将迅速增大，负极板上氧化反应使内部发热，温度迅速上升(每分钟可升高几摄氏度)。因此，观察电池温度的变化，即可判断电池是否已经充满。通常采用两只热敏电阻分别检测电池温度和环境温度，当两者温差达到一定值时，即发出停充信号。由于热敏电阻动态响应速度较慢，所以不能及时准确地检测到电池的充满状态。

③ 电池端电压负增量控制

在电池充足电后，其端电压将呈现下降趋势，据此可将电池电压出现负增长的时刻作为停充时刻。与温度控制法相比，这种方法响应速度快。此外，电压的负增量与电压的绝对值无关，因此这种停充控制方法可适应具有不同单格电池数的蓄电池组充电。此方法的缺点是，一般的检测器灵敏度和可靠性不高，同时，当环境温度较高时，电池充足电后电压的减小并不明显，因而难以控制。

4. 铅酸蓄电池的基本概念

① 蓄电池充电

蓄电池充电是指通过外电路给蓄电池供电，使电池内发生化学反应，从而把电能转化成化学能而存储起来的操作过程。

② 过充电

过充电的意思是指对已经充满电的蓄电池或蓄电池组继续充电。

③ 放　电

放电是指在规定的条件下，蓄电池向外电路输出电能的过程。

④ 自放电

蓄电池的能量未通过外电路放电而自行减少，这种能量损失的现象叫自放电。

⑤ 活性物质

在蓄电池放电时发生化学反应从而产生电能的物质，或者说是正极和负极存储电能的物质统称为活性物质。

⑥ 放电深度

放电深度是指蓄电池在某一放电速率下，电池放电到终止电压时实际放出的有效容量与电池在该放电速率的额定容量的百分比。放电深度和电池循环使用次数关系很大，放电深度越大，循环使用次数越少；放电深度越小，循环使用次数越多。经常使电池深度放电，会缩短电池的使用寿命。

⑦ 极板硫化

在使用铅酸蓄电池时要特别注意的是，电池放电后要及时充电，如果蓄电池长时期处于亏电状态，极板就会形成 $PbSO_4$ 晶体，这种大块晶体很难溶解，无法恢复原来的状态，导致极板硫化就无法充电了。

⑧ 相对密度

相对密度是指电解液与水的密度的比值。相对密度与温度变化有关，在 25 ℃时，充满电的电池电解液相对密度值为 1.265 g/cm^3，完全放电后降至 1.120 g/cm^3。每个电池的电解液相对密度都不相同，同一电池在不同的季节，电解液相对密度也不一样。大部分铅酸蓄电池的电解液相对密度在 1.1～1.3 g/cm^3 范围内，充满电之后一般为 1.23～1.3 g/cm^3。

5. 铅酸蓄电池充放电控制电路分析

（1）普通蓄电池充放电控制电路

① 电路结构

普通蓄电池充放电控制电路如图 7－3 所示。将双电压比较器 LM393 两个反相输入端第 2 引脚和第 6 引脚连接在一起，由稳压管 VDZ1 和 R6 组成的并联型稳压电路提供 7.2 V 的基准电压作为比较电压，反馈电阻 R7、R8 将输出端第 1 引脚和第 7 引脚的部分输出信号反馈到同相输入端第 3 引脚和第 5 引脚，从而把双电压比较器变成了双迟滞电压比较器，这样可使电路在比较电压的临界点附近不会产生振荡。R2、RP1、C1、A1、VT1、VT2 和 J1 组成过充电压检测比较控制电路；R3、RP2、C2、A2、VT3、VT4 和 J2 组成过放电压检测比较控制电路。电位器 RP1 和 RP2 起到调节设定过充、过放电压的作用。可调三端稳压器 LM371 提供给 LM393 稳定的 8 V 工作电压。被充电电池为 12 V/65 A・h 全密封免维护铅酸蓄电池；太阳能电池用一块 40 W 硅太阳能电池组件，在标准光照下输出 17 V、2.3 A 左右的直流电压和电流；VD1 是防反充二极管，防止硅太阳能电池在太阳光较弱时成为负载。

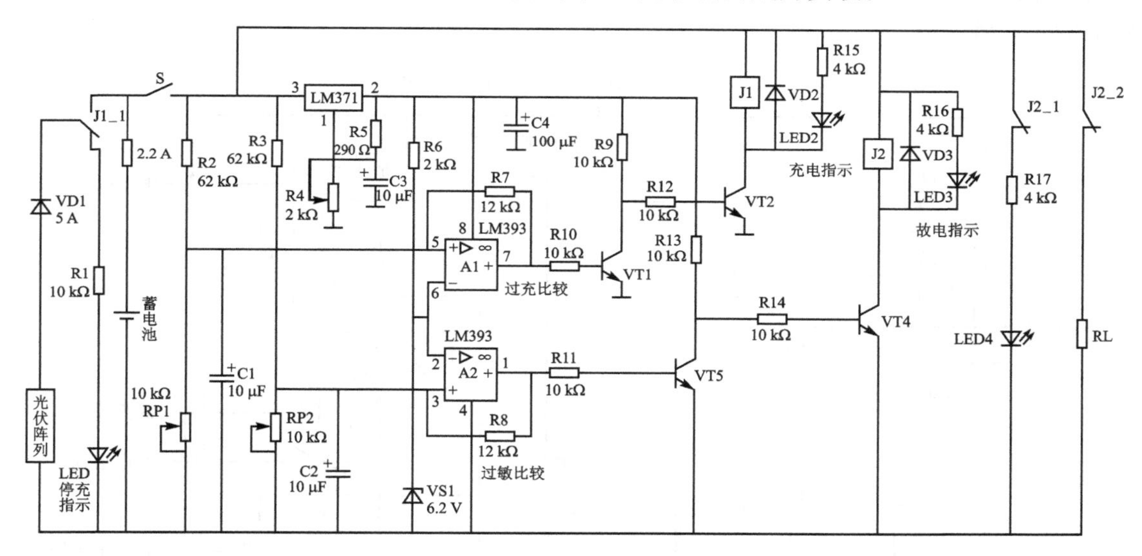

图 7－3　普通蓄电池充放电控制电路

② 工作原理

当太阳光照射时，硅太阳能电池组件产生的直流电流经过常闭触点 J1—1 和 R1 使 LED1 发光，等待对蓄电池进行充电；K 闭合后，三端稳压器 LM371 输出 8 V 电压，电路开始工作。过充电压检测比较控制电路和过放电压检测比较控制电路同时对蓄电池端电压进行检测比较。当蓄电池端电压小于预先设定的过充电压值时，A1 的第 6 引脚电位高于第 5 引脚电位，第 7 引脚输出低电平使 VT1 截止，从而使 VT2 导通，LED2 光指示充电。J1 动作，其接点 J1—1 转换位置，硅太阳能电池组件通过 VD1 对蓄电池充电。蓄电池逐渐被充满，当其端电压大于预先设定的过充电压值时，A1 的第 6 引脚电位低于第 5 引脚电位，第 7 引脚输出高电平使 VT1 导通，从而使 VT2 截止，LED2 熄灭，J1 释放，J1—1 断开充电回路，LED1 发光，指示停止充电。

当蓄电池端电压大于预先设定的过放电压值时，A2 的第 3 引脚电位高于第 2 引脚电位，第 1 引脚输出高电平使 VT3 导通,从而使 VT4 截止,LED3 熄灭,J2 释放。其常闭触点 J2－1 闭合,LED4 发光,指示负载工作正常,蓄电池通过 J2－2 对负载放电。蓄电池对负载放电时端电压会逐渐降低,当端电压降低到小于预先设定的过放电压值时,A2 的第 3 引脚电位低于第 2 引脚电位,第 1 引脚输出低电平使 VT3 截止,从而使 VT4 饱和,J2 工作,常闭触点 J2－1 断开,LED4 熄灭。另一常闭接点 J2－2 也断开,切断负载回路,避免蓄电池继续放电。

(2) 基于 UC3906 的铅酸蓄电池充电器电路

UC3906 是密封铅酸蓄电池充电专用芯片,它具有密封铅酸蓄电池最佳充电所需的全部控制和检测功能。它还能使充电器各种转换电压随电池电压的温度系数的变化而变化,从而使密封铅酸蓄电池在很宽的温度范围内都能达到最佳充电状态。

① UC3906 的结构和工作原理

UC3906 内部框图如图 7－4 所示。该芯片内含有独立的电压控制电路和限流放大器,控制芯片内的驱动器可提供的输出电流为 25 mA,可直接驱动外部串联的调整管,从而调整充电器的输出电压与电流。电压和电流检测比较器检测蓄电池的充电状态,并控制状态逻辑电路的输入信号。

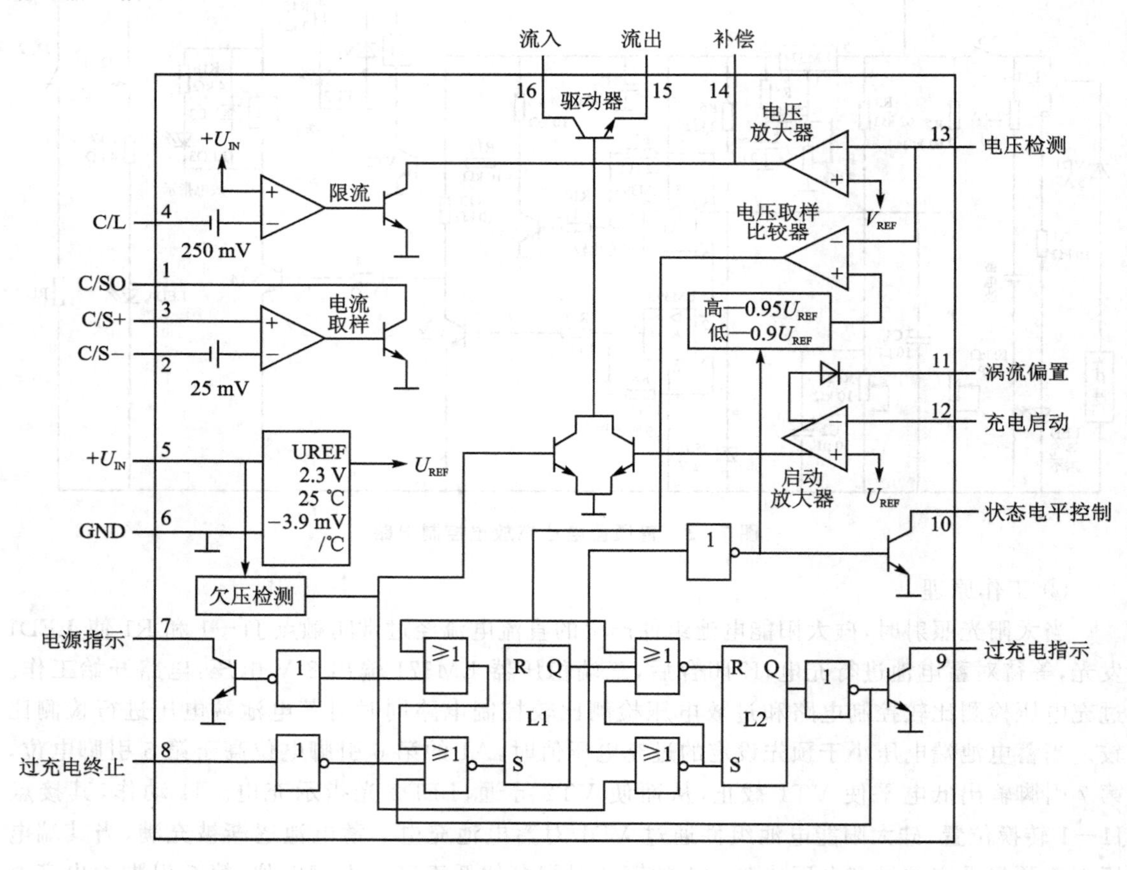

图 7－4　UC3906 内部框图

UC3906 的引脚功能如表 7－2 所列。

表7-2　UC3906的引脚功能表

引　脚	名　称	功能描述	引　脚	名　称	功能描述
1	C/SO	电流采样放大器输出端	9	OIN	过充电指示
2	C/S−	电流采样放大器反相输入	10	SLC	状态电平控制
3	C/S+	电流采样放大器同相输入	11	CE	涡流偏置
4	C/L	限流比较器反相输入	12	TB	充电启动
5	$+U_{IN}$	电源电压	13	U_{OS}	电压检测
6	GND	地	14	COM	补偿
7	PIN	电源指示	15	DSO	驱动电流输出
8	OTE	过充电终止	16	DSI	驱动电流输入

蓄电池的电压与环境温度有关，温度每升高1 ℃，单格电池电压下降4 mV，即蓄电池的温度系数为−4 mV/℃。普通充电器如果在25 ℃工作于最佳工作状态，那么在环境温度为0 ℃时，就会造成充电不足；而在温度45 ℃以上时，可能因严重过充电缩短蓄电池的使用寿命。UC3906的一个非常重要的特性就是具有精确的基准电压，且其基准电压的大小随环境的温度而变化，变化规律与铅酸蓄电池的温度特性一致。同时，芯片只需1.7 mA的输入电流就可工作，这样可以尽量减小芯片的功耗，实现对环境温度的准确检测。在0～70 ℃温度范围内，可以保证电池既充足电又不会出现过充电现象，完全满足蓄电池充电需要。

② 确定充电参数

使用UC3906只需很少的外部元器件即可实现对密封铅酸电池的快速精确充电。图7-5所示是双电平浮充充电器的基本电路。其中由电阻器R_A、R_B和R_C组成的电阻分压网络用来检测充电电池的电压。此外，该电路还可通过与精确的参考电压（U_{REF}）相比较来确定浮充电压、过充电压和涓流充电的阈值电压。

蓄电池的一个充电周期按时间可分为大电流快速充电状态、过充电状态和浮充电状态3种，其充电参数主要有U_F浮充电压、过充电电压U_{OC}、最大充电电流I_{max}、过充电终止电流I_{OCT}等。它们与电阻器R_A、R_B、R_C、R_S的电阻值R_A、R_B、R_C、R_S之间的关系可以从下面的公式反映出来，即

$$U_{OC}=U_{REF}\left(1+\frac{R_A}{R_B}+\frac{R_A}{R_C}\right)$$

$$U_F=U_{REF}\left(1+\frac{R_A}{R_B}\right)$$

$$I_{max}=\frac{0.25\ \text{V}}{R_S}$$

$$I_{OCT}=\frac{0.025\ \text{V}}{R_S}$$

在上面的公式中，U_F、U_{OC}与U_{REF}成正比。U_{REF}的温度系数为−3.9 mV/℃，对I_{max}、I_{OCT}、U_F、U_{OC}均可独立设置。只要输入电源允许或功率管可以承受，I_{max}的值就可以尽可能地大。对过充电终止电流I_{OCT}的选择，应可能地使电池接近100%充电。合适值取决于U_{OC}和在U_{OC}时电池充电电流的衰减特性。I_{max}和I_{OCT}分别由电流限制放大器和电流检测放大

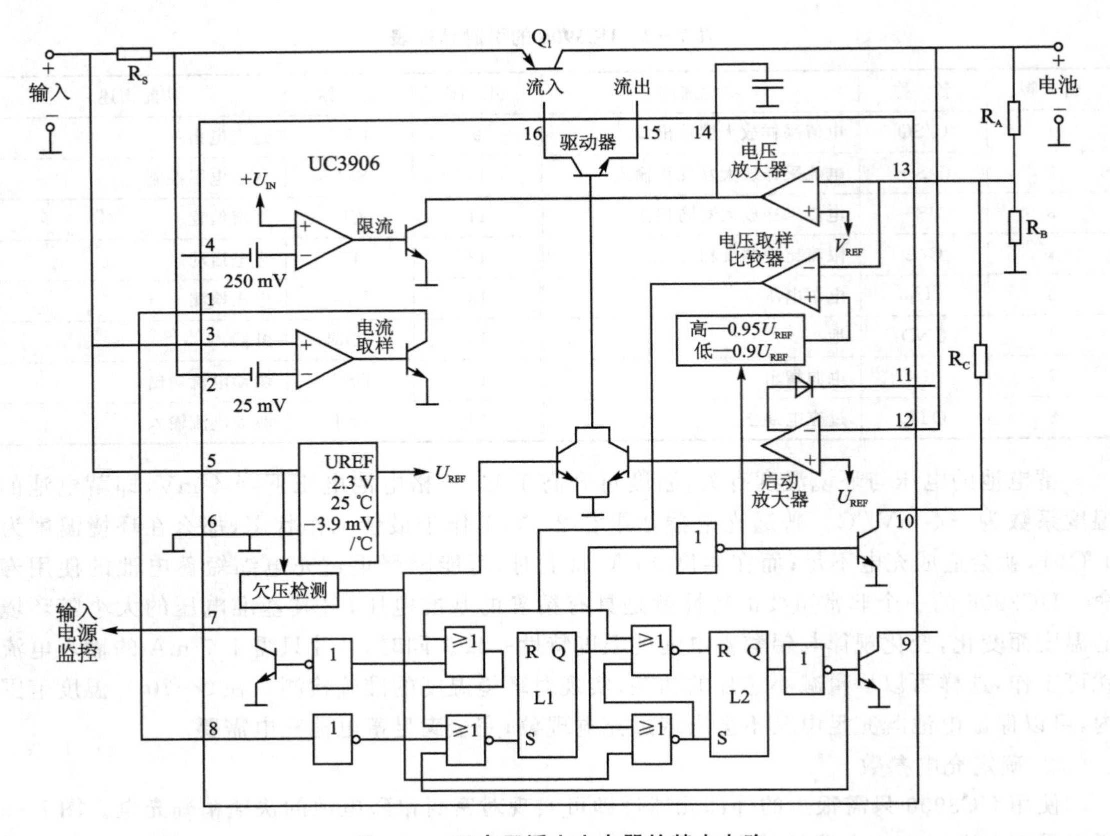

图 7-5　双点平浮充充电器的基本电路

器的偏置电压和电流检测电阻 R_S 决定。U_F、U_{OC} 的值则由内部参考电压 U_{REF} 和外部电阻 R_A、R_B 和 R_C 组成的网络来决定。

充电过程从大电流恒流充电状态开始，在这种状态下充电器输出恒定的充电电流 I_{max}，同时充电器连续监控电池组的两端电压，当电池电压达到转换电压时，电池的电量已恢复到放出容量的 70%～90%，充电器转入过充电状态。在此状态下，充电器输出电压升高到 U_{OC}，由于充电器输出电压保持恒定不变，所以充电电流连续下降，当电流下降到 I_{OCT} 时，电池的容量已达到额定容量的 100%，充电器输出电压下降到较低的浮充电压 U_F。

③ 实际应用电路

图 7-6 所示为 12 V 密封铅酸电池双电平浮充充电器电路。其中蓄电池的额定电压为 12 V、容量为 7 A·h，输入电压 U_{IN}=18 V，U_F=13.8 V，U_{OC}=15 V，I_{max}=500 mA，I_{OCT}=50 mA。充电器始终被接在蓄电池上，为防止蓄电池的输出电流流入充电器，在串联调整管与输出端之间串入一只二极管。同时为了避免输入电源中断后蓄电池通过分压电阻 R1、R2 和 R3，设计时将 R3 通过电源指示晶体管（第 7 引脚）连接到地。

在输入 18 V 电压后，串联的功率管 TIP42C 导通，开始向电池大电流恒流充电，充电电流为 500 mA，此时充电电流保持不变，电池电压逐渐升高。当电池电压达到过充电压 U_{OC} 的 95%（即 14.25 V）时，转入过充电状态，此时充电电压维持在过充电电压，充电电流开始下降。当充电电流降到过充电终止电流（I_{OCT}）时，UC3906 的第 10 引脚输出高电平，比较器 LM339

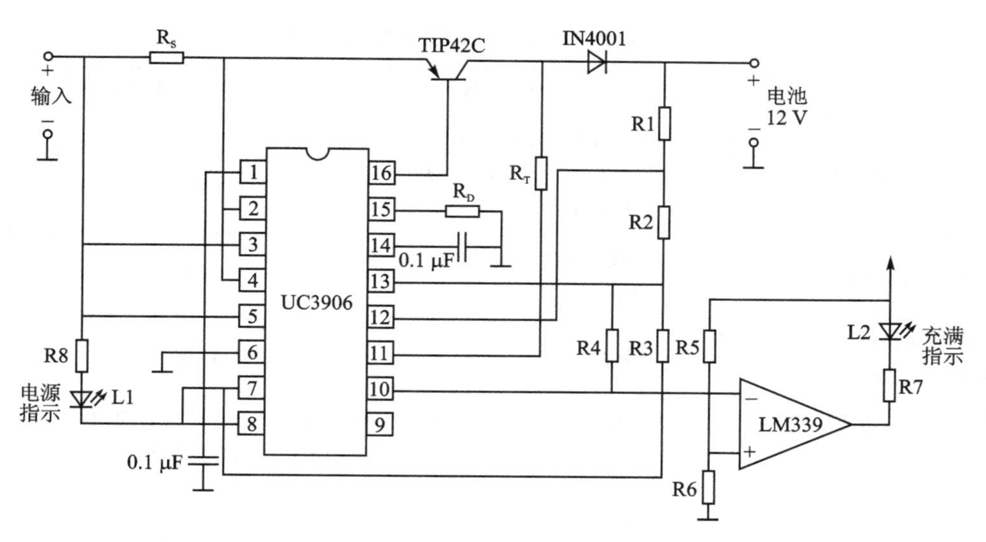

图 7-6　12 V 密封铅酸电池双电平浮充充电器电路

输出低电平，蓄电池自动转入浮充状态。同时充足电指示发光管发光，指示蓄电池已充足电。

6. 胶体型铅酸蓄电池

(1) 胶体型铅酸蓄电池工作原理

胶体型铅酸蓄电池是对液体电解质铅酸蓄电池的改进，实际上是将铅酸蓄电池中的硫酸电解液换成胶体电解液，其工作原理仍与铅酸蓄电池相似。胶体电解液是用 SiO_2 凝胶和一定浓度的硫酸，按照适当的比例混合在一起，形成一个多孔、多通道的高分子聚合物。胶体电解液进入蓄电池内部或充电若干小时后，会逐渐发生胶凝，使液态电解质转变为胶状物，胶体中添加有多种表面活性剂，有助于灌装蓄电池前抗胶凝，而且还有助于防止极板硫酸盐化，减小对隔板的腐蚀，提高极板活性物质的反应利用率。

(2) 胶体型铅酸蓄电池的特点

- 结构密封，电解液凝胶，无渗漏；充放电无酸雾、无污染，安全、对环境友好。
- 自放电极小，平均自放电在 25 ℃的条件下，每 3 个月不高于 1.3%。出厂充足电的蓄电池，在正常温度下，连续存放 12 个月不需充电可投入使用。
- 使用寿命长。由于凝胶电解液有效地防止了电解液的分层，使极板活化反应均匀，延长了极板的活化反应循环次数，提高了电池的使用寿命，其正常使用寿命可达 10～15 年。
- 深度放电循环性能优良，放电至 0 V 能正常恢复。
- 优良的抗高低温性能，适用环境范围广，可在 −45～70 ℃的高低温环境下使用。
- 容量高，充电接受能力强；浮充电流小，电池发热量少；可在任意位置放置。

(3) 胶体蓄电池与铅酸蓄电池性能比较

表 7-3 是胶体蓄电池与铅酸蓄电池的性能比较，供对比参考。

表 7－3　胶体蓄电池与铅酸蓄电池性能比较表

比较项目	胶体蓄电池	铅酸蓄电池
自放电(正常室内存放时间)	存放1年不需要充电可正常使用,存放2年后,恒压14.4 V充电24 h后,静置12 h,其电池容量可恢复到95%以上	每存放3～6个月须充电一次,容量最多能恢复到70%
电池在20 ℃的正常使用寿命	12 V电池设计寿命10年以上,2 V电池设计寿命15年以上	3～5年的寿命
深度放电循环性能(过放电至0 V后接受充电能力)	容量可恢复至100%	恢复状态较差
耐过充电能力(充电完毕后继续以0.3C_{10}充电)	在过充电16 h后,没有液体泄漏,外壳没有外形	不允许过充电,否则会引起过热而导致电池损坏
使用温度范围	－45～70 ℃	－20～50 ℃
高低温使用性能	－40 ℃时电池容量可保持在60%以上,70 ℃时仍然可以使用	以25 ℃为基准,温度每升高10 ℃,寿命缩短一半,温度降低时,容量将减少
20 ℃时的浮充电流	每单元2.25～2.28 V时浮充电流为0.25 mA/(A·h)	每单元2.25～2.28 V时浮充电流为0.6～0.8 mA/(A·h)
外壳损坏后,腐蚀性液体的渗漏	不会有液体的泄漏,可继续使用	液体泄漏后不可再使用
制造成本	高	低

7.2.2　碱性蓄电池

目前,常见的碱性蓄电池有铁镍、镉镍、氢镍、氢化物镍和锌银电池等,其结构与铅酸蓄电池相同,有极板、隔离物、容器和电解液。以常用的镉镍碱性蓄电池为例,正极板为氢氧化镍,负极板为镉,电解液为氢氧化钾水溶液加适量的氢氧化锂,同时具有隔膜。其工作原理与铅酸蓄电池的工作原理相同,只是其电解液和化学反应不同。

碱性蓄电池(指镉镍蓄电池)与铅酸蓄电池相比,主要优点是对过充电和过放电的耐受能力强,反复深放电对蓄电池寿命无大的影响,在高负荷和高温条件下仍具较高的效率,循环寿命长;但它也有一定的缺点,如内阻大,由于电动势小,输出电压较低,价格高(为铅蓄电池的4～5倍)。由以上优点可以看出,虽然碱性蓄电池有许多优点,但从总的性能价格比分析,铅酸蓄电池在光伏发电系统中仍占有相当的优势。

7.2.3　锂离子蓄电池

锂电池分为一次锂电池和二次锂电池。一次锂电池是以锂金属为阳极,MnO_2 等材料为阴极;二次锂电池(又称为锂离子电池)是以锂离子和炭材料为阳极,MnO_2 等为阴极,锂离子电池可作为光伏发电系统中的储能电池。

1. 锂离子电池的结构原理

锂离子电池作为一种化学电源,正极材料通常由锂的活性化合物组成,负极则是特殊分子结构的石墨,常见的正极材料主要成分为 $LiCoO_2$。充电时,加在电池两极的电势迫使正极的化合物释放出锂离子,穿过隔膜进入负极分子排列呈片层结构的石墨中;放电时,锂离子则从片层结构的石墨中脱离出来,穿过隔膜重新和正极的化合物结合。随着充放电的进行,锂离子不断地在正极和负极中分离与结合。锂离子的移动产生了电流。锂离子电池具有容量高、质量轻、无记忆等优点,其主要缺点是价格高。

2. 锂离子电池的性能特点

锂离子电池具有优异的性能,其主要特点如下:

① 工作电压高。锂离子电池单体电压高达3.7 V,是镍镉电池、镍氢电池的3倍,是铅酸电池的近2倍,这也是锂电池比能量大的一个原因,因此组成相同容量(相同电压)的电池组时,锂电池使用的串联数目会大大少于铅酸、镍氢电池,使得电池能够保持很好的一致性,寿命更长。例如36 V的锂电池只需要10个电池单体,而36 V的铅酸电池需要18个电池单体,即3个12 V的电池组,每只12 V的铅酸电池内由6个2 V单格组成。

② 比能量大。锂离子电池的比能量为190 W·h/kg,是镍氢电池的2倍,是铅酸蓄电池的4倍,因此重量是相同能量的铅酸蓄电池的1/4。

③ 体积小。锂离子电池的体积比高达500 W·h/L,体积是铅酸蓄电池的1/3。

④ 锂离子电池的循环寿命长,循环次数可达2 000次。

⑤ 自放电率低,每月小于8%。

⑥ 工作温度范围宽。锂离子电池可在−20～60 ℃范围内工作,尤其适合在低温条件下使用。

⑦ 无记忆效应。锂离子电池因为没有记忆效应,所以不用像镍镉电池一样需要在充电前放电,它可以随时随地地进行充电。

⑧ 保护功能完善。锂离子电池组的保护电路能够对单体电池进行高精度的监测,低功耗智能管理,具有完善的过充电、过放电、温度、过流、短路保护以及可靠的均衡充电功能。

7.2.4　镍氢电池

镍氢电池主要由氢氧化镍正极、储氢合金负极、隔膜纸、电解液、钢壳、顶盖、密封圈等组成。在圆柱形电池中,正、负极由隔膜纸分开后卷绕在一起,然后密封在钢壳正方形电池中,正、负极由隔膜纸分开后叠成层状密封在钢壳中。

镍氢电池具有功率大、质量轻、寿命长等优点,其能量密度比镍镉电池大2倍,工作电压与镍镉电池相同。镍氢电池具有良好的过充电和过放电性能,且基本消除了“记忆效应”。镍氢电池的缺点是随着容量的增加,自放电效应也在不断加剧。在放置2个月后许多镍氢电池的电量和减少到原有容量的50%以下。过高的环境温度也会加速它的自放电。

镍氢蓄电池一般在小型光伏发电系统或产品中使用。

7.2.5　超级电容器

1. 超级电容器简介

超级电容器(Super Capacitor)其外形如图7-7所示,它的性能介于普通电容器和蓄电池之间,通过极化电解质来储能。它是一种电化学元件,但在其储能的过程中并不发生化学反应,这种储能过程是可逆的,所以超级电容器可以反复充放电数十万次。超级电容器可以被视为悬浮在电解质中的两个无反应活性的多孔电极板,在极板上加电,正极板吸引电解质中的负离子，负极板吸引正离子，实际上形成两个容性存储层，被分离开的正离子在负极板附近，负离子在正极板附近。超级电容器是介于传统电容器和蓄电池之间的一种新型储能装置，它具有功率密度大、容量大、使用寿命长、免维护、经济环保等优点。超级电容器与电解电容器及铅酸蓄电池的性能对比如表 7-4 所列。

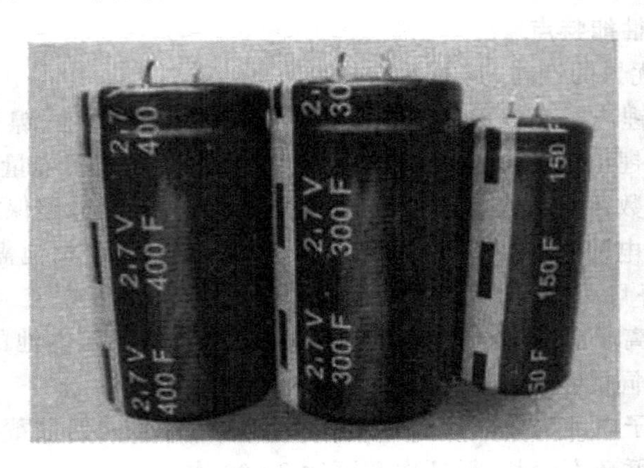

图 7-7　超级电容器的外形

表 7-4　3 种储能装置性能对比

项　目	单　位	电解电容器	超级电容器	铅酸蓄电池
放电时间		10^{-6}～10^{-3} s	1 s～几分钟	0.3～3 h
充电时间		10^{-6}～10^{-3} s	1 s～几分钟	1～5 h
能量密度	Wh/kg	<0.1	3～15	20～100
功率密度	W/kg	10 000	1 000～2 500	50～200
充放电效率	%	≈100	>95	70～85
循环寿命	次	$>10^6$	$>10^5$	300～1 000

2. 超级电容器的工作原理

超级电容器所用电极材料包括活性碳、金属氧化物、导电高分子等。电解质分为水溶性和非水溶性两类，前者导电性能好，后者可利用电压范围大。当外加电压加到超级电容器的两个极板上时，与普通电容器一样，极板的正电极存储正电荷，负极板存储负电荷，在超级电容器的两极板上电荷产生的电场作用下，在电解液与电极间的界面上形成相反的电荷，以平衡电解液的内电场，这种正电荷与负电荷在两个不同相之间的接触面上，以正负电荷之间极短间隙排列在相反的位置上，这个电荷分布层叫做双电层，因此电容量非常大。当两极板间电势低于电解液的氧化还原电极电位时，电解液界面上电荷不会脱离电解液，超级电容器为正常工作状态(通常为 3 V 以下)；如电容器两端电压超过电解液的氧化还原电极电位时，电解液将分解，为非正常状态。随着超级电容器放电，正负极板上的电荷被外电路泄放，电解液界面上的电荷响应减少。由此可以看出：超级电容器的充放电过程始终是物理过程，没有化学反应，因此性能是稳定的，与利用化学反应的蓄电池是不同的。

3. 超级电容器的应用领域

① 真空开关、智能表、远程抄表系统、仪器仪表、数码相机、掌上电脑、电子门锁、程控交换

机、无绳电话等的时钟芯片、静态随机存储器、数据传输系统等微小电流供电的后备电源。

② 智能表(智能电表、智能水表、智能煤气表、智能热量表)作电磁阀的启动电源。

③ 太阳能警示灯,航标灯、草坪灯等太阳能光伏产品中代替充电电池。

④ 手摇发电、手电筒等小型充电产品中代替充电电池。

⑤ 电动玩具电动机、语音 IC、LED 发光器等小功率、电器的驱动电源。

4. 超级电容器与传统电容器的不同

超级电容器在分离出的电荷中存储能量,用于存储电荷的面积越大,分离出的电荷越密集,其电容量越大。

传统电容器的面积是导体的平板面积,为了获得较大的容量,导体材料卷制得很长,有时用特殊的组织结构来增加它的表面积。传统电容器是用绝缘材料分离它的两极板,一般为塑料薄膜、纸等,这些材料通常要求尽可能薄。

超级电容器的面积是基于多孔炭材料,该材料的多孔结构允许其面积达到 2 000 m^2/g,通过一些措施可实现更大的表面积。超级电容器电荷分离开的距离是由被吸引到带电电极的电解质离子尺寸决定的。该距离比传统电容器薄膜材料所能实现的距离更小。这种庞大的表面积再加上非常小的电荷分离距离使得超级电容器较传统电容器而言有大得惊人的静电容量,这也是它被称为“超级”的原因。

5. 超级电容器充放电时间

超级电容器可以快速充放电,峰值电流仅受其内阻限制,甚至短路也不是致命的。实际上决定于电容器单体大小,对于匹配负载,小单体可放 10 A,大单体可放 1 000 A。另一放电率的限制条件是发热,反复地以剧烈的速率放电将使电容器温度升高,最终导致断路。

超级电容器的电阻阻碍其快速放电,超级电容器的时间常数 τ 为 1~2 s,完全给阻容式电路放电大约需要 5τ。也就是说,如果短路放电需要 5~10 s,则由于电极的特殊结构,它们实际上得花数小时才能将残留的电荷完全放掉。

6. 超级电容器的优缺点

其优点如下:

① 免维护。由于超级电容器对使用条件没有严格的限制和要求,因此采用超级电容器的太阳能光伏发电系统在寿命期内,不需要对储能系统进行维护。

② 使用寿命长。由于超级电容器的循环寿命可以达到 10 万次以上,因此采用超级电容器作为太阳能光伏发电系统的储能装置具有 20 年以上的超长使用寿命。

③ 超宽的工作温度。超级电容器的使用温度区间远宽于现有的各类蓄电池,可以在 −40~70 ℃的范围内正常工作。

④ 应用范围广。可广泛应用于太阳能航标灯、路灯、草坪灯、围墙灯、交通信号灯、道钉灯、建筑物亮化工程、户外广告灯箱等。

⑤ 无污染。制造超级电容器所使用的材料无重金属和有毒有害物质,在使用过程中和使用后都不会对环境造成污染。

⑥ 使用简单。超级电容器在很小的体积下达到法拉级的电容量,无须特别的充电电路和控制放电电路,和电池相比过充、过放都不对其寿命构成负面影响。

⑦ 绿色环保。从环保的角度考虑,超级电容器是一种绿色能源。

其缺点是:如果使用不当,则会造成电解质泄漏等现象;与铝电解电容器相比,其内阻较大，因而不可以用于交流电路。

7. 超级电容器与电池的比较

超级电容器不同于电池，在某些应用领域，它可能优于电池。有时将两者结合起来，将电容器的功率特性和电池的高能量存储结合起来，不失为一种更好的途径。

① 超级电容器在其额定电压范围内可以被充电至任意电位，且可以完全放出。而电池则受自身化学反应限制工作在较窄的电压范围，如果过放，则可能造成永久性破坏。

② 超级电容器的荷电状态(SOC)与电压构成简单的函数，而电池的荷电状态包括多个复杂的换算。

③ 超级电容器与其体积相当的传统电容器相比可以存储更多的能量，电池与其体积相当的超级电容器相比可以存储更多的能量。在一些功率决定能量存储器件尺寸的应用中，超级电容器是一种更好的途径。

④ 超级电容器可以反复传输能量脉冲而无任何不利影响，相反，如果电池反复传输高功率脉冲，则其寿命大打折扣。

⑤ 超级电容器可以快速充电，而电池快速充电会受到损害。

⑥ 超级电容器可以反复循环数十万次，而电池寿命仅几百个循环。

8. 超级电容器使用注意事项

① 超级电容器具有固定的极性。在使用前，应确认极性。

② 超级电容器应在标称电压下使用。当电容器电压超过标称电压时，将会导致电解液分解，同时电容器会发热，容量下降，而且内阻增加，寿命缩短，在某些情况下，可导致电容器损坏。

③ 超级电容器不可应用于高频率充放电的电路中，高频率的快速充放电会导致电容器内部发热，容量衰减，内阻增加，在某些情况下会导致电容器损坏。

④ 超级电容器的寿命。外界环境温度对于超级电容器的寿命有着重要的影响，电容器应尽量远离热源。

⑤ 当超级电容器被用做后备电源时的电压降。由于超级电容器具有内阻较大的特点，在放电的瞬间存在电压降，$\Delta U=IR$。

⑥ 使用中环境气体。超级电容器不可处于相对湿度大于85%或含有有毒气体的场所，这些环境下会导致引线及电容器壳体腐蚀，导致断路。

⑦ 超级电容器的存放。超级电容器不能置于高温、高湿的环境中，应在温度$-30\sim+50$ ℃，相对湿度小于60%的环境下储存，避免温度骤升骤降，否则会导致产品损坏。

⑧ 超级电容器在双面线路板上的使用。当超级电容器用于双面电路板上，需要注意连接处不可经过电容器可触及的地方，由于超级电容器的安装方式，会导致短路现象。

⑨ 当把电容器焊接在线路板上时，不可将电容器壳体接触到线路板上，不然焊接物会渗入电容器穿线孔内，对电容器性能产生影响。

⑩ 安装超级电容器后，不可强行倾斜或扭动电容器，这样会导致电容器引线松动，导致性能劣化。

⑪ 在焊接过程中避免使电容器过热。若在焊接中使电容器出现过热现象，则会缩短电容器的使用寿命。

⑫ 焊接后的清洗。在电容器经过焊接后，线路板及电容器需要经过清洗，因为某些杂质

可能会导致电容器短路。

⑬ 将电容器串联使用时。当超级电容器进行串联使用时，存在单体间的电压均衡问题，单纯的串联会导致某个或几个单体电容器过压，从而损坏这些电容器，整体性能受到影响，因此在电容器进行串联使用时，需并联高阻值的电阻器平衡电压。

9. 超级电容器的容量和放电时间的计算

在超级电容的应用中，计算一定容量的超级电容在以一定电流放电时的放电时间，或者根据放电电流及放电时间，选择超级电容的容量，可根据下面给出的简单计算公式计算。根据这个公式，可以简单地进行电容容量、放电电流、放电时间的推算，十分方便。

(1) 各计算单位及含义

C(F)：超级电容的标称容量。

U_1(V)：超级电容正常工作电压。

U_0(V)：超级电容截止工作电压。

T(s)：在电路中的持续工作时间。

I(A)：负载电流。

(2) 超级电容容量的近似计算公式

$$\text{保持所需能量}=\text{超级电容减少的能量}$$

$$\text{保持期间所需能量}=0.5I(U_1+U_0)T$$

$$\text{超级电容减小能量}=0.5C(U_1^2-U_0^2)$$

因而，可得其容量(忽略由内阻引起的压降)为

$$C=(U_1+U_0)I\times T/(U_1^2-U_0^2)$$

(3) 计算举例

一只太阳能草坪灯电路，应用超级电容作为储能蓄电元件，草坪灯工作电流为15 mA，工作时间为每天3 h，草坪灯正常工作电压为1.7 V，截止工作电压为0.8 V，求需要多大容量的超级电容能够保证草坪灯正常工作？

由以上公式可知：

正常工作电压 $U_1=1.7$ V；截止工作电压 $U_0=0.8$ V；工作时间 $T=10\,800$ s；工作电流 $I=0.015$ A。

那么所需的电容容量为

$$C=(U_1+U_0)I\times T/(U_1^2-U_0^2)=[(1.7+0.8)\times 0.015\times 10\,800/(1.7^2-0.8^2)]\ \text{F}=180\ \text{F}$$

根据计算结果，选择耐压2.5 V、180～200 F的超级电容就可以满足工作需要。

7.3　离网型光伏系统常用蓄电池的型号及特性参数

7.3.1　铅酸蓄电池的型号识别

根据JB 2599—85标准颁布的有关规定，铅酸蓄电池的名称由单体蓄电池的格数、型号、额定容量、电池功能和形状等组成。通常分为三段表示(见图7-8)：第一段为数字，表示单体电池的串联数。每一个单体蓄电池的标称电压为2 V，当单体蓄电池串联数(格数)为1时，第一段可省略，6 V、12 V蓄电池分别用3和6表示；第二段为2～4个汉语拼音字母，表示蓄电

池的类型、功能和用途等；第三段表示电池的额定容量。蓄电池常用汉语拼音字母的含义如表 7－5 所列。

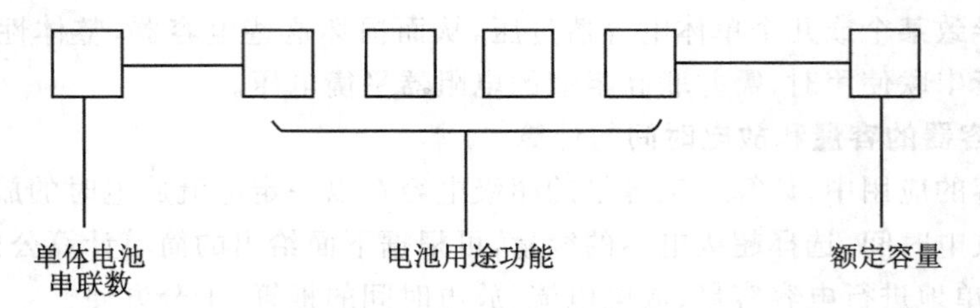

图 7－8 铅酸蓄电池的名称组成

表 7－5 蓄电池型号中常用字母的含义

第 1 个字母	含 义	第 2、3、4 个字母	含 义
Q	启动用	A	干荷电式
G	固定用	F	防酸式
D	电瓶车	FM	阀控式密封
N	内燃机车	W	无需维护
T	铁路客车	J	胶体
M	摩托车用	D	带液式
KS	矿灯酸性	J	激活式
JC	舰船用	Q	气密式
B	航标灯	H	湿荷式
TK	坦克用	B	半密闭式
S	闪光灯	Y	液密式

例如：6－QA－120 表示有 6 个单体电池串联，标称电压为 12 V，启动用蓄电池，装有干荷电式极板，20 小时率额定容量为 120 A·h。

GFM－800 表示为 1 个单体电池，标称电压为 2 V，固定式阀控密封型蓄电池，20 小时率额定容量为 800 A·h。

7－GFMJ－120 表示有 7 个单体电池串联，标称电压为 12 V，固定式阀控密封型胶体蓄电池，20 小时率额定容量为 120 A·h。

虽然各蓄电池生产厂家的产品型号有不同的解释，但产品型号中的基本含义不会改变，通常都是用上述方法表示。

7.3.2 蓄电池的主要技术参数

1. 蓄电池的容量

处于完全充电状态下的铅酸蓄电池在一定的放电条件下，放电到规定的终止电压时所能给出的电量称为电池容量，以符号 C 表示。常用单位是安时（A·h）。通常在 C 的下角处标明放电时率，如 C_{10} 表明是 10 小时率的放电容量，C_{60} 表明是 60 小时率的放电容量。电池容量分为实际容量和额定容量。实际容量是指电池在一定放电条件下所能输出的电量。额定容量(标称容量)是按照国家或有关部门颁布的标准,在电池设计时要求电池在一定的放电条件下(如在25 ℃环境下以10小时率电流放电到终止电压),应该放出的最低限度的电量值。

2. 放电率

根据蓄电池放电电流的大小,放电率分为时间率和电流率。时间率是指在一定放电条件下,蓄电池放电到终止电压时的时间长短。常用时率和倍率表示。根据IEC标准,放电的时间率有20小时率、10小时率、5小时率、3小时率、1小时率、0.5小时率,分别标示为20 h、10 h、5 h、3 h、1 h、0.5 h等。电池的放电倍率越高,放电电流越大,放电时间就越短,放出的相应容量越少。

3. 终止电压

终止电压是指在蓄电池放电过程中,电压下降到不宜再放电时(非损伤放电)的最低工作电压。为了防止电池不被过放电而损害极板,在各种标准中都规定了在不同放电倍率和温度下放电时电池的终止电压。一般10小时率和3小时率放电的终止电压为每单体1.8 V,1小时率的终止电压为每单体1.75 V。由于铅酸蓄电池本身的特性,即使放电的终止电压继续降低,电池也不会放出太多的容量,但终止电压过低对电池的损伤极大,尤其当放电达到0 V而又不能及时充电时将大大缩短蓄电池的寿命。对于太阳能光伏发电系统用的蓄电池,针对不同型号和用途,放电终止电压设计也不一样。终止电压视放电速率和需要而规定。通常,小于10 h的小电流放电,终止电压取值稍高一些;大于10 h的大电流放电,终止电压取值稍低一些。

4. 电池电动势

蓄电池的电动势在数值上等于蓄电池达到稳定时的开路电压。电池的开路电压是无电流状态时的电池电压。当有电流通过电池时所测量的电池端电压的大小将是变化的,其电压值既与电池的电流有关,又与电池的内阻有关。

5. 浮充寿命

蓄电池的浮充寿命是指蓄电池在规定的浮充电压和环境温度下,蓄电池寿命终止时浮充运行的总时间。

6. 循环寿命

蓄电池经历一次充电和放电,称为一个循环(一个周期)。在一定的放电条件下,电池使用至某一容量规定值之前,电池所能承受的循环次数,称为循环寿命。影响蓄电池循环寿命的因素是综合因素,不仅与产品的性能和质量有关,而且还与放电倍率和深度、使用环境和温度及使用维护状况等外在因素有关。

7. 过充电寿命

过充电寿命是指采用一定的充电电流对蓄电池进行连续过充电,一直到蓄电池寿命终止时所能承受的过充电时间。其寿命终止条件一般设定在容量低于10小时率额定容量的80%。

8. 自放电率

蓄电池在开路状态下的储存期内,由于自放电而引起活性物质损耗,每天或每月容量降低的百分数称为自放电率。自放电率指标可衡量蓄电池的储存性能。

9. 电池内阻

电池的内阻不是常数,而是一个变化的量,它在充放电的过程中随着时间不断地发生变化，这是因为活性物质的组成、电解液的浓度和温度都在不断地变化。铅酸蓄电池的内阻很小，在小电流放电时可以忽略，但在大电流放电时，将会有数百毫伏的电压降损失，必须引起重视。

蓄电池的内阻分为欧姆内阻和极化内阻两部分。欧姆内阻主要由电极材料、隔膜、电解液、接线柱等构成，也与电池尺寸、结构及装配因素有关。极化内阻是由电化学极化和浓差极化引起的，是电池放电或充电过程中两电极进行化学反应时极化产生的内阻。极化电阻除与电池制造工艺、电极结构及活性物质的活性有关外，还与电池工作电流的大小和温度等因素有关。电池内阻严重影响电池的工作电压、工作电流和输出能量，因而内阻越小的电池其性能越好。

10. 比能量

比能量是指电池单位质量或单位体积所能输出的电能，单位分别是 W·h/kg 或 W·h/L。比能量有理论比能量和实际比能量之分，前者指 1 kg 电池反应物质完全放电时理论上所能输出的能量，实际比能量为 1 kg 电池反应物质所能输出的实际能量，由于各种因素的影响，电池的实际比能量远小于理论比能量。比能量是综合性指标，它反映了蓄电池的质量水平，也表明生产厂家的技术和管理水平，常用比能量来比较不同厂家生产的蓄电池，该参数对于太阳能光伏发电系统的设计非常重要。

7.3.3 蓄电池的选型

能够满足光伏发电系统配套使用的蓄电池种类很多，国内目前主要使用的蓄电池为免维护铅酸蓄电池，其固有的“免维护”特性及对环境污染较小的特点，很适合于性能可靠的光伏发电系统，特别是无人值守的工作站。普通铅酸蓄电池由于需要较强的维护能力及对环境污染较大，因此主要用于有维护能力的场合或低档场合使用。碱性镍镉蓄电池虽然有较好的过充、过放电性能，但其价格较高，仅用于较为特殊的场合。

目前离网型光伏发电系统大多采用阀控式免维护铅酸蓄电池。

7.4 离网型光伏系统常用蓄电池的安装与维修

7.4.1 蓄电池组的安装

单体蓄电池的容量和电压是有限的，因此，需要将若干个蓄电池通过串联或并联的方式连接来满足系统对电压和储电量的需求。

1. 蓄电池串联

相同蓄电池串联时，串联后的电压等于它们各个蓄电池电压之和。例如，6 个 2 V/500 A·h 的蓄电池串联后电压是 12 V，蓄电池串联后的输出电流与单个蓄电池一样，其电流为倍数 N 乘以容量 C，即 $N\times500$ A·h。

2. 蓄电池并联

相同的蓄电池并联时电压不变，电流为各并联电池之和。例如，6 个 2 V/500 A·h 的蓄电池并联后，电压还是 2 V，输出电流是单个蓄电池的 6 倍，即 $N\times6\times500$ A·h。

3. 蓄电池组

为了满足系统对储能的要求,往往先要把蓄电池进行串联,以满足系统对直流电压的要求,然后再把串联组进行并联,以满足总电量的要求。例如,某系统需要直流电压 24 V,蓄电池能储存电量 24 kW·h,用 2 V/500 A·h 的蓄电池实现。

首先,将 12 个 2 V/500 A·h 的蓄电池串联,组成一个 24 V/500 A·h 的电池串。然后,再将相同的两组串联的蓄电池组并联,就构成了一个蓄电池组,满足系统要求。该电池组参数为

电压:2 V×12=24 V。

容量:500 A·h×2=1 000 A·h。

总储存电量:24 V×1 000 A·h=24 000 A·V·h=24 kW·h。

总共需要 2 V/500 A·h 的单体蓄电池 24 块。

7.4.2 安装蓄电池时应注意的问题

① 加完电解液的蓄电池应该将加液孔的盖子拧紧,以防止杂质掉进蓄电池内部。胶塞上的通气孔必须保持畅通。

② 各接线夹头和蓄电池极柱必须保持紧密接触。连接导线接好后,需在各连接点上抹一层薄的凡士林油膜,以防连接点锈蚀。

③ 蓄电池应放在室内通风良好、不受阳光直接照射的地方距离热源不应少于 2 m,室内温度应保持在 10~25 ℃的范围内。

④ 蓄电池与地面之间应采取绝缘措施,例如可以垫置模板或其他绝缘物体,以免因为蓄电池与地面短路而放电。

⑤ 放置蓄电池的位置应该选择在离太阳能电磁方阵较近的地方。连接导线应该尽量缩短,选择的导线直径不可太细,以尽量减少不必要的线路损耗。

⑥ 不能将酸性蓄电池和碱性蓄电池同时安置在同一房间内。

⑦ 对安置蓄电池较多的蓄电池室,冬天不允许采用明火取暖,而宜采用火墙、太阳能房等方式提高室内温度,并要保持良好的通风条件。

7.4.3 铅酸蓄电池的使用维护要点

1. 蓄电池的储运

① 蓄电池应储存在低温、干燥、通风、清洁的环境中,存储温度(20±5)℃,要避免热源、火源、阳光直射和雨淋。

② 蓄电池需充足电存放,并且在常温下每 3~6 个月进行一次补充电。

③ 蓄电池放电后应立即充电,不可将放电后的蓄电池长期搁置。长期不用的蓄电池搁置一段时间后要进行补充充电,直至容量恢复到存储前的水平。补充充电间隔为 3 个月,最多 6 个月。

④ 当容量仅为或低于额定容量的 40%时(在 25 ℃时开路电压低于 7.2 V 或 12.63 V),应用均衡充电以使容量恢复。

⑤ 蓄电池运输和搬运时,要小心轻放,避免电池破损。搬运时不得触动端子极柱和排气阀,严禁投掷和翻滚,避免机械冲击和重压。

2. 蓄电池的安装使用

① 蓄电池在安装前应检查外观有无破裂、漏酸。检查接线端子极柱是否有弯曲和损坏，弯曲和损坏的端子极柱会造成安装困难或无法安装，并有可能使端子密封失效，产生爬酸、渗酸现象，严重时还会产生高的接触电阻，甚至有熔断的危险。

② 电池连接过程中，请戴好防护手套，使用扳手等金属工具时，请将金属工具进行绝缘包装，以防触电；绝对避免将金属工具同时接触到电池的正、负极端子，造成电池短路。

③ 蓄电池在多只并联使用时，按电池标识正、负极性依次排列，且连接点要拧紧，以防产生火花和接触不良。

④ 电池柜或架要放在预先确定的位置，注意保持电池柜与电池柜、墙壁及其他设备之间，要留有 50～70 cm 的维修距离，并注意地板的承重能力是否能满足要求。

⑤ 电池间的安装距离通常为 10～15 mm，以便对流冷却。

⑥ 蓄电池应远离热源和容易产生火花的地方（如变压器、电源开关或保险丝等），安全距离在 0.5 m 以上，不能在电池系统附近吸烟或使用明火。

⑦ 将蓄电池（组）和外部设备连接之前，要使设备处于关断状态，并再次检查蓄电池的连接极性是否正确，然后再将蓄电池（组）的正极连接设备的正极端，蓄电池（组）的负极连接设备的负极端，并紧固好连接线。

⑧ 蓄电池或电池组若需要并联使用，一般不能超过 4 只（组）并联。

⑨ 不要单独增加电池组中某几个单体电池的负荷，这将造成单体电池间容量的不平衡。

⑩ 蓄电池间连接电缆应尽可能短，不能仅考虑容量输出来选择电缆的大小规格，电缆的选择还应考虑不能产生过大的电压降。

⑪ 不同容量、不同厂家或不同新旧程度的蓄电池严禁连接在一起使用。

⑫ 不准拆开或重新装配蓄电池，也不能拆卸电池排气阀或向电池中加入任何物质。

⑬ 如遇火灾不能用二氧化碳灭火器，可用干粉灭火器和 1211 灭火器。

⑭ 不同容量、不同厂家或不同新旧程度的蓄电池严禁连接在一起使用。

3. 蓄电池的检查及维护

蓄电池的维护工作必不可少，无论是人工操作维护，还是自动监控管理，都是为了及时检测出个别电池的异常故障或影响电池充放电性能的设备系统故障，积极采取纠正措施，确保电源系统稳定可靠地运行。蓄电池的检查维护分为日常维护、季度维护和年度维护。

（1）日常维护

① 保证电池表面清洁干燥。

② 经常注意电池系统的环境温度及电池外观的变化。

③ 经常检查蓄电池在线浮充电压和电池组浮充总电压（终端总电压），并与面板显示对照，必要时加以校正。

④ 保证电池柜或电池室的清洁，通风和照明良好。

（2）季度维护

① 目测检查电池外表面的清洁度，外壳和盖的完好情况，电池外观有无鼓包变形等变化，电池有无过热痕迹。

② 每季度在电池系统的同一检测点，检测并记录蓄电池系统的环境温度和可代表系统的平均温度，当温度低于 15 ℃或高于 25 ℃时，应调节温度控制系统，若没有安装温控系统，则应

对浮充电压进行调整。

③ 在电池端测量并记录浮充总电压，与面板电表显示值对照，若有差异，则及时查找原因加以纠正。

④ 测量并记录系统中每只电池的浮充电压，正常情况下应该在一定范围内波动，若发现异常，则找出原因加以纠正。

⑤ 做"恢复性"放电试验，用假负载或实际负载放电，即切断供电电源，用蓄电池供电。发现个别电池容量偏低后，将电池均衡充电，经均衡充电后仍不能恢复容量的，要将容量过低的电池换掉。

(3) 年度维护

① 重复季度所有维护内容。

② 检查所有电池间的连接点并确保连接紧固可靠。

③ 随意抽取几只电池进行内阻测试，由于电池的内阻与其容量无线性关系，因此电池的内阻不能用来直接表示电池的准确容量，但电池内阻可作为电池"健康"状态好坏的指示信号。

4. 影响蓄电池寿命的几个因素

(1) 深度放电

放电深度对蓄电池的循环寿命影响很大，蓄电池如果经常深度放电，循环寿命将缩短。因为同一额定容量的蓄电池深度放电就意味着经常采用大电流充电和放电，在大电流放电时或经常处于欠充状态又不能及时进行再充电，产生的硫酸盐颗粒大，极板活性物质不能被充分利用，长此下去蓄电池的实际容量将逐渐减小，影响蓄电池的正常工作。由于太阳能光伏发电系统一般不太容易产生过充电的情况，所以，长期处于亏电状态是太阳能光伏系统中蓄电池失效和寿命缩短的主要原因。

(2) 放电速率

一般规定 20 小时放电率的容量为蓄电池的额定容量。若使用低于规定小时的放电率，则可得到高于额定值的电池容量；若使用高于规定小时的放电率，则所放出的容量要比蓄电池的额定容量小，同时放电速率也影响蓄电池的端电压值。蓄电池在放电时，电化学反应电流优先分布在离主体溶液最近的表面上，导致在电极表面形成硫酸铅而堵住多孔电极内部。在大电流放电时，上述问题更加突出，所以放电电流变大，蓄电池给出的容量也就越小，端电压值下降速度加快，即放电终止电压值随着放电电流的增大而降低。但另一方面，也并非放电速率越低越好，有研究表明，长期太小的放电速率会因硫酸铅分子生成量显著地增加，产生应力造成极板弯曲和活性物质脱落，也会降低蓄电池的使用寿命。

(3) 外界温度过高

蓄电池的额定容量是指蓄电池在 25 ℃时的数值，一般认为阀控密封式铅酸蓄电池的工作温度在 20～30 ℃范围内工作较为理想。当电池温度过低时，表现为蓄电池的容量减小，因为在低温条件下电解液不能很好地与极板的活性物质充分反应。容量减少将不能够满足预期的后备使用时间和保持在规定的放电深度内，很容易造成蓄电池的过放电。从蓄电池的外部参数来看，电压与温度有很大关系，温度每升高 1 ℃，单格电池的电压将下降 3 mV。也就是说，铅酸蓄电池的电压具有负温度系数，其值为－3 mV/℃。由此可知，在环境温度为 25 ℃时，一只工作理想的充电控制器可以使蓄电池充足电，但当环境温度降到 0 ℃时，使用同一个控制器给蓄电池充电，结果蓄电池就不能充足电。同理，当环境温度升高时，将容易造成蓄电池过充电，电解液升温，会加快正极板的腐蚀速度，蓄电池的工作温度升高严重时，会产生沸腾，上下翻滚的电解液冲刷着极板，使其铅粉脱落，时间久了，脱落的铅粉越积越高，等高到碰铅板时，可产生极板短路，从而使蓄电池报废。高温还会带来蓄电池失水、热失控现象。所以，温度是影响蓄电池正常工作的一个主要因素。在太阳能光伏系统中，要求控制器具有相应的温度自动补偿功能。在使用时，也应尽可能保持放置蓄电池组的场所环境温度不要过高和过低。

(4) 局部放电

铅酸蓄电池无论在放电时还是在静止状态下，其内部都有自放电现象，称为局部放电。产生局部放电的原因主要是电池内部有杂质存在。尽管电解液是由纯净浓硫酸和纯水配制而成的，但还是含有少量的杂质，而且随着蓄电池使用时间的增长，电解液中的杂质缓慢增加。这些杂质在极板上构成无数微型电池产生局部放电，因此无谓地消耗着蓄电池的电能。局部放电还与蓄电池的使用温度有关，温度越高，局部放电越严重，从这个意义上来讲，也要尽量避免蓄电池在过高温度下运行。

(5) 高温储存

充好电的电池在高温环境下长期搁置也是影响蓄电池寿命的重要因素。综上所述，蓄电池在光伏发电系统中起着非常重要的作用。但是目前无论是从理论上还是在实际使用中，蓄电池寿命短的问题都是光伏发电系统中的薄弱环节，由于光伏发电系统的特殊性，作为储能单元的蓄电池必须具有良好的循环放电和深度放电性能。在系统配置对蓄电池容量的设计上，要有重点地综合考虑使用地辐射条件、适合的备用时间、选用蓄电池的允许放电深度、充放电效率、温度补偿系数等多种因素。

练习与思考

一、填空题

1. 在太阳能光伏发电系统中，由于性能及成本的原因，目前应用最多、使用最广泛的还是(　　)蓄电池。

2. 由于酸蓄电池的电极主要是以铅和铅的氧化物为材料，因此也称为(　　)蓄电池。

3. 铅酸蓄电池的名称由单体蓄电池的格数、型号、额定容量、电池功能和形状等组成。每一个单体蓄电池的标称电压为(　　)V。

4. 常用的储能电池及器件有(　　)、(　　)、(　　)和超级电容器等，它们分别应用于太阳能光伏发电的不同场合或产品中。

5. GFM－800 表示为(　　)单体电池，标称电压为 2 V，定式阀控密封型蓄电池，20 小时率额定容量为(　　)A·h。

6. 若 36 V 的铅酸电池需要 18 个电池单体，则 36 V 的锂电池只需要(　　)电池单体。

7. 超级电容器的(　　)过程始终是物理过程，没有化学反应，因此性能是稳定的，与利用化学反应的蓄电池是不同的。

二、选择题

1. 在太阳能光伏发电系统中，最常使用的储能元件是(　　)。

A. 锂离子电池　　B. 镍铬电池　　C. 铅酸蓄电池　　D. 碱性蓄电池

2. 蓄电池的容量就是蓄电池的蓄电能力，标志符号为 C，通常用(　　)单位来表征蓄电池容量(　　)。

A. 安培　　B. 伏特　　C. 瓦特　　D. 安时

3. 在太阳能电池外电路接上负载后，负载中便有电流流过，该电流称为太阳能电池的(　　)。

A. 短路电流　　B. 开路电流　　C. 工作电流　　D. 最大电流

4. 一个独立光伏系统，已知系统电压为 48 V，蓄电池的标称电压为 12 V，那么需串联的蓄电池数量为(　　)。

A. 1　　B. 2　　C. 3　　D. 4

5. 某无人值守彩色电视差转站所用太阳能电源，其电压为 24 V，每天发射时间为 15 h，功耗为 20 W；其余 9 小时为接收等候时间，功耗为 5 W，则负载每天耗电量为(　　)。

A. 25 A・h　　B. 15 A・h　　C. 12.5 A・h　　D. 14.4 A・h

6. 太阳能电池产生的能量以(　　)形式储存在蓄电池中。

A. 机械能　　B. 电能　　C. 热能　　D. 化学能

7. 下面选项(　　)不是蓄电池控制器的基本功能。

A. 快速、平稳、高效地为蓄电池充电　　B. 采用脉冲充电方法给蓄电池充电

C. 防止过充过放现象的发生　　D. 为蓄电池提供最佳的充电电流和电压

8. 太阳能离网型光伏系统的储能装置有(　　)。

A. 铅酸蓄电池　　B. 超级电容器储能

C. 燃料电池储能　　D. 以上都是

三、简答题

1. 为什么离网型光伏发电系统需要蓄电池？

2. 简述铅酸蓄电池的工作原理。

3. 说明下列蓄电池的型号所表示的含义：

GFM－1000　　3－FM－2006　　7－GFM－150　　7－TM－60

4. 影响蓄电池寿命的主要因素有哪些？

5. 某系统需要直流电压 48 V，蓄电池能储存电量 48 kW・h，用 2 V/500 A・h 的蓄电池实现。应怎样连接蓄电池？并说明该蓄电池组的电压、容量、总电量各是多少。

实践训练

一、实践训练内容

1. 根据实验用的蓄电池的型号，说明型号的意义。

2. 太阳能蓄电池充电控制实验。

(1) 按照图 7－9 所示原理图连接好电路。

(2) 太阳能电池输出的电压经过电流、电压表送入控制器的输入端，给蓄电池进行充电，随着蓄电池逐渐充满，充电电流缓慢减小，直到蓄电池完全充满、电流为 0 为止。每间隔 5 min 记录一次充电电流和充电电压的数值，记录在表 7－6 中，进行充电分析。

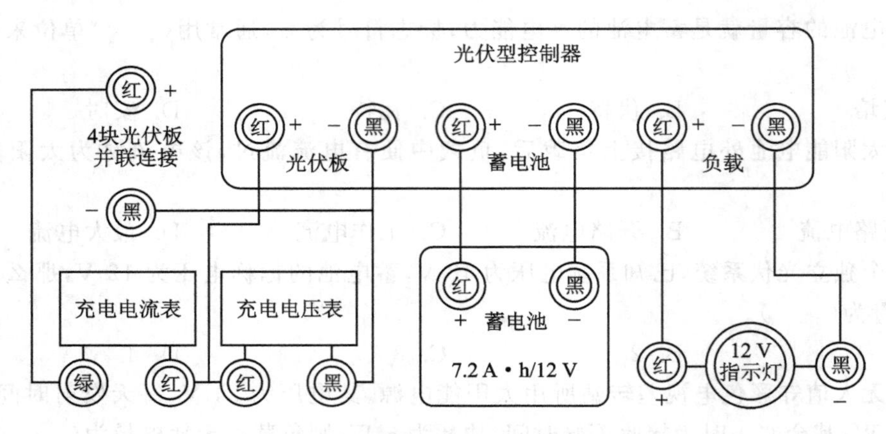

图 7-9 太阳能蓄电池的充电控制原理图

表 7-6 蓄电池充电实验数据

间隔时间/min	0	5	10	15	20	25	30	35
充电电流/mA								
充电电压/V								

(3) 蓄电池充电电压、电流测试实验。

① 按照图 7-10 所示原理图连接好电路。

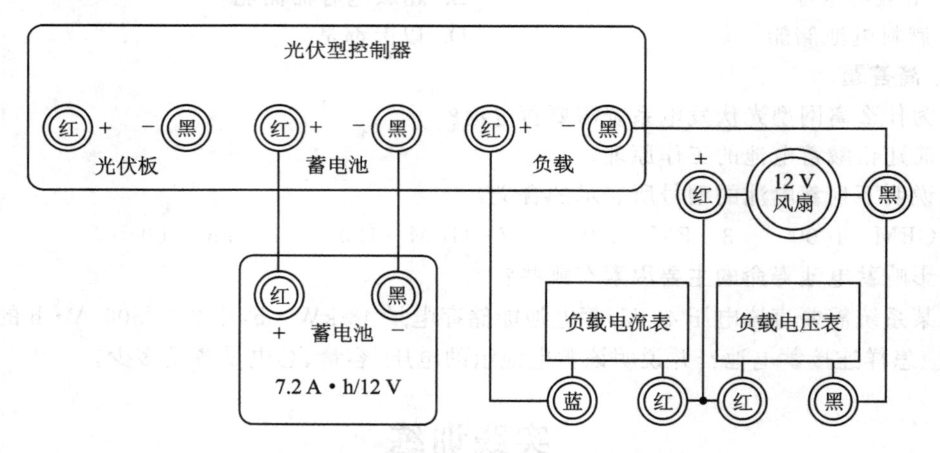

图 7-10 太阳能蓄电池的放电控制原理图

② 依次连接 DC 12 V 电风扇、DC 12 V 蜂鸣器、DC 12 V 电动机、DC 12 V 交通灯和 DC 12 V LED 灯。将各次蓄电池的放电电流、放电电压表的数据记录在表 7-7 中。

表 7-7 蓄电池的放电实验数据

负载类型	DC 12 V 电风扇	DC 12 V 蜂鸣器	DC 12 V 电动机	DC 12 V 交通灯	DC 12 V LED 灯
电流/mA					
电压/V					

(4) 完成 2 kWp 光伏发电系统蓄电池容量的设计和选型。

二、实践训练组织方法及步骤

① 实践训练前准备。对实践训练的内容进行相关资料的搜集和准备。

② 以3人为单位进行实践训练。

③ 对实践训练的过程做完整记录，并以PPT的形式进行展示或撰写实践训练报告。

三、实践训练成绩评定

1. 实践训练成绩评定分级：

成绩按优秀、良好、中等、及格、不及格5个等级评定。

2. 实践训练成绩评定准则：

① 成员的参与程度。

② 成员的团结进取精神。

③ 撰写的实践训练报告是否语言流畅、文字简练、条理清晰、结论明确。

④ 讲解时语言表达是否流畅，PPT制作是否新颖。

项目8　认识太阳能光伏系统的设计

项目要求

- 了解光伏发电系统的设计内容；
- 掌握光伏发电系统的设计思路；
- 能设计光伏组件的容量；
- 能对蓄电池正确选型；
- 能正确选择控制器、逆变器；
- 能进行光伏发电系统的防雷设计；
- 掌握光伏发电系统的安装与调试内容；
- 掌握光伏发电系统的维护要点。

8.1　太阳能光伏系统设计的内容与原则

1. 光伏发电系统设计的内容

太阳能光伏系统是一种新型能源系统，太阳能光伏系统设计分为软件设计和硬件设计。软件设计主要是对光伏发电系统的容量设计，包括对太阳能电池组件和蓄电池的容量进行设计与计算，目的就是要计算出系统在全年内能够满足用电要求并可靠工作所需要的太阳能电池组件和蓄电池的数量。硬件设计是对光伏发电系统的系统配置与设计，包括对光伏系统中的电力电子设备、部件的选型配置及附属设施的设计与计算，目的是根据实际情况选择配置合适的设备、设施和材料等，与前期的容量设计相匹配。

2. 光伏发电系统设计的原则

光伏发电系统的设计要本着合理性、实用性、高可靠性、高性价比（低成本）的原则。做到既能保证光伏系统的长期可靠运行，充分满足负载的用电需要，同时又能使系统的配置最合理、最经济，特别是确定使用最少的太阳能电池组件功率和蓄电池容量。协调整个系统工作的最大可靠性和系统成本之间的关系，在满足需要保证质量的前提下节省投资，达到最好的经济效益。

8.2　与设计相关的因素和技术条件

在设计光伏发电系统时，应当根据负载的要求和当地太阳能资源及气象地理条件，依照能量守恒的原则，综合考虑下列各种因素和技术条件。

8.2.1　系统用电负载的特性

在设计太阳能光伏发电系统和进行系统设备的配置、选型之前，要充分了解用电负载的特性。如负载是直流负载还是交流负载，负载的工作电压是多少，额定功率是多少，是冲击性负载还是非冲击性负载，是电阻性负载、电感性负载还是电力电子类负载等。其中电阻性负载如白炽灯泡、电子节能灯、电熨斗、电热水器等在使用中无冲击电流。而电感性负载和电力电子类负载如日光灯、电动机、电冰箱、电视机、水泵等启动时都有冲击电流，且冲击电流往往是其额定工作电流的 5～10 倍。因此，在容量设计和设备选型时，往往都要留下合理余量。

从全天使用时间上分可分为仅白天使用的负载，仅晚上使用的负载及白天晚上连续使用的负载。对于仅在白天使用的负载，多数可以由光伏电池板直接供电，不需要考虑蓄电池的配备。另外，系统每天需要供电的时间有多长，要求系统能正常供电几个阴雨天等，都是需要在设计前了解的问题和数据。

8.2.2 当地的太阳能辐射资源及气象地理条件

由于太阳能光伏发电系统的发电量与太阳光的辐射强度、大气层厚度（即大气质量）、所在地的地理位置、所在地的气候和气象、地形地物等因素和条件有着直接的关系和影响，因此在设计太阳能光伏发电系统时，应考虑的太阳能辐射资源及气象地理条件有太阳辐射的方位角和倾斜角、峰值日照时数、全年辐射总量、连续阴雨天数及最低气温等。

1. 太阳能电池组件(方阵)的方位角与倾斜角

太阳能电池组件（方阵）的方位角与倾斜角的选定是太阳能光伏系统设计时最重要的因素之一。所谓方位角，一般是指东西南北方向的角度。对于太阳能光伏系统来说，方位角以正南为 0°，由南向东向北为负角度，由南向西向北为正角度，如太阳在正东方时，方位角为－90°，在正西方时方位角为 90°。方位角决定了阳光的入射方向，决定了各个方向的山坡或不同朝向建筑物的采光状况。倾斜角是地平面（水平面）与太阳能电池组件之间的夹角。倾斜角为 0°时，表示太阳能电池组件为水平设置；倾斜角为 90°时，表示太阳能电池组件为垂直设置。

(1) 太阳能电池方位角的选择

在我国，太阳能电池的方位角一般都选择正南方向，以使太阳能电池单位容量的发电量最大。如果受太阳能电池设置场所如屋顶、土坡、山地、建筑物结构及阴影等的限制，则应考虑与它们的方位角一致，以求充分利用现有地形和有效面积，并尽量避开周围建、构筑物或树木等产生的阴影。只要在正南±20°之内，都不会对发电量有太大影响，条件允许的话，应尽可能偏西南 20°之内，使太阳能发电量的峰值出现在中午稍过后某时，这样有利于冬季多发电。有些太阳能光伏建筑一体化发电系统设计时，当正南方向太阳能电池铺设面积不够时，也可将太阳能电池铺设在正东、正西方向。

(2) 太阳能电池倾斜角的选择

最理想的倾斜角是使太阳能电池年发电量尽可能大，而冬季和夏季发电量差异尽可能小时的倾斜角。一般取当地纬度或当地纬度加上几度作为当地太阳能电池组件安装的倾斜角。当然，如果能够采用计算机辅助设计软件，可以进行太阳能电池倾斜角的优化计算，使两者能够兼顾就更好了，这对于高纬度地区尤为重要。高纬度地区的冬季和夏季水平面太阳辐射量差异非常大，例如我国黑龙江省相差约 5 倍。如果按照水平面辐射量参数进行设计，则蓄电池冬季存储量过大，造成蓄电池的设计容量和投资都加大。选择了最佳倾斜角，太阳能电池面上冬季和夏季辐射量之差变小，蓄电池的容量也可以减少，求得一个均衡，使系统造价降低，设计更为合理。

如果没有条件对倾斜角进行计算机优化设计，也可以根据当地纬度粗略地确定太阳能电池的倾斜角：

- 纬度为0°～25°时，倾斜角等于纬度；
- 纬度为26°～40°时，倾斜角等于纬度加上5°～10°；
- 纬度为41°～55°时，倾斜角等于纬度加上10°～15°；
- 纬度为55°以上时，倾斜角等于纬度加上15°～20°。

但不同类型的太阳能光伏发电系统，其最佳安装倾斜角是有所不同的。例如为光控太阳能路灯照明系统等季节性负载供电的光伏发电系统，这类负载的工作时间随着季节而变化，其特点是以自然光线的强弱来决定负载每天工作时间的长短。冬天时白天日照时间短，太阳能辐射能量小，而夜间负载工作时间长，耗电量大。因此，系统设计时要考虑照顾冬天，按冬天时能得到最大发电量的倾斜角确定，其倾斜角应该比当地纬度的角度大一些。而对于主要为光伏水泵、制冷空调等夏季负载供电的光伏系统，则应考虑夏季为负载提供最大发电量，其倾斜角应该比当地纬度的角度小一些。

2. 平均日照时数和峰值日照时数

日照时间是指太阳光在一天当中从日出到日落实际的照射时间。

日照时数是指在某个地点，一天当中太阳光达到一定的辐照度（一般以气象台测定的120 W/m^{2}为标准）时一直到小于此辐照度所经过的时间。日照时数小于日照时间。

平均日照时数是指某地的一年或若干年的日照时数总和的平均值。

峰值日照时数是将当地的太阳辐射量，折算成标准测试条件（辐照度1 000 W/m^2）下的时数。例如，某地某天的日照时间是8.5 h，但不可能在这8.5 h中太阳的辐照度都是1 000 W/m^2，而是从弱到强再从强到弱变化的，若测得这天累计的太阳辐射量是3 600 W·h/m^2，则这天的峰值日照时数就是3.6 h。因此，在计算太阳能光伏发电系统的发电量时一般都采用平均峰值日照时数作为参考值。

3. 全年太阳能辐射总量

在设计太阳能光伏发电系统容量时，当地全年太阳能辐射总量也是一个重要的参考数据。应通过气象部门了解当地近几年甚至8～10年的太阳能辐射总量年平均值。通常气象部门提供的是水平面上的太阳辐射量，而太阳能电池一般都是倾斜安装，因此还需要将水平面上的太阳能辐射量换算成倾斜面上的辐射量。

4. 最长连续阴雨天数

所谓最长连续阴雨天数，是指需要蓄电池向负载维持供电的天数，从发电系统本身的角度说，也叫"系统自给天数"。也就是说，如果有几天连续阴雨天，太阳能电池方阵就几乎不能发电，只能靠蓄电池来供电，而蓄电池深度放电后又需尽快地将其补充好。连续阴雨天数可参考当地年平均连续阴雨天数的数据。对于不太重要的负载如太阳能路灯等，也可根据经验或需要在3～7天内选取。在考虑连续阴雨天因素时，还要考虑两段连续阴雨天之间的间隔天数，以防止第一个连续阴雨天到来使蓄电池放电后，还没有来得及补充，就又来了第二个连续阴雨天，使系统在第二个连续阴雨天内根本无法正常供电。因此，在连续阴雨天比较多的南方地区，设计时要把太阳能电池和蓄电池的容量都考虑得稍微大一些。

8.2.3 发电系统的类型、安装场所和方式

发电系统的类型就是指所设计的发电系统是独立发电系统，还是并网发电系统或者是太

阳能发电与市电互补系统。发电系统的安装主要是指太阳能电池组件或太阳能电池方阵的安装，其安装场所和方式可分为杆柱安装、地面安装、屋顶安装、山坡安装、建筑物墙壁安装及建材一体化安装等。

1. 杆柱安装

杆柱安装是指将太阳能光伏系统安装在由金属、混凝土以及木制的杆、柱子、塔上等，如太阳能路灯、高速公路监控摄像等。

2. 地面安装

地面安装就是在地面打好基础，然后在基础上安装倾斜支架，太阳能电池组件固定到支架上，有时也可利用山坡等的斜面直接做基础和支架安装电池组件。

3. 屋顶安装

屋顶安装大致分为两种：一种是以屋顶为支撑物，在屋顶上通过支架或专用构件将电池组件固定组成方阵，组件与屋顶间留有一定间隙用于通风散热；另一种是将电池组件直接与屋顶结合形成整体，也叫光伏方阵与屋顶的集成，如光电瓦、光电采光顶等。

4. 墙壁安装

与屋顶安装一样，墙壁安装也大致分为两种：第一种是以墙壁为支撑物，在墙壁上通过支架或专用构件将电池组件固定组成方阵，也就是把太阳能组件方阵外挂到建筑物不采光部分的墙壁上；另一种是将光伏组件做成光伏幕墙玻璃和光伏采光玻璃窗等光伏建材一体化材料，作为建筑物外墙和采光窗户材料，直接应用到建筑物墙壁上，形成光伏组件与建筑物墙壁的集成。

8.3　太阳能光伏系统的软件设计

8.3.1　太阳能电池组件及方阵的设计方法

太阳能电池组件的设计就是满足负载年平均每日用电量的需求。所以设计和计算太阳能电池组件大小的基本方法，就是用负载平均每天所需要的用电量（单位：安时或瓦时）为基本数据，以当地太阳能辐射资源参数如峰值日照时数、年辐射总量等数据为参照，并结合一些相关因素数据或系数综合计算而得出的。

在设计和计算太阳能电池组件或组件方阵时，一般有两种方法。一种方法是根据上述各种数据直接计算出太阳能电池组件或方阵的功率，根据计算结果选配或定制相应功率的电池组件，进而得到电池组件的外形尺寸和安装尺寸等。这种方法一般适用于中小型光伏发电系统的设计。另一种方法是先选定尺寸符合要求的电池组件，根据该组件峰值功率、峰值工作电流和日发电量等数据，结合上述数据进行设计计算，在计算中确定电池组件的串、并联数及总功率。这种方法适用于中大型光伏发电系统的设计。下面就以第二种方法为例介绍一个常用的太阳能电池组件的设计计算公式和方法。

1. 基本计算方法

计算太阳能电池组件的基本方法，是用负载平均每天所消耗的电量（A・h）除以选定的电池组件在一天中的平均发电量（A・h），就算出了整个系统需要并联的太阳能电池组件数量。这些组件的并联输出电流就是系统负载所需要的电流。具体公式如下：

$$电池组件的并联数=\frac{负载日平均用电量}{组件日平均发电量}$$

其中，组件日平均发电量=组件峰值工作电流(A) ×峰值日照时数(h)。

再将系统的工作电压除以太阳能电池组件的峰值工作电压(V)，就可以算出太阳能电池组件的串联数量。这些电池组件串联后，就可以产生系统负载所需要的工作电压(V)或蓄电池组的充电电压(V)。具体公式如下：

$$电池组件的串联数=\frac{系统工作电压\times 系数\ 1.43}{组件峰值工作电压}$$

系数 1.43 是太阳能电池组件峰值工作电压与系统工作电压的比值。例如，为工作电压 12 V 的系统供电或充电的太阳能电池组件的峰值电压是 17～17.5 V；为工作电压 24 V 的系统供电或充电的峰值电压为 34～34.5 V 等。因此，为方便计算用系统工作电压乘以 1.43 就是该组件或整个方阵的峰值电压近似值。例如：假设某光伏发电系统工作电压为 48 V，选择了峰值工作电压为 17 V 的电池组件，计算电池组件的串联数= 48 V×1.43/(17 V)=4.03≈4。有了电池组件的并联数和串联数后，就可以很方便地计算出这个电池组件或方阵的总功率(W)了，计算公式如下：

电池组件(方阵)总功率=组件并联数×组件串联数×选定组件的峰值输出功率

2. 相关因素的考虑

上面的计算公式完全是理想状态下的书面计算。如果根据上述计算公式计算出的电池组件容量，在实际应用中是不能满足光伏发电系统的用电需求的。为了得到更准确的数据，就要把一些相关因素和数据考虑进来并纳入到计算中。

与太阳能电池组件发电量相关的主要因素有两点：

(1) 太阳能电池组件的功率衰减

在光伏发电系统的实际应用中，太阳能电池组件的输出功率(发电量)会因为各种内外因素的影响而衰减或降低。例如，灰尘的覆盖、组件自身功率的衰减、线路的损耗等各种不可量化的因素，在交流系统中还要考虑交流逆变器的转换效率因素。因此，设计时要将造成电池组件功率衰减的各种因素 10%的损耗计算，如果是交流光伏发电系统，还要考虑交流逆变器转换效率的损失也按 10%计算。这些实际上都是光伏发电系统设计时需要考虑的安全系数，设计时为电池组件留有合理余量，是系统年复一年长期正常运行的保证。

(2) 蓄电池的充放电损耗

在蓄电池的充放电过程中，太阳能电池产生的电流在转化储存的过程中会因为发热、电解水蒸发等产生一定的损耗，也就是说蓄电池的充电效率根据蓄电池的不同一般只有 90%～95%。因此在设计时，也要根据蓄电池的不同将电池组件的功率增加 5%～10%，以抵消蓄电池充放电过程中的耗散损失。

3. 实用的计算公式

上面的公式只是一个理论的计算，在考虑到各种因素的影响后，将相关系数纳入到上述公式中，才是一个设计和计算太阳能电池组件的完整公式。

将负载日平均用电量除以蓄电池的充电效率，就增加了每天的负载用电量，实际上给出了电池组件需要负担的真正负载；将电池组件的损耗系数乘以组件的日平均发电量，这样就考虑了环境因素和组件自身衰减造成的组件发电量的减少，有了一个符合实际应用情况下的太阳能电池发电量的保守估算值。综合考虑以上因素，得出计算公式如下：

$$\text{电池组件的并联数}=\frac{\text{负载日平均用电量}}{\text{组件日平均发电量}\times\text{充电效率系数}\times\text{组件损耗系数}\times\text{逆变器效率系数}}$$

在进行太阳能电池组件的设计与计算时，还要考虑季节变化对系统发电量的影响。因为在设计和计算得出组件容量时，一般都是以当地太阳能辐射资源的参数如峰值日照时数、年辐射总量等数据为参照数据，这些数据都是全年平均数据，参照这些数据计算出的结果，在春、夏、秋季一般都没有问题，冬季可能就会有点欠缺。因此在有条件时或设计比较重要的光伏发电系统时，最好以当地全年每个月的太阳能辐射资源参数分别计算各个月的发电量，其中的最大值就是一年中所需要的电池组件的数量。例如，某地计算出冬季需要的太阳能组件数量是8块，但在夏季可能有5块就够了，为了保证该系统全年的正常运行，就只好按照冬季的数量确定系统的容量。

举例 某地建设一个移动通信基站的太阳能光伏供电系统，该系统采用直流负载，负载工作电压48 V，用电量为每天150 A·h，该地区最低的光照辐射是1月份，其倾斜面峰值日照时数是3.5 h，选定125 W太阳能电池组件。其主要参数：峰值功率125 W、峰值工作电压34.2 V、峰值工作电流3.65 A，计算太阳能电池组件使用数量及太阳能电池方阵的组合设计。

根据上述条件，并确定组件损耗系数为0.9，充电效率系数也为0.9。因为该系统是直流系统，所以不考虑逆变器的转换效率系数。

计算：

$$\text{电池组件并联数}=\frac{150\ \text{A}\cdot\text{h}}{(3.65\ \text{A}\times 3.5\ \text{h})\times 0.9\times 0.9}=14.49$$

$$\text{电池组件串联数}=\frac{48\ \text{V}\times 1.43}{34.2\ \text{V}}=2$$

根据以上计算数据，采用就高不就低的原则，确定电池组件并联数是15块，串联数是2块。也就是说，每2块电池组件串联连接，15串电池组件再并联连接，共需要125 W电池组件30块构成电池方阵，连接示意图如图8-1所示。

该电池方阵总功率＝15×2×125 W＝3 750 W。

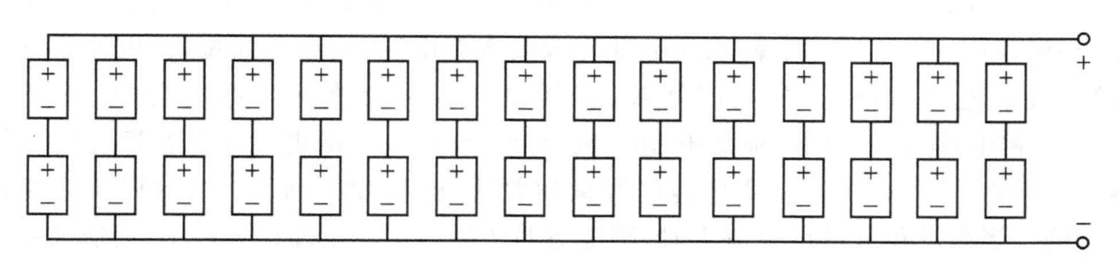

图8-1 太阳能电池方阵串并联示意图

8.3.2 蓄电池和蓄电池组的设计方法

蓄电池的任务是在太阳能辐射量不足时，保证系统负载的正常用电。要能在几天内保证系统的正常工作，就需要在设计时引入一个气象条件参数——连续阴雨天数。这个参数在前面已经进行了介绍，一般计算时都是以当地最大连续阴雨天数为设计参数，但也要综合考虑负载对电源的要求。对于一般的负载如太阳能路灯等，可根据经验或需要在3～7天内选取。对于重要的负载如通信、导航、医院救治等，则在 7～15 天内选取。另外，还要考虑光伏发电系统的安装地点，如果在偏远的地方，蓄电池容量要设计得较大，因为维护人员到达现场就需要很长时间。实际应用中，有的移动通信基站由于山高路远，去一次很不方便，除了配置正常蓄电池组外，还要配备一组备用蓄电池组，以备不时之需。这种发电系统把可靠性放在了第一位，已经不能单纯考虑经济性了。

蓄电池的设计主要包括蓄电池容量的设计计算和蓄电池组串并联组合的设计。在光伏发电系统中，大部分使用的都是铅酸蓄电池，主要是考虑到技术成熟和成本等因素，因此下面介绍的设计和计算方法也主要以铅酸蓄电池为主。

1. 基本的计算方法

先将负载每天需要的用电量乘以根据当地气象资料或实际情况确定的连续阴雨天数就可以得到初步的蓄电池容量。然后将得到的蓄电池容量数除以蓄电池允许的最大放电深度系数。由于铅酸蓄电池的特性，在确定的连续阴雨天内绝对不能选用 100％的放电而把电用光，否则蓄电池会在很短的时间内寿终正寝，大大缩短使用寿命。因此需要除以最大放电深度系数，得到所需要的蓄电池容量。最大放电深度的选择需要参考蓄电池生产厂家提供的性能参数资料。一般情况下，浅循环型蓄电池选用 50％的放电深度，深循环型蓄电池选用 75％的放电深度。

计算蓄电池容量的基本公式如下：

$$蓄电池容量=\frac{负载日平均用电量\times 连续阴雨天数}{最大放电深度}$$

2. 相关因素的考虑

上面的计算公式只是对蓄电池容量的基本估算方法，在实际应用中还有一些性能参数会对蓄电池的容量和使用寿命产生影响，其中主要的两个因素是蓄电池的放电率和使用环境温度。

(1) 放电率对蓄电池容量的影响

在此先对蓄电池的放电率概念作个简单回顾。所谓放电率，也就是放电时间和放电电流与蓄电池容量的比率，一般分为 20 小时率(20 h)、10 小时率(10 h)、5 小时率(5 h)、3 小时率(3 h)、1 小时率(1 h)、0.5 小时率(0.5 h)等。大电流放电时，放电时间短，蓄电池容量会比标称容量缩水；小电流放电时，放电时间长，实际放电容量会比标称容量增加。例如，容量 100 A·h 的蓄电池用 2 A 的电流放电能放 50 h，但要用 50 A 的电流放电就肯定放不了 2 h。实际容量就不够 100 A·h 了。蓄电池的容量随着放电率的改变而改变，这样就会对容量设计产生影响。当系统负载放电电流大时，蓄电池的实际容量会比设计容量小，会造成系统供电量不足；而系统负载工作电流小时，蓄电池的实际容量就会比设计容量大，会造成系统成本的无谓增加。特别是在光伏发电系统中应用的蓄电池，放电率一般都较慢，差不多都在 50 小时率以上，而生产厂家提供的蓄电池标称容量是 10 h 放电率下的容量。因此，在设计时要考虑到光伏系统中蓄电池放电率对容量的影响因素，并计算光伏系统的实际平均放电率，根据生产厂家提供的该型号蓄电池在不同放电速率下的容量，就可以对蓄电池的容量进行校对和修正。当手头没有详细的容量-放电速率资料时，也可对慢放电率 50～200 h (小时率)光伏系统蓄电池的容量进行估算，一般相对应的比蓄电池的标准容量提高 5％～20％，相应的放电率修正系数为 0.95～0.8。

光伏系统的平均放电率(h)计算公式如下：

$$平均放电率=\frac{连续阴雨天数\times负载工作时间}{最大放电深度}$$

对于有多路不同负载的光伏系统，负载工作时间需要用加权平均法进行计算，加权平均负载工作时间的计算方法为：

$$负载工作时间=\frac{\sum 负载功率\times负载工作时间}{\sum 负载功率}$$

根据上面两个公式就可以计算出光伏系统的实际平均放电率，根据蓄电池生产厂商提供的该型号蓄电池在不同放电速率下的蓄电池容量，就可以对蓄电池的容量进行修正。

(2) 环境温度对蓄电池容量的影响

蓄电池的容量会随着蓄电池温度的变化而发生变化，当蓄电池的温度下降时，蓄电池的容量会下降，温度低于0 ℃以下时，蓄电池容量会急剧下降。温度升高时，蓄电池容量略有升高。蓄电池的标称容量一般都是在环境温度25 ℃时标定的，随着温度的降低，0 ℃时的容量下降到标称容量的95%～90%，−10 ℃时下降到标称容量的90%～80%，−20 ℃时下降到标称容量的80%～70%，所以必须考虑蓄电池的使用环境温度对其容量的影响。当最低气温过低时，还要对蓄电池采取相应的保温措施，如地埋、移入房间，或者改用价格更高的胶体铅酸蓄电池等。

当光伏系统安装地点的最低气温很低时，设计时需要的蓄电池容量就要比正常温度范围的容量大，这样才能保证光伏系统在最低气温时也能提供所需的能量。因此，在设计时可参考蓄电池生产厂家提供的蓄电池温度-容量修正曲线图，从该图上可以查到对应温度蓄电池容量的修正系数，将此修正系数纳入计算公式，就可对蓄电池容量的初步计算结果进行修正。如果没有相应的蓄电池温度-容量修正曲线图，也可根据经验确定温度修正系数，一般0 ℃ 时修正系数可在0.95～0.9之间选取；−10 ℃时在0.9～0.8之间选取；−20 ℃时在0.8～0.7之间选取。

另外，过低的环境气温还会对最大放电深度产生影响，具体原理在蓄电池部分已经详细叙述。当环境气温在−10 ℃以下时，浅循环型蓄电池的最大放电深度可由常温时的50%调整为35%～40%，深循环型蓄电池的最大放电深度可由常温时的75%调整到60%。这样既可以提高蓄电池的使用寿命，减少蓄电池系统的维护费用，同时系统成本也不会太高。

3. 实用的蓄电池容量计算公式

上面介绍的计算公式只是一个理论上的计算，在考虑到各种因素的影响后，将相关系数纳入到上述公式中，才是一个设计和计算蓄电池容量的实用完整公式，即：

$$蓄电池容量=\frac{负载日平均用电量\times连续阴雨天数\times放电率修正系数}{最大放电深度\times低温修正系数}$$

当确定了所需的蓄电池容量后，就要进行蓄电池组的串并联设计。下面介绍蓄电池组串并联组合的计算方法。蓄电池都有标称电压和标称容量，如2 V、6 V、12 V和50 A·h、300 A·h、1 200 A·h等。为了达到系统的工作电压，就需要把蓄电池串联起来给系统和负载供电，需要串联的蓄电池个数就是系统的工作电压除以所选蓄电池的标称电压。需要并联的蓄电池个数就是蓄电池组的总容量除以所选定蓄电池单体的标称容量。蓄电池单体的标称容量可以有多种选择，例如若计算出来的蓄电池容量为600 A·h，那么可以选择1个600 A·h的单体蓄电池，也可以选择2个300 A·h的蓄电池并联，还可以选择3个200 A·h或6个100 A·h的蓄电池并联。从理论上讲，这些选择都没有问题，但是在实际应用当中，要尽量选择大容量的蓄电池，以减少并联的数目。这样做的目的是尽量减少蓄电池之间的不平衡所造成的影响。并联的组数越多，发生蓄电池不平衡的可能性就越大。一般要求并联的蓄电池数量不得超4组。蓄电池串、并联数的计算公式如下：

$$蓄电池串联数=\frac{系统工作电压}{蓄电池标称电压}$$

$$蓄电池并联数=\frac{蓄电池总容量}{蓄电池标称容量}$$

举例　某地建设一个移动通信基站的太阳能光伏供电系统，该系统采用直流负载，负载工作电压为48 V。该系统有两套设备负载：一套设备工作电流为1.5 A，每天工作24 h；另一套设备工作电流为4.5 A，每天工作12 h。该地区的最低气温是−20 ℃，最大连续阴雨天数为6天，选用深循环型蓄电池，计算蓄电池组的容量和串并联数量及连接方式。

根据上述条件，确定最大放电深度系数为0.6，低温修正系数为0.7。

计算：

为求得放电率修正系数，先计算该系统的平均放电率。

$$加权平均负载工作时间=\frac{(1.5\ A\times 24\ h)+(4.5\ A\times 12\ h)}{(1.5\ A+4.5\ A)}=15\ h$$

$$平均放电率=6\times 15/0.6=150\ 小时率$$

150小时率属于慢放电率，在此可以根据蓄电池生产厂商提供的资料查出的该型号蓄电池在150 h放电速率下的蓄电池容量进行修正。也可以按照经验进行估算，150 h放电率下的蓄电池容量会比标称容量增加15%左右，在此确定放电率修正系数为0.85。带入公式计算，先计算负载日平均用电量：

$$负载日平均用电量=(1.5\ A\times 24\ h)+(4.5\ A\times 12\ h)=90\ A\cdot h$$

$$蓄电池(组)容量=\frac{90\ A\cdot h\times 6\times 0.85}{0.6\times 0.7}=1\ 092.86\ A\cdot h$$

根据计算结果和蓄电池手册参数资料，可选择2 V/600 A·h蓄电池或2 V/1 200 A·h蓄电池，这里选择2 V/600 A·h型。

$$蓄电池串联数=48\ V/2\ V=24\ 块$$

$$蓄电池并联数=1\ 092.86\ A\cdot h/600\ A\cdot h=1.82\ 块\approx 2\ 块$$

$$蓄电池组总块数=24\times 2=48\ 块$$

根据以上计算结果，共需要2 V/600 A·h蓄电池48块构成蓄电池组，其中每24块串联后，再2串并联，如图8−2所示。

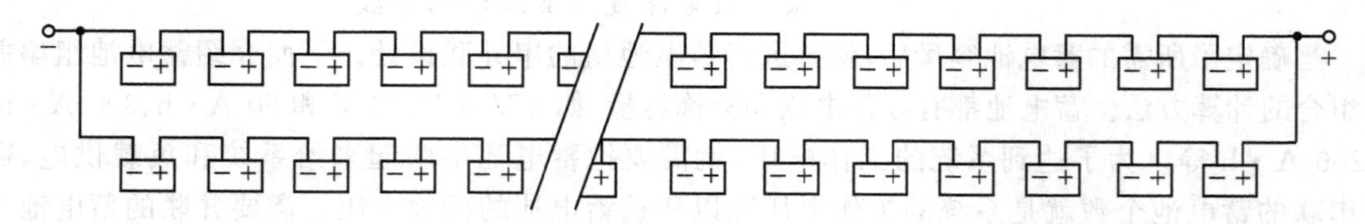

图8−2　蓄电池组串并联示意图

和本例一样，目前很多光伏发电系统都采用两组蓄电池并联模式，目的是万一有一组蓄电池有故障不能正常工作时，就可以将该组蓄电池断开进行维修，而另一组蓄电池还能维持系统正常工作一段时间。总之，蓄电池组的并联设计需要根据不同的实际情况进行选择。

8.4 太阳能光伏系统的硬件设计

太阳能光伏系统设计中除了太阳能电池组件和蓄电池容量大小设计之外，还要考虑如何选择合适的系统设备，即各种电力电子设备部件的选型和相关附属设施的设计，主要包括光伏控制器、逆变器的配置与选型、光伏组件支架及固定方式的确定与基础设计、交流配电系统防雷与接地系统的配置与设计、监控和预测系统的配置、直流接线箱、交流配电箱及所用电缆的设计选择，等等。

8.4.1 太阳能光伏系统的设备配置与选型

1. 太阳电池组件(方阵)的形状和尺寸的确定

在前面太阳电池组件设计中，根据负载用电需求，可计算出太阳电池组件或方阵的容量和总功率，以及电池组件的串、并联数量，但还需要根据太阳电池组件的具体安装位置来确定电池组件的形状及外形尺寸，以及整个方阵的整体排列等。对于异型和特殊尺寸的电池组件，还需要与生产厂商定制。太阳电池片的材料，同一功率的电池组件可以是多晶硅或单晶硅组件，也可以是非晶硅组件。从尺寸和形状上讲，同一功率的电池组件可以是圆形、正方形，也可以做成长方形、梯形等其他形状，这些都需要选择确定。电池组件的外形和尺寸确定后，才能进行组件的组合、固定和支架基础等内容的设计。

2. 蓄电池的选型

蓄电池的选型是根据光伏系统设计计算出的结果，确定蓄电池或蓄电池组的电压和容量，选取合适的蓄电池种类及规格型号，再确定其数量和串、并联连接方式等。为了使逆变器能够正常工作，同时为负载提供足够的能量，必须选择容量合适的蓄电池组，使其能够提供足够大的冲击电流满足逆变器的需要，以应付一些冲击性负载如电冰箱和电动机可在启动瞬间产生的大电流。再利用下面公式验证前面设计计算出的蓄电池容量是否能够满足冲击性负载功率的需要：

$$\text{蓄电池容量} \geqslant \frac{\text{逆变器功率} \times 5\ \text{h}}{\text{蓄电池组额定电压}}$$

蓄电池选型举例如表8-1所列。

表8-1 蓄电池选型举例表

逆变器额定功率/W	蓄电池(组)额定电压/V	蓄电池(组)容量/(A·h)
200	12	>100
500	12	>200
1 000	12	>400
2 000	24	>400
5 000	48	>500

3. 光伏控制器的选型

光伏控制器要根据系统功率、系统直流工作电压、电池方阵输入路数、蓄电池组数、负载状况及用户的特殊要求等来确定其类型。一般小功率太阳能光伏系统采用单路PWM型控制器,大功率光伏系统选取多路输入型控制器或带有通信功能和远程监测控制功能的智能控制器。控制器选择时要特别注意其额定工作电流必须同时大于太阳电池组件的短路电流和负载的最大工作电流。为适应将来的系统扩充和保证系统长时间稳定运行,可选择高一型号的控制器。

表8-2和表8-3中列出各种光伏控制器的技术参数与规格尺寸,供选型时参考。

表8-2 武汉苏尔光伏控制器技术参数表

规 格	SC2012/5 A	SC2012/10 A	SC2012/12 A
额定电压	12 V/24 V电压自动识别		
最大负载电流/A	≤5	≤10	≤12
最大充电电流/A	≤5	≤10	≤12
充满断开(HVD)/V	13.7/27.4		
欠压断开(LVD)/V	10.8/21.6		
过放恢复(LVI)/V	12.6/25.2		
温度补偿	−3 mV/℃/CELL		
空载损耗/mA	≤10		
最大电线规格/mm^2	2.5		
回路压降/mV	<40	<55	<65
尺寸/mm^3	135×100×30(长×宽×高)		

表8-3 合肥赛光光伏控制器技术参数表

规 格	SWC120-50 A	SWC120-100 A	SWC120-125 A	SWC120-150 A	SWC120-200 A
充电电压范围/V	108~144				
最大负载电流/A	≤100	≤150	≤175	≤200	≤250
额定电流/A	≤50	≤100	≤125	≤150	≤200
充满断开(HVD)/V	144				
欠压断开(LVD)/V	108				
空载损耗/mA	≤30				
保护模式	过充保护,过放保护,负载反接保护,短路保护,开路保护,夜间反向电流保护,过载保护				
质量/kg	8.0				
尺寸/mm^3	410×200×160				

4. 光伏逆变器的选型

太阳能光伏逆变器选型时一般根据光伏系统设计确定的直流电压来选择逆变器的直流输入电压,根据负载的类型确定逆变器的功率和相数,根据负载的冲击性决定逆变器的功率。逆变器的持续功率应该大于使用负载的功率，负载的启动功率要小于逆变器的最大冲击功率。在选型时，还要为光伏系统将来扩容留有一定的余量。

在独立(离网)型光伏系统中，系统电压的选择应根据负载的要求而定。负载电压要求越高，系统电压也应尽量高。系统电压越高，其电流越小，从而减小系统电损耗。而在并网型光伏系统中，逆变器的输入电压是每块(每串)太阳电池组件峰值输出电压或开路电压的整数倍(17 V、34 V、21 V、42 V 等)。在工作时系统工作电压会随太阳辐射强度变化而变化所以并网型逆变器的输入直流电压应有一定的输入范围。

表 8-4 和表 8-5 列出了常见逆变器的技术参数和尺寸，供选型时参考。

表 8-4 合肥阳光光伏逆变器(单相)技术参数表

型　号	SN220 0.5KCDl	SN220 3KCDl	SN220 5KCDl	SN220 7.5KCDl
输入额定电压/V	220			
输入额定电流/A	2.5	15.2	25.2	37.9
输入直流电压允许范围/V	180～300			
额定容量/kVA	0.5	3.0	5.0	7.5
输出额定功率/kW	0.4	2.4	4.0	6.0
输出额定电压及频率	220 V,50 Hz			
输出额定电流/A	2.3	13.6	22.7	34.1
输出电压精度/V	3%～4%			
输出频率精度/Hz	50±0.05			
波形失真率(THD)	≤4%(线性负载)			
动态响应(负载 0%～100%)	5%,≤20 ms			
功率因数(PF)	0.8			
过载能力	120%,10 min;150%,1 min			
峰值系数(CF)	3∶1			
逆变效率(80%阻性负载)	94%			
绝缘强度(V)(输入和输出)	1 500 V,1 min			
噪声(1 m)/dB	≤40			
使用环境温度/℃	−10～+50			
湿度	0%～90%,不结露			
使用海拔/m	≤4 000(海拔高于 1 000 m 降容使用)			
立式(深×宽×高)/mm^3	425×205×365(不含支脚)		470×400×750(不含轮)	
标准机架式(深×宽×高)/mm^3	420×482×132.5(3U)		450×482×266(变压器外置)	
质量/kg	17	32	66	76

续表 8-4

型　号	SN220 0.5KCDl	SN220 3KCDl	SN220 5KCDl	SN220 7.5KCDl
通信接口	RS232/485(RS-232：R、T、GND。RS-485：A、B)			
无源故障接点	“逆变故障、旁路异常、直流异常”AC 220 V/1 A 常开触点			
保护功能	输入接反保护、输入欠压保护、输入过压保护、输出过载保护、输出短路保护、过热保护			

表 8-5　SMA 并网型光伏逆变器技术参数表

规格型号：Sunny Tripower	10000 TL	12000 TL	15000 TL	17000 TL
最大直流输入功率(DC)/kW	10.2	12.25	15.34	17.41
最大直流输入电压(DC)/V	1 000	1 000	1 000	1 000
输入电压范围 MPPT(DC)/V	320～800	360～800	380～800	400～800
最大并联组串数	4+1	4+1	5+1	5+1
最大交流输出功率(AC)/kW	10	12	15	17
额定交流电压/频率	3×230 V/ 50～60 Hz	3×230 V/ 50～60 Hz	3×230 V/ 50～60 Hz	3×230 V/ 50～60 Hz
交流连接	三相～	三相～	三相～	三相～
最大效率/%	98.1	98.1	98.1	98.1
质量/kg	约 65	约 65	约 65	约 65
尺寸(宽×高×厚)/mm^3	665×690×265	665×690×265	665×690×265	665×690×265
运行温度范围/℃	-25～+60	-25～+60	-25～+60	-25～+60

5. 电缆的选型

在太阳能光伏系统中，选择电缆时，应主要考虑以下因素：

- 电缆的绝缘性能；
- 电缆的耐热、耐寒、阻燃性能；
- 电缆的防潮、防光；
- 电缆芯的类型(铜芯、铝芯)；
- 电缆的敷设方式；
- 电缆的线径规格。

光伏系统中不同连接部分的技术要求：

① 组件与组件之间的连接，一般使用组件连接盒附带的连接电缆直接连接，长度不够时还可以使用专用延长电缆。根据组件功率大小的不同，该类连接电缆有截面积为 2.5 mm^2、4.0 mm^2 和 6.0 mm^2 三种规格。该类连接电缆使用双层绝缘外皮，具有防紫外线和臭氧、酸、盐的侵蚀能力以及防暴晒能力。

② 蓄电池和逆变器之间的连接电缆，要求使用通过 UL 测试的多股软线或电焊机电缆，尽量就近连接。选择短而粗的电缆以减小线损。

③ 电池方阵内部和方阵之间的连接电缆，要求防潮防暴晒，最好穿管安装，导管要耐热

90 ℃。

④ 电池方阵与控制器或直流接线箱之间的连接电源，要求使用通过 UL 测试的多股软线，截面积规格根据方阵输出最大电流而定。

⑤ 电缆线径规格设计，依据下列原则确定：

- 光伏组件与组件之间的连接电缆、蓄电池与蓄电池之间的连接电缆和交流负载的连接电缆，选取电缆的额定电流为各电缆中最大连续工作电流的 1.25 倍。
- 太阳电池方阵与方阵之间的连接电缆，蓄电池组与逆变器之间的连接电缆，选取电缆的额定电流为各电缆中最大连续工作电流的 1.56 倍。
- 考虑电压降不超过 2%，考虑温度对电缆性能的影响。
- 适当的电缆线径规格选取基于两个因素：电流与电路电压损失。

完整的计算公式如下：

线损＝电缆×电路总线长×线缆电压因子

式中线缆电压因子可由电缆制造商处获得。

6. 直流接线箱的选型

直流接线箱又叫直流配电箱，小型太阳能光伏系统一般不用直流接线箱，电池组件的输出线可直接接到控制器的输入端。直流接线箱主要用于中、大型太阳能光伏系统中，把太阳能电池组件方阵的多路输出电缆集中输入，分组连接。这样不仅使连线井然有序，而且便于分组检查维护。当太阳能电池方阵局部发生故障时，可以分部分离检修，而不影响整体光伏系统的连续工作。

图 8－3 是单路直流接线箱内部基本电路，图 8－4 是多路直流接线箱内部基本电路，它们由分路开关、主开关、避雷防雷器件、接线端子等构成，有些直流接线箱还把防反充二极管也放在其中。

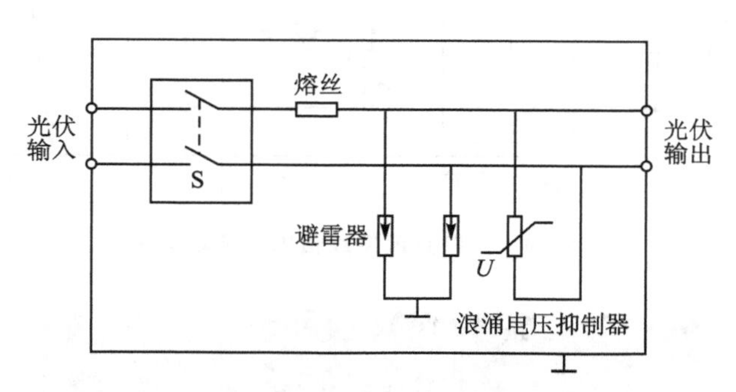

图 8－3　单路直流接线箱内部基本电路

直接接线箱一般由逆变器生产厂家或专业厂家生产并提供成型产品，主要根据光伏方阵的输出路数、最大工作电流和最大输出功率等参数进行选择。当没有成型产品提供或成品不符合系统要求时，就要根据实际需求自己设计制作。图 8－5 所示为直流接线箱的实体连接图，供选型参考。

7. 交流配电柜的选型

交流配电柜是在太阳能光伏系统中连接逆变器和交流负载之间的接收和分配电能的电力设备。它主要由开关类电器（如安全开关、切换开关、系统接触器等）、保护类电器（如防雷器、熔断器等）、测量类电器（如电压表、电流表、电能表、交流互感器等）以及指示灯、母线排等组

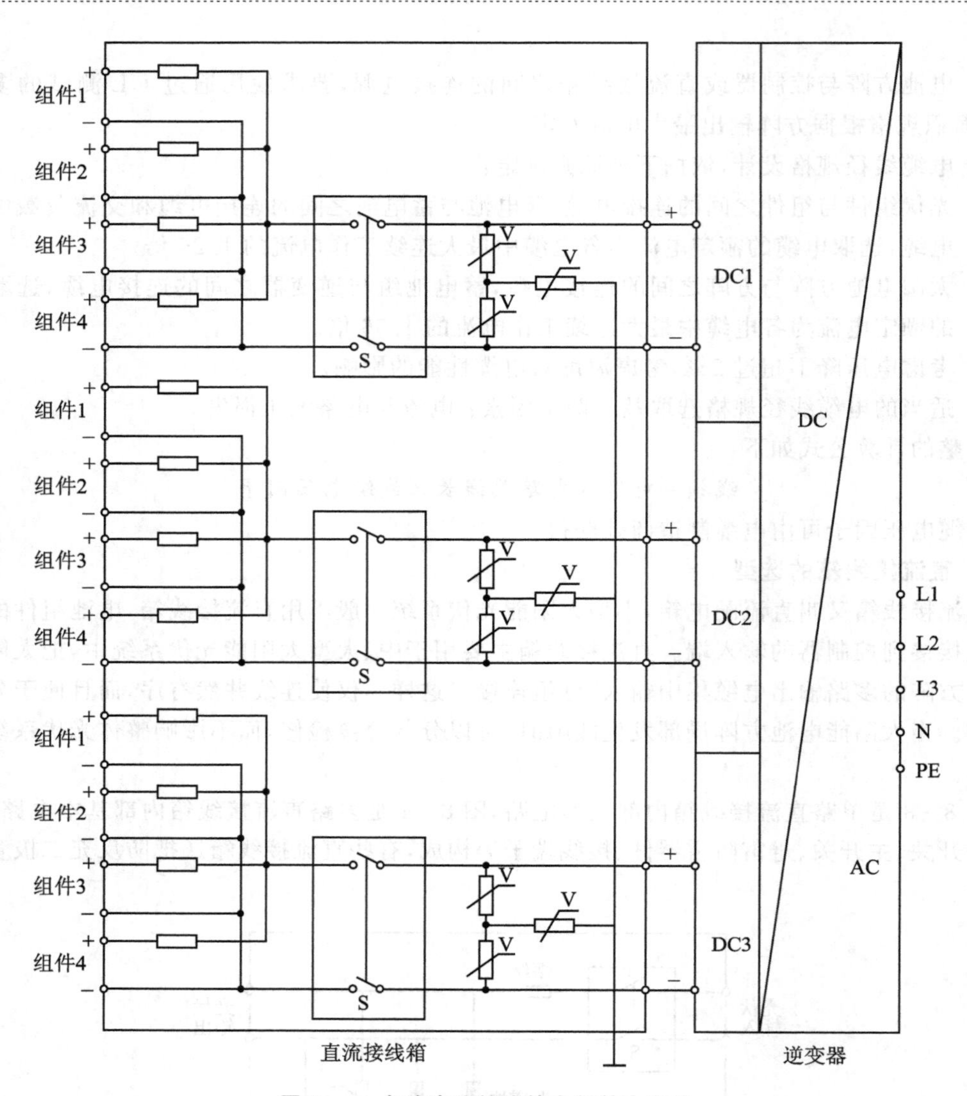

图 8－4　多路直流接线箱内部基本电路

图 8－5　直流接线箱的实体连接图

成。交流配电柜按照负荷功率的大小，可分为大型配电柜和小型配电柜；按使用场所的不同，可分为户内配电柜和户外型配电柜；按照电压等级的不同，可分为低压配电柜和高压配电柜。

中小型太阳能光伏系统一般采用低压供电和输送方式，选用低压配电柜就可以满足电力输送和电力分配的需要。大型光伏系统大都采用高压配电装置和设施输送电力，并入电网，因此可选用符合大型发电系统需要的高低压配电柜和升降压变压器等配电设施。

交流配电柜一般由逆变器生产厂家或专业厂家设计生产并提供成型产品，当没有成型产品提供或成品不符合系统要求时，就要根据实际需要自己设计制作，图 8-6 为最简单的交流配电柜内部电路图。

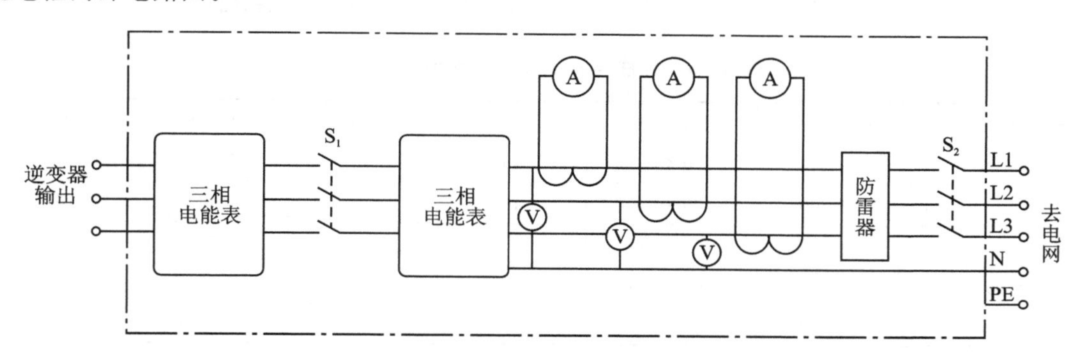

图 8-6　交流配电柜内部电路图

在选购或设计生产光伏系统用交流配电柜时，要符合下述各项要求：

- 选型和制造符合国家标准的配电柜，配电和控制回路采用成熟可靠的电子线路和电力电子器件。
- 操作方便，切换动作准确，运行可靠，体积小，质量轻。
- 交流配电柜应为单面/双面门开启结构，以方便维护、抢修及更换电器元件。
- 配电柜应具有良好的散热性和保护接地系统。
- 配电柜应具有负载过载或短路的保护功能，当短路或过载等故障发生时，相应的熔断器应能自动跳闸或熔断，断开输出。

8. 光伏系统的基础建设

太阳能光伏系统的基础设施包括太阳能电池组件（方阵）地基和控制机房建设。太阳能电池组件可以安装在地面上，也可以安装在箱柱上或屋顶上。如果太阳能电池组件安装在地面上，在设计施工时需要考虑建筑抗震设计。

（1）太阳能光伏组件（方阵）基础

① 杆柱类安装基础和预埋件尺寸

杆柱类安装基础和预埋件尺寸如图 8-7 所示，其具体尺寸大小根据杆柱高度不同列于表 8-6 中，该基础适用于金属类电线杆、灯杆等，当蓄电池需埋入地下时，按图 8-8 设计施工。

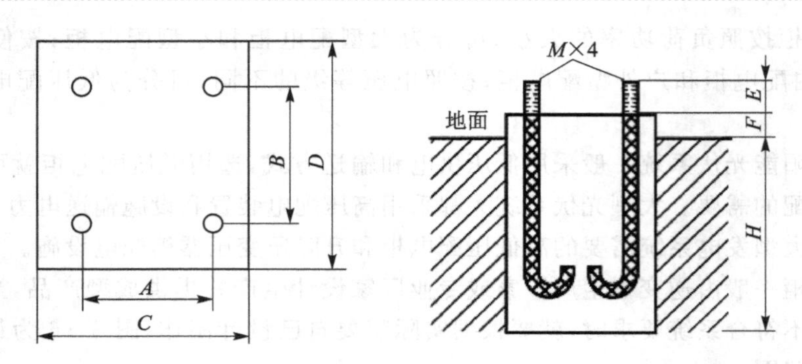

图 8-7 杆柱类安装基础和预埋件尺寸图(无蓄电池地埋箱基础)

表 8-6 杆柱类安装基础和预埋件尺寸表

杆柱高度/m	$A\times B$/mm^2	$C\times D$/mm^2	E/mm	F/mm	H/mm	$M(\varphi)$/mm
3～4.5	160×160	300×300	40	40	≥500	14
5～6	200×200	400×400	40	40	≥600	16
6～8	220×220	400×400	50	50	≥700	18
8～10	250×250	500×500	60	60	≥800	20
10～12	280×280	600×600	60	60	≥1 000	24

说明：A、B 为预埋件螺杆中心距离；C、D 为基础平面尺寸；E 为露出基础面的螺丝高度；F 为基础高出地面高度；H 为螺丝直径；$M(\varphi)$为穿线管直径，一般在 25～40 mm 之间选择。

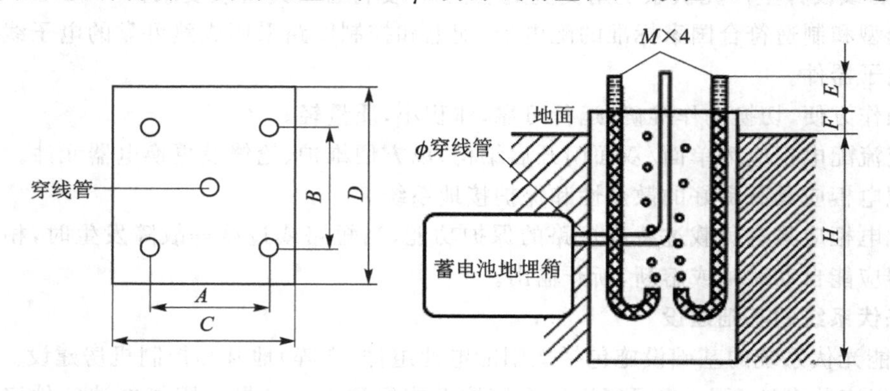

图 8-8 杆柱类安装基础尺寸图(有蓄电池地埋箱基础)

② 地面方阵支架的基础尺寸

地面方阵支架的基础尺寸如图 8-9 所示。

对于一般土质，每个基础地面以下部分根据方阵大小选择 400 mm×40 mm×400 mm(长×宽×高)和 500 mm×500 mm×400 mm(长×宽×高)两种规格。在比较松散的土质地面做基础时，基础部分的长、宽尺寸要适当放大，高度要加高，或者制作成整体基础。选择地基场地时，应尽量选择坚硬土或开阔、平坦、密实、均匀的中硬土。

③ 混凝土基础制作的基本要求

● 基础混凝土的混合比例为 1∶2∶4(水泥、胶石、水)，采用 42 号水泥或更细胶石，每块

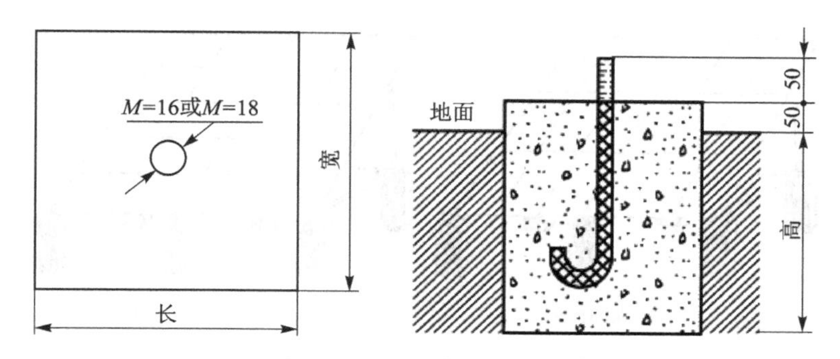

图 8－9　地面方阵支架的基础尺寸图

尺寸为 20 mm 或更小。

- 基础上表面要在同一水平面上，平整光滑。
- 基础预埋螺杆应垂直立在正确位置，单螺杆要位于基础中央，不可倾斜。
- 基础预埋螺杆应高出混凝土基础表面 50 mm，确保已将基础螺杆的凸出螺纹上的混凝土擦干净。
- 在酸性黏土、液化土、新填土、沙土或严重不均匀土层位置做基础时，应采取措施加大基础尺寸，并加强基础的整体性和刚性。

(2) 太阳光伏组件(方阵)支架

① 杆柱类支架

杆柱类支架一般应用于太阳能路灯、高速公路摄像机太阳能供电等，设计时需要有太阳能电池组件的长宽尺寸及电池组件背面固定孔的位置、孔距等尺寸，还要了解使用地的太阳能电池组件的最佳倾斜角，支架可根据需要设计成倾斜角固定、方位角可调以及倾斜角和方位角都可调等。

支架框架材料一般选用扁方钢管或角钢制作，立柱选用圆钢管固定，材料的规格大小和厚度要根据电池板的尺寸和重量来定，表面要进行喷塑或电镀处理。

② 屋顶类支架

屋顶类支架要根据不同的屋顶结构分别进行设计，对于平面屋顶一般要设计成三角形支架，支架倾斜角角度为太阳能电池的最佳接收倾斜角，而对于斜面屋顶可设计与屋顶斜面平行的支架，支架的高度离屋顶面 10 cm 左右，以利于太阳能电池组件通风散热，也可以根据最佳倾角角度设计成前低后高的支架，以满足电池组件的太阳能最大接收能量。

对于不能做混凝土基础的屋顶，一般都直接用角钢支架固定电池组件，支架的固定需要采用钢丝绳拉紧法、支架延长固定法等。屋顶组件支架的制作材料可以用角钢焊接，也可选择定制组件，固定专用钢制冲压结构件。

③ 地面方阵支架

地面用太阳能电池光伏方阵支架一般都是用角钢制作的三角形支架，其底座是水泥混凝土基础，方阵组件排列有横向排列和纵向排列两种方式。横向排列每列放置一块电池组件，纵向排列每列放置 2～4 块电池组件，支架的具体尺寸要根据所选用的电池组件规格尺寸和排列方式确定。地面方阵支架示意图如图 8－10 所示。

9. 监控测量系统

太阳能光伏发电监控测量系统一般用于中、大型光伏系统中，可根据光伏系统的重要性和

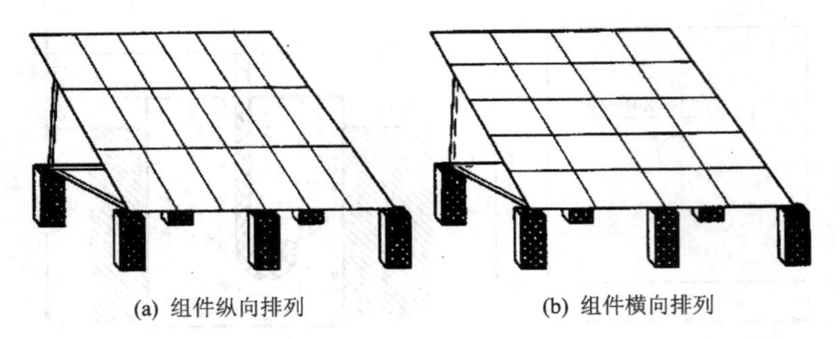

图 8-10 地面方阵支架示意图

投资预算等因素考虑选用。监控测量系统一般可配合逆变器系统对光伏系统进行实时监视记录和控制、系统故障记录与报警以及各种参数的设置。还可通过网络进行远程监控和数据传输逆变器各种运行数据，提供 RS485 接口与监控测量系统主机连接。监控测量系统运行界面，一般可以显示：当前发电功率、日发电量累计、月发电量累计、年发电量累计、总发电累计、运行故障次数、累计减少 CO_2 排放量等相关参数。

8.4.2 太阳能光伏系统的防雷和接地设计

太阳能光伏系统与相关电器设备及建筑物有着直接连接，太阳能光伏电站为三级防雷建筑物，为避免雷击对光伏系统的损害，需要设置防雷与接地系统进行防护。

1. 雷击的危害

雷电是一种大气中的放电现象，在云雨形成过程中，它的某些部分积聚起正电荷，另一部分积聚起负电荷，当这些电荷积聚到一定程度时，就会产生放电现象，形成雷电。雷电分为直击雷和感应雷。直击雷是雷电放电主通道通过被保护物而产生的，直击雷的侵入有两种途径：一是雷电直接对太阳能电池方阵放电，使大部分雷电流被引入到建筑物或设备、线路上；另一种是雷电直接通过物体避雷针直接传输雷电流入地下的装置放电，使地电位瞬时升高，一大部分雷电流通过保护接地线反串到设备、线路上。感应雷是在放电过程中引入强大的瞬变电磁场在附近的导体中感应到电磁脉冲，引起相关建筑物、设备和线路的过电压，这个浪涌过电压，通过两种不同方式侵入相关电子设备和线路上：一是静电感应；二是电磁感应。感应雷可以来自云中放电，也可以来自对地雷击，而太阳能光伏系统与外界连接有各种长距离电缆，可在更大的范围内产生感应雷，并沿电缆传入机房和设备，所以防感应雷是太阳能光伏系统防雷的重点。

2. 光伏系统防雷措施

① 太阳能光伏系统或发电站地址选择要尽量避免放置在容易遭受雷击的位置和场合。

② 尽量避免避雷针的投影落在太阳能电池组件上。

③ 根据现场状况，采用抑制型或屏蔽型的直击雷保护措施，如避雷带、避雷网和避雷针等，以减小直击雷的概率，尽量采用多根均匀布置的引下线、接地体，宜采用环形地网，引下线连接在环形地网的四周，以利于雷电流的散流和内部电位的均衡。

④ 建筑物内的设备综合布线保护采用金属管，要将整个光伏系统的所有金属物包括电池组件外框设备、机箱、机柜、外壳、金属线管等与联合接地体等电位连接，并且做到各自独立

接地。

⑤ 在系统回路上逐级加防雷器件，实行多级保护，使雷击或开关浪涌电流经过多级防雷器件泄流，一般在光伏系统直流线路部分采用直流电源防雷器，在逆变器的交流线路部分，采用交流电源防雷器。

3. 光伏系统的接地要求

将电气设备的任何部分与大地间作良好的电气连接称为接地，埋入地中并且与大地直接接触的金属体或金属体组，称为接地体或接地极。埋在地下的钢管、角钢或钢筋混凝土基础等可作为接地极使用。连接电气设备与接地极之间的金属导线，称为接地线。

（1）接地体

接地体宜采用热镀锌钢材，其规格要求如下：钢管直径 50 mm，壁厚不小于 3.5 mm；角钢不小于 50 mm×50 mm×50 mm；扁钢，不小于 40 mm×40 mm。

垂直接地体长度宜为 1.5～2.5 m。接地体上端距地面不小于 0.7 m。

（2）接地线和接地引下线

接地线宜短直，截面积为 35～95 mm^2，材料为多股铜线。

接地引下线长度不宜超过 30 mm，其材料为镀锌扁钢，截面积不小于 40 mm×4 mm 或采用截面积不小于 95 mm^2 的多股铜线。接地引下线应作防腐绝缘处理，并不得在暖气地沟内布放，埋设时应避开污水管和水沟，裸露在地面以上部分应有防止机械损伤的措施。

（3）避雷针

避雷针一般选用直径 12～16 mm 的圆钢，如果采用避雷带，则使用直径 8 mm 的圆钢或厚度 4 mm 的角钢，避雷针高出被保护物的高度，应大于或等于避雷针到被保护物的水平距离，避雷针越高，被保护范围越大。

4. 光伏系统的接地类型

光伏系统的接地类型主要包括防雷接地、保护接地、工作接地、屏蔽接地、重复接地等。

（1）防雷接地的要求

防雷接地包括避雷针、避雷带、接地体、引下线、低压避雷器、外线出线杆上的瓷瓶铁脚等。要求独立设置，接地电阻小于 30 Ω，且与主接地装置在地下的距离保护在 3 m 上。

（2）保护接地的要求

光伏电池组件支架、控制器、逆变器、配电箱、外壳、蓄电池支架、电缆外皮以及穿线金属层的外皮，接地电阻小于 4 Ω。

（3）工作接地的要求

逆变器、蓄电池的中性点，电压互感器和电源互感器的二次线圈，要求重复接地，且接地电阻小于 10 Ω。

（4）屏蔽接地的要求

电子设备的金属屏蔽，接地电阻小于 4 Ω。

（5）重复接地的要求

低压架空主线路上，每隔 1 km 处接地。

5. 防雷器的选型

防雷器也叫电涌保护器。防雷器内部主要由热感断路器和金属氧化物压敏电阻组成，另外还可以根据需要同 NPE 火花放电间隙模块配合使用。

光伏发电系统常用的防雷器品牌有OBO、DEHN等，其中常用的型号为OBO的V25－B＋C/3、V20－C/3＋NPE交流电源防雷器和V20－C/3－PH直流电源防雷器、DEHN的DG-PV500SCP、PVMTNC255等。OBO V25－B＋C防雷器是依据VDE 0185、Partl和Part100的要求而设计的一种雷电保护等电位连接器。该装置是符合DIN VDE 0675、Part 6（Draft 11,89）A1、A2等级为B＋C级保护器的要求。在建筑物雷电保护器安装工程中，它保护了电源线上的等电位连接。当电源线架空引入建筑物时，架空线可能会引入部分直击雷电流，在此种建筑物电源架空引入的线路上，该保护器也可应用。V25－B＋C/3＋NPE（B＋C等级）可用于TN－C－S、TN－S、TT和IT系统中特别的防雷器。而该保护器是根据DIN VDE 0100、Part534/Al的最新需求设计而来的，允许成对保护简单、安全的安装。

OBO V25－B＋C高能量防雷器内含一个特别的压敏电阻电路，该电路由具备性能良好的非线性特性的氧化锌压敏电阻组成。这使得该防雷器即使在高能量的过电压冲击下，也能够最大限度地实现保护。甚至当电涌电流达到60 kA时，保护器的电压仍低于1.5 kV。因此，这种防雷器能够承受来自于直接雷击下的部分雷电流。当线路过载情况发生时，防雷器内部的断路器会自动将失效的防雷器模块从主电路分断开来，同时模块上用于监视工作状态的显示窗口的颜色会由绿色转变为红色。OBO防雷器V25－B＋C不仅能承受高通流容量的雷电流，同时具有低保护电压的特性，能够作为一个B＋C联合保护器使用。在实际应用中，当建筑物本身设有外部避雷系统（如安装有避雷针、引下线、地网、外部屏蔽时），可根据IEC、VDE相关理论，在其建筑物内部的380 V/230 V低压配电电路上，采用OBO V25－B＋C/3＋NPE/FS来建立电源线上的雷电保护等电位连接，可以避免雷电发生时引起的失火、爆炸、人身伤亡的危害。

防雷器模块的技术参数如表8－7和表8－8所列，供选型时参考。

表8－7　防雷器模块的技术参数表

型　号	HD－D380M 100A	HD－D380M 80A	HD－D380M 60A	HD－D380M 40A	HD－D380M 20A
标称工作电压 U_n/V	380	380	380	380	380
最大持续工作电压 U_C/V	385	385	385	385	385
标称放电电流 I_n(8/20 ms)/kA	50	40	30	20	10
最大放电电流 I_{max}(8/20 ms)/kA	100	80	60	40	20
电压保护水平 U_p/kV	2.5	2.3	2	1.6	1.2
外形尺寸/mm^3	36/72×66×90、54/108×62×90				
响应时间 T_a/ns	≤25				
工作温度范围 T_{up}/℃	－40～＋80				
最小安装导体截面	10 mm^2 多股线				
保护等级	IP20				
外壳材料	阻燃热塑性材料				
接线方式	并联				
保护方式	4＋0/3＋1/1＋1/2＋0				

表 8－8　防雷器模块的技术参数表

型　号	V25－B+C
正常工作电压/V	230
AC 最大持续工作电压 U_c/V	385
DC,U_c/V	505
根据 VDE0675,Part6 标准下的分类级别	B
在 5 kA(8/20)冲击电流下的电压保护水平 U_p/kV	<1.0
单模块最大通流量 I_{max}(8/20 μs)/kA	60
根据 IEC1312—1、ENV61024—1 标准,采用(10/350)直击雷脉冲电流波形测试下的量值,峰值电流 I_{smax}/kA	25
电量 Q/(A·s)	12.5
特定能量 W/R/(kJ·W^{-1})	160
承受 25 kA 短路电流的最大保险丝规格/A	160
连接导线选择范围/mm^2	2.5～35
安　装	按 DIN EN50052 标准要求,固定于 35 mm 宽的金属导轨上
颜色模块	橙色
底　座	灰色
质量/g	700
材　料	聚酰亚胺
体积(长×宽×高)/mm^3	90×89×62

在防雷器的具体选型时,除了各项技术参数要符合设计要求外,还要重点考虑以下几个参数和功能的选择:

(1) 最大持续工作电压(U_c)的选择

最大持续工作电压,表示可允许加在防雷器两端的最大工频交流电压有效值,它是关系到防雷器运行稳定性的关键参数。在选择防雷器的最大持续工作电压时,除了要符合相关标准要求外,还应考虑安装电网可能出现的正常波动及最高持续故障电压。例如,在三相交流电源系统中,相线对地线的最高持续故障电压,有可能达到额定的工作电压交流 220 V 的 1.5 倍,一般取大于 330 V 的模块。

(2) 残压(U_{res})的选择

残压(U_{res})指雷电放电电流通过防雷器时,其端子间呈现出的电压值。在确定选择防雷器的残压时,并不是单纯残压值越低越好,不同产品标准的残压数值,必须注明测试电流的大小和波形,方能进行比较。一般以 20 kA(8/20 μs)的测试电位条件下记录的残压值,作为防雷器的标准值,并进行比较。另外,对于压敏电阻防雷器选用残压越低时,将意味着最大持续工作电压也越低。因此,过分强调低残压,需要付出降低最大持续工作电压的代价,其后果是在电压不稳定地区,防雷器容易因长时间持续过电压而频繁损坏。对于压敏电阻防雷器,应选择最合适的最大持续工作电压和残压值,不可倾向任何一边。根据历史的经验,残压在 2 kV 以下(20 kA、8/20 μs),就可以对设备提供足够保护。

(3) 报警功能的选择

为了检测防雷器的运行状态,当防雷器出现损坏时,应能及时通知用户。防雷器一般都附带各种方式的损坏指示和报警功能,以适应不同环境的不同要求。

① 窗口色块指示功能

该功能适合有人值守且天天巡查的场所。在每组防雷器上都装有一个指示窗口,当防雷器正常时,该窗口呈绿色;当防雷器出现故障或损坏时,该窗口呈红色,提示用户及时更换。

② 声光信号报警功能

该功能适用于有人值守的环境中使用,装有声光报警装置的防雷器始终处于自检测状态。防雷器模块一旦损坏,控制模块将立刻发出高频报警声,同时状态显示灯将由绿色变为闪烁的红灯;当损坏模块更换后,状态显示灯将恢复为绿色,同时报警声音关闭。

③ 遥信报警功能

遥信报警装置主要用于对安装在无人值守或难以检查位置的防雷器进行集中监控。带遥信功能的防雷器都装有一个监控模块,持续不断地检查所有被连接的防雷模块的工作状态。如果某个防雷模块出现故障,机械装置将向监控模块发出指令,使监控模块内的常开和常闭触点分别转为常闭和常开,并将此故障开关信息发送到远程相应的显示或声音装置上,触发这些装置工作。

8.5 太阳能光伏系统的安装

8.5.1 太阳能电池组件/方阵的安装

1. 确定安装位置

在光伏发电系统设计前,应到计划施工现场进行勘测,测量安装场地的尺寸大小,确定朝向和倾斜角。然后确定组件安装方式和位置,方阵前不能有建筑物或树木等遮挡物,如实在无法避免,则应尽量保证太阳能方阵面在上午9时到下午4时能接收到阳光,方阵之间的间距应严格按设计要求确定。

2. 方阵基础与支架的施工

场地应进行平整挖坑,按设计要求的位置浇注光伏方阵的支架基础和预埋件。基础与埋件要平整牢固。预埋件要涂上防腐材料。如果在屋顶安装太阳能电池方阵,则应使基础预埋件与屋顶主体结构的钢筋牢固焊接或连接,或者采用铁线拉紧法、支架延长固定法等加以固定。在基础浇铸完成后,要对破坏或没及部分作防水处理,防止渗水、漏雨现象发生。在方阵基础和支架施工过程中,应尽量避免对相关建筑物及附属设施的破坏,如因施工需要不得已造成局部破损,应在施工结束后及时修复。

3. 电池组件安装

① 组件安装前应按照厂家提供的技术参数进行分组,将峰值工作电流相近的组件串联在一起,峰值工作电压相近的并联在一起,要注意组件不受碰撞或破损,防止组件表面受硬物冲击。

② 将分好组的组件依次垫放到支架上,并使组件安装孔与支架的安装孔对准,用不锈钢

螺柱、弹簧垫圈和螺母等将组件与支架牢固固定。

③ 按太阳能电池组件串联的设计要求，用电缆将组件的正负极进行连接，要特别注意极性不能接错。电缆连接完毕，要用绑带、钢丝卡等将电缆固定在支架上，以免长期风吹摇动而造成接触不良或电缆磨损。电池组件边框及支架要与保护接地系统可靠连接，接线完成后，应盖上接线盒盖板。

④ 对于在屋顶上安装与建筑物一体化的太阳能电池组件时，相互间的上下左右防雨连接结构必须严格施工，严禁漏水、漏雨，外表必须整齐美观。屋顶坡度超过10°时，应设置踏脚板，防止人员或工具物品的滑落。

⑤ 太阳能电池方阵的正负极两输出端，不能短路，否则可能造成人身事故、火灾。在阳光下安装时，最好用黑塑料薄膜等不透光材料盖在方阵上。

⑥ 太阳能电池组件安装完毕后，要测量总电压和总电流，如果不合乎设计要求，应对各个支路分别测量，并更换不合格的太阳能电池组件。

8.5.2　光伏控制器和逆变器等电气设备的安装

1. 控制器的安装

小功率控制器安装时，应先将开关放在关的位置，注意接线的正负极性，先连接蓄电池，再连接太阳能电池方阵的输入端，最后连接负载或逆变器。中、大功率控制器安装前，要先检查外观有无损坏、内部连接线和螺钉有无松动等。中功率控制器先固定在墙壁上或摆放在工作台上，大功率控制器可直接在配电室内地面安装。若控制器需要室外安装，则必须符合密封、防潮要求。

2. 逆变器的安装

逆变器在安装前，同样要先进行外观及内部线路的检查，检查无误后，将逆变器的输入开关置于关的位置，然后与控制器的输出接线连接。接线时，要注意正负极性，并保证接线质量和安全。接完线后应先测量从控制器输入的直流电压是否正常，如果正常，则可在空载情况下，打开逆变器的输出开关，使逆变器处于试运行状态。逆变器的安装位置确定可根据其体积、质量大小，分别放置在工作台面、地面等。若需要在室外安装时，也必须符合密封、防潮要求。

8.5.3　蓄电池的安装

蓄电池组安装人员应穿着防护服装，包括防酸手套、围裙和保护目镜，头戴非金属硬帽。蓄电池的安装位置应靠近太阳能电池。在中大型光伏发电系统中，蓄电池室必须与放置控制器、逆变器及交流配电柜的配电间分室而放，蓄电池室要求干燥、清洁，通风良好，环境温度应尽量保持在10～25 ℃范围内。蓄电池不得倒置，不得受任何机械冲击和重压。安装的位置便于接线和维护。

蓄电池与地面之间应采取绝缘措施，一般可垫木板或其他绝缘物，以免因蓄电池与地面短路而放电。蓄电池也可放在专用支架上，支架要可靠接地。

按设计要求将蓄电池进行串、并联，注意正负极不能接错，蓄电池极柱与接线之间必须紧密接触，也可在连接盒涂一层凡士林油膜以防锈蚀。蓄电池安装结束后，要测量蓄电池的总电压和单只电压，单只电压大小要相等，并检查接线质量和安全性。

8.5.4 电缆的铺设与连接

1. 电缆的连接

在太阳能光伏发电系统进行光伏电池方阵与直流接线盒之间的线路连接时，所使用导线的截面积要满足最大短路电流的需要。电缆外皮颜色选择要规范，如火线、零线和地线等颜色要加以区别。电缆接头要特殊处理，防止氧化和接触不良，各太阳能电池组件方阵串的输出引线要做编号和正负极性的标记，然后引入直流接线箱。

2. 电缆的铺设

当电缆铺设需要穿过楼面、屋面或墙面时，其防水套管与建筑主体之间的缝隙必须做好防水密封处理。当太阳能电池方阵在地面安装时，要采用地下布线方式，地下布线时要对导线套线管进行保护。掩埋深度距离地面 0.5 m 以上。

8.5.5 防雷与接地系统的安装

1. 防雷器的安装

① 防雷器的安装比较简单，防雷器模块、火花放电间隙模块及报警模块等都可以非常方便地组合并直接安装到配电箱中标准的 35 mm 导轨上。防雷器的安装位置应根据分区防雷理论及防雷器等级确定。B 级（Ⅲ级）防雷器一般安装在电缆进入建筑物的入口处，例如安装在电源的主配电柜中；C 级（Ⅳ级）防雷器则安装在分配电柜中；D 级（Ⅰ级）防雷器属于精细保护防雷器，要尽可能地靠近被保护设备进行安装。

② 防雷器的连接电缆必须尽可能短，以避免导线的阻抗和感抗产生附加的残压降。如果现场安装时连接电缆长度大于 0.5 m，防雷器的连接必须用 V 字形方式连接。同时将防雷器的输入线和输出线尽可能保持较远距离。

③ 防雷器的接地线必须和设备的接地线或系统保护接地可靠连接，系统中每一个局部的等电位排也必须和主等电位排可靠连接。为防止故障短路，在防雷器的入线处，必须加装安全开关或保险丝，一般 C 级防雷器前选取安装额定电流为 32 A 的安全开关，8 级防雷器前可选择额定电流值为 63 A 的安全开关。

2. 接地系统的安装

(1) 接地体的埋设

在进行太阳能电池基础建设时，在配电房附近选择一开阔、无管、无阴沟的硬质地面，一字排列挖直径 1 m、深 2 m 的坑 2～3 个，坑与坑之间距不小于 3 m，坑内放入专用接地体，接地体应垂直放在坑的中央。放置前首先将引下线与接地体可靠连接，其上端离地面的深度大于 0.7 m，将接地体放入坑中后，在周围填充接地专用降阻剂，直至基本将接地体掩埋。填充过程中应同时向坑内注入一定的清水，以使降阻剂充分起效，最后用厚土将坑填满整实。

(2) 避雷针的安装

避雷针的安装最好依附在配电室等建筑物旁边，以利于安装固定，并尽量在接地体的埋设地点附近，避雷针的高度则根据要保护的范围而定，条件允许时尽量单独接地。

8.6 太阳能光伏发电系统的调试

太阳能光伏发电系统安装好后，有必要对整个系统进行必要的调试，以保证整个光伏发电系统能长期稳定工作。

8.6.1 太阳能电池组件(方阵)的调试

1. 电池组件及方阵的检查

仔细检查组件外观是否平整、美观,组件表面是否清洁,电池片有无裂纹、缺角和变色,边框有无损伤、变形等。引线是否接触良好、组件或方阵是否有螺钉松动和生锈之处,检查组件串中的电池组件的规格和型号是否相同。

2. 电池方阵的测试

测量太阳能电池组件串两端的开路电压,根据生产厂家提供的技术参数,查出单块组件的开路电压,再乘以串联的数目,看两者是否相符。若相差太大,则可能有组件损坏、极性接反或连接处接触不良等问题,可逐个检查组件的开路电压及连接状况,消除故障。通常由36片或72片电池片串联的组件,其开路电压为21 V或42 V左右。若有若干块太阳电池组件串联,则其组件串两端的开路电压应为21 V或42 V的整数倍。测量电池组件串两端的短路电流应基本符合设计要求,若相差较大,则可能有组件性能不良,应予以更换。

若太阳能电池组件串联的数目较多,开路电压会很高。测量时应注意安全,待所有太阳能电池组件串检查合格后,方可进行电池组件并联检查。在确保所有太阳能电池组件串的开路电压基本相同的基础上,方可进行组件串的并联。并联后电压基本不变,总短路电流应大致等于多个组件串的短路电流之和。在测量短路电流时,也要注意安全,电流太大时可能跳火花,会造成设备或人身事故。

8.6.2 控制器调试

检查控制器的外壳有无锈蚀、变形、接线端是否松动、输入/输出接线是否正确。有条件时可以对控制器的性能进行全面检测,验证其是否符合GB/T 19064—2003规定的具体要求。

对于小型光伏发电系统或确认控制器在出厂前已经调试合格,并且在运输和安装过程中并无任何损坏,在现场也可不再进行这些测试。而对于一般的独立光伏发电系统,控制器的主要功能是防止蓄电池过充电和过放电,在与光伏发电系统连接前,应先对控制器单独进行测试。可使用合适的直流稳压电源,为控制器的输入端提供稳定的工作电压,并调节电压大小,验证其充满断开、恢复充电及低压断开时的电压是否符合要求,还要测量控制器的最大自耗电是否满足不超过其额定工作电流的1%。而对于具有输出稳压功能的控制器,可适当改变输入电压,测量其输出电压是否保持稳定。

在控制器单独测试完毕后,按设计要求,应先与蓄电池连接,再与太阳能电池方阵输出的正负极相连,注意极性不能接反。检查方阵输出电压是否正常,是否有充电电流流过。

8.6.3 逆变器调试

1. 离网型逆变器调试

检查逆变器的产品说明书和出厂检验合格证书是否齐全,逆变器外观有无破损。有条件时可对逆变器进行全面检测,其主要技术指标应符合国标GB/T 19064—2003的要求。测量逆变器输出工作电压,检测输出的波形、频率、效率、负载功率因数等指标是否符合设计要求,测试逆变器的保护、报警等功能。

2. 并网型逆变器调试

在并网型逆变控制器连接到光伏发电系统之前，应对其输出的交流电质量和保护功能进行单独测试。如果电网的电压和频率的偏差可以保持在最高允许偏差的50%以内，则可以直接将系统接入电网进行测试，而对于并网电能质量要求较高时，可借助于电能质量分析仪，引入电压和频率可调的净化交流电源(模拟电网)(其可提供的电流容量为光伏发电系统提供电流的5倍以上)、直流电压表、电流表和功率表及功率因数表测量，并网的工作电压、频率、功率因数以及谐波和波形畸变，判断是否符合电能质量标准，使用净化交流电源进行电网保护功能的检测，如过电压/欠电压保护、过频率/欠频率、防孤岛效应、电网恢复、短路保护和反向电流保护等，应符合《光伏发电系统并网技术要求))(GB/T 19939—2005)的规定标准。

8.6.4 绝缘测试

应检查测试太阳能光伏发电系统绝缘是否符合Ⅱ级安全设备的要求，绝缘电阻测试主要包括对太阳能电池方阵及逆变器电路的测试。在进行太阳能电池方阵电路的绝缘电阻测试时，要准备一个能够承受太阳能电池方阵短路电流的开关。先用短路开关将太阳能电池方阵的输出端短路，根据需要选用500 V或1 000 V的绝缘电阻计(兆欧表)测试太阳能电池方阵的各输出端对地间的绝缘电阻。当电池方阵输出端装有防雷器时，测试前要将防雷器的接地线从电路中脱开，测试完毕后再恢复原状。

逆变器绝缘电阻测试内容主要包括：输入电路的绝缘电阻测试和输出电路的绝缘电阻测试。输入电路的绝缘电阻测试时，应首先将太阳能电池与接线箱分离，并分别短路直流输入电路的所有端子和交流输出电路的所有输出端子，然后分别测量输入电路与地线间的绝缘电阻和输出电路与地线间的绝缘电阻。

逆变器的输入、输出绝缘电阻值测定标准如表8-9所列。

表8-9 绝缘电阻测定标准

对地电压/V	绝缘电阻值/MΩ
≤150	≥0.1
150～300	≥0.2
>300	≥0.4

8.6.5 保护接地系统检查测试

检查接地系统是否良好、有无松动、连接线是否有损伤、所有接地是否为等电位用接地电阻计测量接地电阻值，接地电阻计有手摇式、数字式及钳形式等。接地电阻计一个接地引线及两个辅助电极。接地电阻计的测试方法如图8-11所示，测试时要将接极与两个辅助电极的

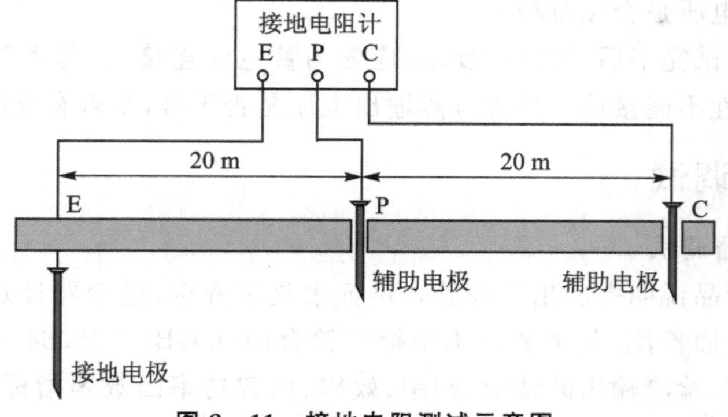

图8-11 接地电阻测试示意图

间隔各为20 m左右，并成直线排列。将接地电极接在接地电阻计端子，辅助电极接在电阻计的P端子和C端子，即可测出接地电阻值。

8.7　太阳能光伏发电系统的运行与维护

太阳能光伏发电系统的运行与维护应做到安全适用、技术先进、经济合理，符合有关规定和国家现行有关强制性标准的规定。太阳能光伏发电系统的维护和管理人员应具备一定专业知识、高度的责任心和认真负责的态度。定期检查太阳能光伏发电系统的运行情况，检查仪表和检测仪表显示的数据是否正常，并做好维护记录。

8.7.1　太阳能光伏发电系统运行与维护的一般要求

① 太阳能光伏发电系统的运行与维护应保证系统本身安全，以及系统不会对人员造成危害，并使系统维持最大的发电能力。

② 太阳能光伏发电系统的主要部件应始终运行在产品标准规定的范围之内，达不到的部件应及时维修或更换。

③ 太阳能光伏发电系统的主要部件周围不得堆积易燃易爆物品，设备本身及周围环境应通风散热良好，设备上的灰尘和污物应及时清理。

④ 太阳能光伏发电系统主要部件上的各种警示标识应保持完整，各个接线端子应牢固可靠，设备的接线孔处应采取有效措施防止蛇、鼠等小动物进入设备内部。

⑤ 太阳能光伏发电系统的主要部件在运行时，温度、声音、气味等不应出现异常情况，指示灯应正常工作并保持清洁。

⑥ 太阳能光伏发电系统中作为显示和交易的计量设备和器具必须符合计量法的要求，并定期校准。

⑦ 太阳能光伏发电系统运行和维护人员应具备与自身职责相应的专业技能。在工作之前必须做好安全准备，断开所有应断开的开关，确保电容、电感放电完全，必要时应穿绝缘鞋，带低压绝缘手套，使用绝缘工具，工作完毕后，应排除系统可能存在的事故隐患。

⑧ 太阳能光伏发电系统运行和维护的全部过程需要进行详细的记录，对于所有记录必须妥善保管，并对每次故障记录进行分析。

8.7.2　太阳能光伏发电系统各部分的运行与维护

1. 光伏方阵

(1) 太阳能光伏发电系统中光伏组件的运行与维护应符合的规定

① 光伏组件表面应保持清洁，清洗光伏组件时应注意：

- 应使用干燥或潮湿的柔软洁净的布料擦拭光伏组件，严禁使用腐蚀性溶剂或用硬物擦拭光伏组件。
- 应在辐照度低于200 W/m^{2}的情况下清洁光伏组件，不宜使用与组件温差较大的液体清洗组件。
- 严禁在风力大于4级、大雨或大雪的气象条件下清洗光伏组件。

② 光伏组件应定期检查，若发现下列问题，则应立即调整或更换光伏组件：

- 光伏组件存在玻璃破碎、背板灼焦、明显的颜色变化。
- 光伏组件中存在与组件边缘或任何电路之间形成连通通道的气泡。
- 防止光伏组件接线盒变形、扭曲、开裂或烧毁，避免接线端子无法良好连接。

③ 光伏组件上的带电警告标识不得丢失。

④ 使用金属边框的光伏组件，边框和支架应结合良好，两者之间接触电阻应不大于 4 Ω。

⑤ 使用金属边框的光伏组件，边框必须牢固接地。

⑥ 在无阴影遮挡条件下工作时，在太阳辐照度为 500 W/m^2 以上，风速不大于 2 m/s 的条件下，同一光伏组件外表面（电池正上方区域）温度差异应小于 20 ℃。装机容量大于 50 kWp 的光伏电站，应配备红外线热像仪，检测光伏组件外表面温度差异。

⑦ 使用直流钳型电流表在太阳辐射强度基本一致的条件下，测量接入同一个直流汇流箱的各光伏组件串的输入电流，其偏差应不超过 5%。

(2) 支架的维护应符合的规定

- 所有螺栓、焊缝和支架连接应牢固可靠。
- 支架表面的防腐涂层不应出现开裂和脱落现象，否则应及时补刷。

(3) 太阳能光伏发电系统的运行与维护除符合上述相关规定外还应符合的规定

① 光伏建材和光伏构件应定期由专业人员检查、清洗、保养和维护，若发现下列问题，则应立即调整或更换：

- 中空玻璃结露、进水、失效，影响光伏幕墙工程的视线和热性能。
- 玻璃炸裂，包括玻璃热炸裂和钢化玻璃自爆炸裂。
- 镀膜玻璃脱膜，造成建筑美感丧失。
- 玻璃松动、开裂、破损等。

② 光伏建材和光伏构件的排水系统必须保持畅通，应定期疏通。

③ 采用光伏建材或光伏构件的门、窗应启闭灵活，五金附件应无功能障碍或损坏，安装螺栓或螺钉不应有松动和失效等现象。

④ 光伏建材和光伏构件的密封胶应无脱胶、开裂、起泡等不良现象，密封胶条不应发生脱落或损坏。

⑤ 对光伏建材和光伏构件进行检查、清洗、保养、维修时所采用的机具设备（清洗机、吊篮等）必须牢固，操作灵活方便，安全可靠，并应有防止撞击和损伤光伏建材和光伏构件的措施。

⑥ 在室内清洁光伏建材和光伏构件时，禁止水流入防火隔断材料及组件或方阵的电气接口。

⑦ 隐框玻璃光伏建材和光伏构件更换玻璃时，应使用固化期满的组件整体更换。

2. 直流汇流箱、直流配电柜

(1) 直流汇流箱运行与维护的规定

① 直流汇流箱不得存在变形、锈蚀、漏水、积灰现象，箱体外表面的安全警示标识应完整无破损，箱体上的防水锁启闭应灵活。

② 直流汇流箱内各个接线端子不应出现松动、锈蚀现象。

③ 直流汇流箱内的高压直流熔丝的规格应符合设计规定。

④ 直流输出母线的正极对地、负极对地的绝缘电阻应大于 2 MΩ。

⑤ 直流输出母线端配备的直流断路器，其分断功能应灵活、可靠。

⑥ 直流汇流箱内防雷器应有效。

(2) 直流配电柜运行与维护的规定

① 直流配电柜不得存在变形、锈蚀、漏水、积灰现象，箱体外表面的安全警示标识应完整无破损，箱体上的防水锁开启应灵活。

② 直流配电柜内各个接线端子不应出现松动、锈蚀现象。

③ 直流输出母线的正极对地、负极对地的绝缘电阻应大于 2 MΩ。

④ 直流配电柜的直流输入接口与汇流箱的连接应稳定可靠。

⑤ 直流配电柜的直流输出与并网主机直流输入处的连接应稳定可靠。

⑥ 直流配电柜内的直流断路器动作应灵活，性能应稳定可靠。

⑦ 直流母线输出侧配置的防雷器应有效。

3. 控制器、逆变器

(1) 控制器运行与维护的规定

① 控制器的过充电电压、过放电电压的设置应符合设计要求。

② 控制器上的警示标识应完整清晰。

③ 控制器各接线端子不得出现松动、锈蚀现象。

④ 控制器内高压直流熔丝的规格应符合设计规定。

⑤ 直流输出母线的正极对地、负极对地、正负极之间的绝缘电阻应大于 2 MΩ。

(2) 逆变器运行与维护的规定

① 逆变器结构和电气连接应保持完整，不应存在锈蚀、积灰等现象，散热环境应良好，逆变器运行时不应有较大振动和异常噪声。

② 逆变器上的警示标识应完整无破损。

③ 逆变器中模块、电抗器、变压器的散热器风扇根据温度自行启动和停止的功能应正常，散热风扇运行时不应有较大振动及异常噪声，若有异常情况，则应断电检查。

④ 定期将交流输出侧(网侧)断路器断开一次，逆变器应立即停止向电网馈电。

⑤ 逆变器中直流母线电容温度过高或超过使用年限，应及时更换。

4. 防雷与接地系统

① 光伏接地系统与建筑结构钢筋的连接应可靠。

② 光伏组件、支架、电缆金属铠装与屋面金属接地网格的连接应可靠。

③ 光伏方阵与防雷系统共用接地线的接地电阻应符合相关规定。

④ 光伏方阵的监视、控制系统、功率调节设备接地线与防雷系统之间的过电压保护装置功能应有效，其接地电阻应符合相关规定。

⑤ 光伏方阵防雷保护器应有效，并在雷雨季节到来之前、雷雨过后及时检查。

5. 交流配电柜及线路

(1) 交流配电柜维护的规定

① 交流配电柜维护前应提前通知停电起止时间，并将维护所需工具准备齐全。

② 交流配电柜维护时应注意以下安全事项：

- 停电后应验电，确保在配电柜不带电的状态下进行维护。
- 在分段保养配电柜时，带电和不带电配电柜交界处应装设隔离装置。
- 操作交流侧真空断路器时，应穿绝缘靴，戴绝缘手套，并有专人监护。

- 在电容器对地放电之前，严禁触摸电容器柜。
- 配电柜保养完毕送电前，应先检查有无工具遗留在配电柜内。
- 配电柜保养完毕后，拆除安全装置，断开高压侧接地开关，合上真空断路器，观察变压器投入运行无误后，向低压配电柜逐级送电。

③ 交流配电柜维护时应注意以下项目：

- 确保配电柜的金属架与基础型钢应用镀锌螺栓完好连接，且防松零件齐全。
- 配电柜标明被控设备编号、名称或操作位置的标识器件应完整，编号应清晰、工整。
- 母线接头应连接紧密，不应变形，无放电变黑痕迹，绝缘无松动和损坏，紧固连接螺栓不应生锈。
- 手车、抽出式成套配电柜推拉应灵活，无卡阻碰撞现象；动静头与静触头的中心线应一致，且触头接触紧密。
- 配电柜中开关的主触点不应有烧溶痕迹，灭弧罩不应烧黑和损坏，紧固各接线螺丝，清洁柜内灰尘。
- 把各分开关柜从抽屉柜中取出，紧固各接线端子。检查电流互感器、电流表、电度表的安装和接线，手柄操作机构应灵活可靠性，紧固断路器进出线，清洁开关柜内和配电柜后面引出线处的灰尘。
- 低压电器发热物件散热应良好，切换压板应接触良好，信号回路的信号灯、按钮、光字牌、电铃、电筒、事故电钟等动作和信号显示应准确。
- 检验柜、屏、台、箱、盘间线路的线间和线对地间绝缘电阻值，馈电线路必须大于 0.5 MΩ；二次回路必须大于 1 MΩ。

(2) 电线电缆维护时应注意的项目

① 电缆不应在过负荷的状态下运行，电缆的铅包不应出现膨胀、龟裂现象。

② 电缆在进出设备处的部位应封堵完好，不应存在直径大于 10 mm 的孔洞，否则用防火堵泥封堵。

③ 在电缆对设备外壳压力、拉力过大部位，电缆的支撑点应完好。

④ 电缆保护钢管口不应有穿孔、裂缝和显著的凹凸不平，内壁应光滑；金属电缆管不应有严重锈蚀；不应有毛刺、硬物、垃圾，若有毛刺，则应锉光后用电缆外套包裹并扎紧。

⑤ 应及时清理室外电缆井内的堆积物、垃圾，电缆外皮损坏应进行处理。

⑥ 检查室内电缆明沟时，要防止损坏电缆；确保支架接地与沟内散热良好。

⑦ 直埋电缆线路沿线的标桩应完好无缺；路径附近地面无挖掘；确保沿路径地面上无堆放重物、建材及临时设施，无腐蚀性物质排泄；确保室外露地面电缆保护设施完好。

⑧ 确保电缆沟或电缆井的盖板完好无缺；沟道中不应有积水或杂物；确保沟内支架应牢固、有无锈蚀、松动现象；铠装电缆外皮及铠装不应有严重锈蚀。

⑨ 多根并列敷设的电缆，应检查电流分配和电缆外皮的温度，防止因接触不良而引起电缆烧坏连接点。

⑩ 确保电缆终端头接地良好，绝缘套管完好、清洁确保电缆相色应明显。

⑪ 金属电缆桥架及其支架和引入或引出的金属电缆导管必须接地(PE)或接零(PEN)可靠；桥架与桥架间应用接地线可靠连接。

⑫ 桥架穿墙处防火封堵应严密无脱落。

⑬ 确保桥架与支架间螺栓、桥架连接板螺栓固定完好。

⑭ 桥架不应出现积水。

6. 光伏发电系统与建筑物结合部分

① 光伏发电系统应与建筑主体结构连接牢固，在台风、暴雨等恶劣的自然天气过后应普查光伏方阵的方位角及倾角，使其符合设计要求。

② 光伏方阵整体不应有变形、错位、松动。

③ 用于固定光伏方阵的植筋或后置螺栓不应松动；采取预制基座安装的光伏方阵，预制基座应放置平稳、整齐，位置不得移动。

④ 光伏方阵的主要受力构件、连接构件和连接螺栓不应损坏、松动，焊缝不应开焊，金属材料的防锈涂膜应完整，不应有剥落、锈蚀现象。

⑤ 光伏方阵的支撑结构之间不应存在其他设施，光伏发电系统区域内严禁增设对光伏发电系统运行及安全可能产生影响的设施。

7. 蓄电池

① 蓄电池室温度宜控制在 5～25 ℃范围内，通风措施应运行良好；在气温较低时，应对蓄电池采取适当的保温措施。

② 在维护或更换蓄电池时，所用工具(如扳手等)必须带绝缘套。

③ 蓄电池在使用过程中应避免过充电和过放电。

④ 蓄电池的上方和周围不得堆放杂物。

⑤ 蓄电池表面应保持清洁，如出现腐蚀漏液、凹瘪或鼓胀现象，应及时处理，并查找原因。

⑥ 蓄电池单体间连接螺丝应保持紧固。

⑦ 若遇连续多日阴雨天，造成蓄电池充电不足，应停止或缩短对负载的供电时间。

⑧ 应定期对蓄电池进行均衡充电，每季度要进行 2～3 次。若蓄电池组中单体电池的电压异常，应及时处理。

⑨ 对停用时间超过 3 个月以上的蓄电池，应补充充电后再投入运行。

⑩ 更换电池时，最好采用同品牌、同型号的电池，以保证其电压、容量、充放电特性、外形尺寸的一致性。

8. 数据通信系统

① 监控及数据传输系统的设备应保持外观完好，螺栓和密封件应齐全，操作键接触良好，显示读数清晰。

② 对于无人值守的数据传输系统，系统的终端显示器每天至少检查 1 次有无故障报警，如果有故障报警，则应及时通知相关专业公司进行维修。

③ 每年至少一次对数据传输系统中输入数据的传感器灵敏度进行校验，同时对系统的 A/D 变换器的精度进行检验。

④ 数据传输系统中的主要部件，凡是超过使用年限的，均应及时更换。

8.7.3　巡检周期和维护规则

太阳能光伏发电系统的巡检周期分为一天 1 次、一周 1 次、一月 1 次、一季 1 次、半年 1 次和一年 1 次等，分为日常巡检和定期巡检，应符合相关的巡检规定，并认真填写《巡检记录表》。逆变器的电能质量和保护功能，正常情况下每 2 年检测一次，由具有专业资质的人员进行。运行不正常或遇自然灾害时应立即检查。

总之，要定期检查，了解和分析太阳能光伏发电系统的运行情况和维护记录，对光伏发电系统的运行状态做出判断。发现问题，立即进行专业维护。为保障太阳能光伏发电系统处于长期稳定正常运行状况，必须加强日常维护和定期维护，妥善管理，规范操作，发现问题及时解决。

练习与思考

一、填空题

1. 光伏系统的设计分为（　　）和（　　）两个方面。
2. 对光伏发电系统的容量设计，包括对（　　）和（　　）进行设计与计算。

二、选择题

通常在光伏电站设计中，光伏组件下一级是（　　）。

A. 断路器　　B. 汇流箱　　C. 升压变压器　　D. 逆变器

三、简答题

1. 光伏发电系统设计的内容？
2. 光伏发电系统易受雷击的主要部位有哪些？如何进行防雷的设计？

实践训练

一、实践训练内容

1. 观看光伏发电系统的安装和调试视频。
2. 完成 2 kWp 离网（独立）型光伏发电系统整体的设计并撰写实践训练报告。

二、实践训练组织方法及步骤

① 实践训练前准备。对实践训练的内容进行相关资料的搜集和准备。

② 以 3 人为单位进行实践训练。

③ 对实践训练的过程做完整记录，并以 PPT 的形式进行展示或撰写实践训练报告。

三、实践训练成绩评定

1. 实践训练成绩评定分级：

成绩按优秀、良好、中等、及格、不及格 5 个等级评定。

2. 实践训练成绩评定准则：

① 成员的参与程度。

② 成员的团结进取精神。

③ 撰写的实践训练报告是否语言流畅、文字简练、条理清晰、结论明确。

④ 讲解时语言表达是否流畅，PPT 制作是否新颖。

附录　SketchUp 软件介绍

1. 设计相关软件分类与分析

目前在设计行业普遍应用的 CAD 软件很多，主要有以下几种类型：

第一种是 AUTOCAD 以及以其为平台编写的众多的专业软件。这种类型的特点是依赖于 AUTOCAD 本身的能力，而 AUTOCAD 由于其历史很长，为了照顾大量老用户的工作习惯，很难对其内核进行彻底的改造，只能进行缝缝补补的改进。因此，AUTOCAD 固有的建模能力弱的特点和坐标系统不灵活的问题，越来越成为设计师与计算机进行实时交流的瓶颈。即使是专门编写的专业软件也大都着重于平、立、剖面图纸的绘制，对设计师在构思阶段灵活建模的需要基本难以满足。

第二种是 3DSMAX、MAYA、SOFTIMAGE 等具备多种建模能力及渲染能力的软件。这种类型软件的特点是，虽然自身相对完善，但其目标是“无所不能”和“尽量逼真”，因此其重点实际上并没有放到设计的过程上。即使是 3DSVIZ 这种号称为设计师服务的软件，其实也是 3DSMAX 的简化版本而已，本质上都没有对设计过程进行重视。

第三种是 LIGHTSCAPE、MENTALRAY 等纯粹的渲染器，其重点是如何把其他软件建好的模型渲染得更加接近现实，当然就更不是关注设计过程的软件了。

第四种是 RIHNO 这类软件，不具备逼真级别的渲染能力或者渲染能力很弱，其主要重点就是建模，尤其是复杂的模型。但是由于其面向的目标是工业产品造型设计，所以很不适合建筑设计师、室内设计师使用。

目前在建筑设计、室内设计领域急需一种直接面向设计过程的专业软件。什么是设计过程呢？目前多数设计师无法直接在电脑里进行构思并及时与业主交流，只好以手绘草图为主，因为几乎所有软件的建模速度都跟不上设计师的思路。目前比较流行的工作模式是：设计师构思—勾画草图—向制作人员交待—建模人员建模—渲染人员渲染—设计师提出修改意见—修改—修改—最终出图，由于设计师能够直接控制的环节太少，必然会影响工作的准确性和效率。在这种情况下，我们欣喜地发现了直接面向设计过程的 SketchUp。

2. 软件公司简介

AtlastSoftware 公司是美国著名的建筑设计软件开发商，公司最新推出的 SketchUp 建筑草图设计工具是一套令人耳目一新的设计工具，它给建筑师带来边构思边表现的体验，产品打破建筑师设计思想表现的束缚，快速形成建筑草图，创作建筑方案。SketchUp 被建筑师称为最优秀的建筑草图工具，是建筑创作上的一大革命。

SketchUp 是相当简便易学的强大工具，一些不熟悉电脑的建筑师可以很快地掌握它。它融合了铅笔画的优美与自然笔触，可以迅速地建构、显示、编辑三维建筑模型，同时可以导出透视图、DWG 或 DXF 格式的 2D 向量文件等尺寸正确的平面图形。这是一套注重设计摸索过程的软件，世界上所有具规模的 AEC(建筑工程)企业或大学几乎都已采用。建筑师在方案创作中使用 CAD 繁重的工作量可以被 SketchUp 的简洁、灵活与功能强大所代替，它带给建筑师的是一个专业的草图绘制工具，让建筑师更直接、更方便地与业主和甲方交流，这些特性同样也适用于装潢设计师和户型设计师。

SketchUp 是一套直接面向设计方案创作过程而不只是面向渲染成品或施工图纸的设计工具,其创作过程不仅能够充分表达设计师的思想,而且完全满足与客户即时交流的需要,与设计师用手工绘制构思草图的过程很相似,同时其成品导入其他着色、后期、渲染软件,可以继续形成照片级的商业效果图,是目前市面上为数不多的直接面向设计过程的设计工具,它使得设计师可以直接在电脑上进行十分直观的构思,随着构思的不断清晰,细节不断增加,最终形成的模型可以直接交给其他具备高级渲染能力的软件进行最终渲染。这样,设计师可以最大限度地减少机械重复劳动和控制设计成果的准确性。

3. 软件特色

① 直接面向设计过程,使得设计师可以直接在电脑上进行十分直观的构思,随着构思的不断清晰,细节不断增加。这样,设计师可以最大限度地控制设计成果的准确性。

② 界面简洁,易学易用,命令极少,完全避免了像其他设计软件的复杂性。

③ 直接针对建筑设计和室内设计,尤其是建筑设计,设计过程的任何阶段都可以作为直观的三维成品,甚至可以模拟手绘草图的效果,完全解决了及时与业主交流的问题。

④ 在软件内可以为表面赋予材质、贴图,并且有 2D、3D 配景形成的图面效果,类似于钢笔淡彩,使得设计过程的交流完全可行。

⑤ 可以非常方便地生成任何方向的剖面,并可以形成可供演示的剖面动画。

⑥ 准确定位的阴影。可以设定建筑所在的城市、时间,并可以实时分析阴影,形成阴影的演示动画。

4. 受众分析

① 建筑和室内设计师。主要针对方案设计师,尤其对不熟悉电脑的设计师、不懂英文的设计师、对做照片级效果图制作师没有兴趣的设计师有更加重要的意义。

② 建筑院系师生。十分便于师生之间的设计过程交流,因此对设计教学有着很重要的意义。

③ 效果图及动画公司的从业人员。由于 SketchUp 生成的模型非常精简,便于制作大型场景。

④ 一般的爱好者。SketchUp 作为建筑和室内效果图的建模工具十分适合,且极易掌握,避免了初学者学习复杂的建模技术。

由于 SketchUp 直接面向的是设计过程而不是渲染成品,与设计师用手工绘制构思草图的过程很相似,因此 SketchUp 的目标是设计师做设计而不是制作员作图。

5. 快捷键设置

快捷键设置如附表 1 所列。

附表 1 快捷键

功 能	图 标	快捷键	功 能	图 标	快捷键	功 能	图 标	快捷键
线段		L	漫游		W	平行偏移		O
圆弧		A	透明显示		ALT+`	量角器		V
多边形		N	消隐显示		ALT+2	尺寸标注		D

续附表 1

功　能	图　标	快捷键	功　能	图　标	快捷键	功　能	图　标	快捷键
选择		空格键	贴图显示		ALT+4	三维文字		SHIFT+T
橡皮擦		E	等角透视		F2	视图平移		H
移动		M	前视图		F4	充满视图		SHIFT+Z
缩放		S	左视图		F6	回到下个视图		F9
路径跟随		J	矩形		B	绕轴旋转		K
测量		Q	圆		C	添加剖面		P
文字标注		T	不规则线段		F	线框显示		ALT+1
坐标轴		Y	油漆桶		X	着色显示		ALT+3
视图旋转		鼠标中键	定义组件		G	顶视图		F3
视图缩放		Z	旋转		R	后视图		F5
恢复上个视图		F8	推拉		U	右视图		F7
相机位置		I						

6. 软件主界面

绘图窗口主要由标题栏、菜单栏、工具栏、绘图区、状态栏和数值控制栏组成，如附图 1 所示。

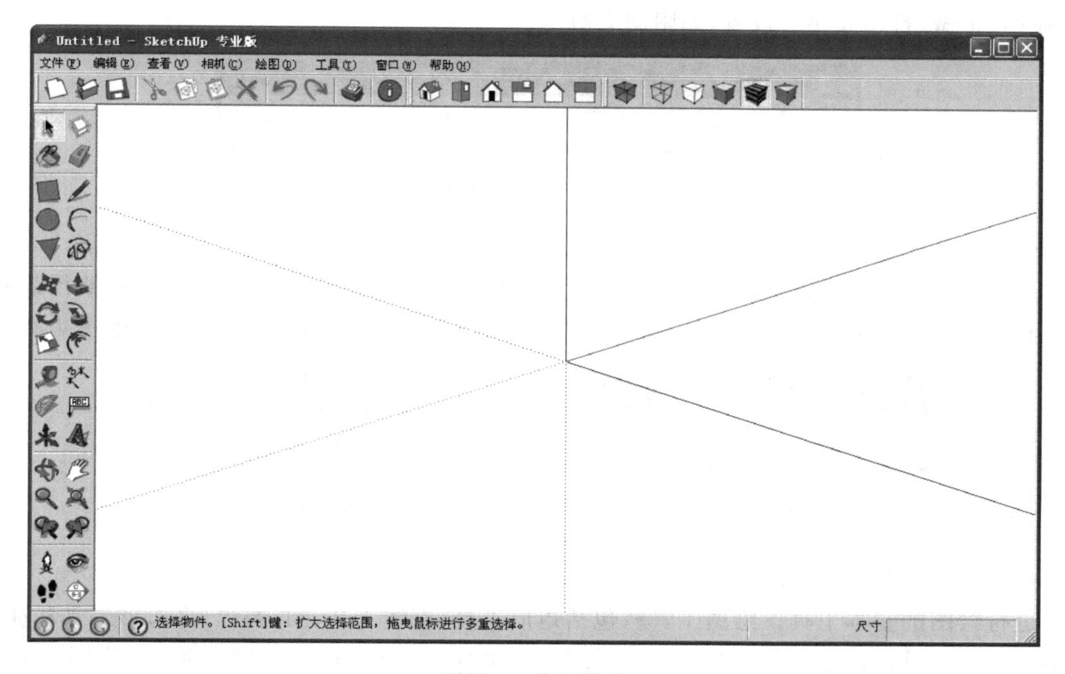

附图 1　绘图窗口

(1) 标题栏

标题栏（在绘图窗口的顶部）包括右边的标准窗口控制（关闭、最小化、最大化）和窗口所打开的文件名。开始运行 SketchUp 时，若名称未命名，则说明还没有保存此文件。

(2) 菜单栏

菜单出现在标题栏的下面。大部分 SketchUp 的工具、命令和菜单中的设置。默认出现的菜单包括文件、编辑、查看、相机、绘图、工具、窗口和帮助。

(3) 工具栏

工具栏出现在菜单的下面，左边的应用栏，包含一系列用户化的工具和控制。

(4) 绘图区

在绘图区编辑模型。在一个三维的绘图区中，可以看到绘图坐标轴。

(5) 状态栏

状态栏位于绘图窗口的下面，左端是命令提示和 SketchUp 的状态信息。这些信息会随着绘制的物体而改变，但是总的来说是对命令的描述，提供修改键和它们怎么修改的。

(6) 数值控制栏

状态栏的右边是数值控制栏。数值控制栏显示绘图中的尺寸信息。也可以接受输入的数值。

7. 主要工具栏

SketchUp 的工具栏和其他应用程序的工具栏类似。可以游离或者吸附到绘图窗口的边上，也可以根据需要拖曳工具栏窗口，调整其窗口大小。

(1) 标准工具栏

标准工具栏主要是管理文件、打印和查看帮助，包括新建、打开、保存、剪切、复制、粘贴、删除、撤销、重做、打印和用户设置，如附图 2 所示。

附图 2　标准工具栏

(2) 编辑与常用工具栏

主要是对几何体进行编辑的工具。编辑工具栏包括移动复制、推拉、旋转工具、路径跟随、缩放和偏移复制。常用工具栏包括选择、制作组件、填充和删除工具，如附图 3 和附图 4 所示。

附图 3　编辑工具栏

附图 4　常用工具栏

(3) 绘图与构造工具栏

进行绘图的基本工具。绘图工具栏包括矩形工具、直线工具、圆、圆弧、多边形工具和徒手画笔。构造工具栏包括测量、尺寸标注、角度、文本标注、坐标轴和三维文字，如附图 5 和附图 6 所示。

附图 5 绘图工具栏

附图 6 构造工具栏

(4) 相机和漫游工具栏

用于控制视图显示的工具。相机工具栏包括旋转、平移、缩放、框选、撤销视图变更、下一个视图和充满视图。漫游工具栏包括相机位置、漫游和绕轴旋转，如附图 7 和附图 8 所示。

附图 7 相机工具栏

附图 8 漫游工具栏

(5) 风格工具栏

风格工具栏控制场景显示的风格模式，包括 X 光透视模式、线框模式、消隐模式、着色模式、材质贴图模式和单色模式，如附图 9 所示。

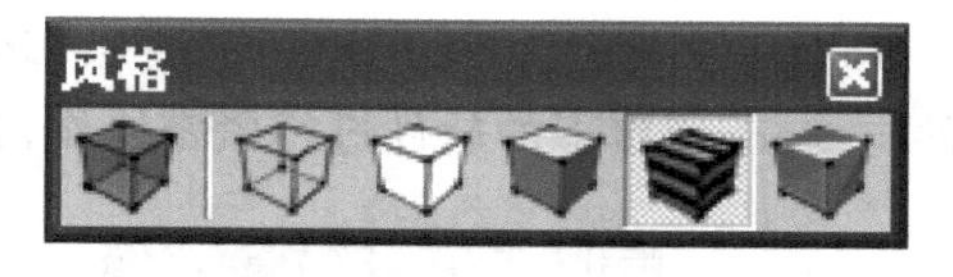

附图 9 风格工具栏

(6) 视图工具栏

视图工具栏提供切换到标准预设视图的快捷按钮。底视图没有包括在内，但可以从查看菜单中打开。此工具栏包括等角视图、顶视图、前视图、左视图、右视图和后视图，如附图 10 所示。

(7) 图层工具栏

图层工具栏提供了显示当前图层、了解选中实体所在的图层、改变实体的图层分配、开启图层管理器等常用的图层操作，如附图 11 所示。

附图 10 视图工具栏

附图 11 图层工具栏

(8) 阴影工具栏

阴影工具栏提供简洁的控制阴影的方法，包括阴影对话框、阴影显示切换以及太阳光在不同日期和时间中的控制，如附图 12 所示。

(9) 剖切工具栏

剖切工具栏可以很方便地执行常用的剖面操作，包括添加剖面、显示或隐藏剖切和显示或隐藏剖面，如附图 13 所示。

附图 12　阴影工具栏

附图 13　剖切工具栏

(10) 地形工具栏

地形工具栏为 SketchUp 新增工具,常用于地形方面的制作,包括等高线生成地形、网格生成地形、挤压、印贴、悬置、栅格细分和边线凹凸,如附图 14 所示。

附图 14　地形工具栏

(11) 动态组件

动态组件为 SketchUp 新增工具,常用于制作动态互交组件方面,包括与动态组件互交、组件设置和组件属性,如附图 15 所示。

(12) Google 工具栏

Google 工具栏为 SketchUp 软件被 Google 公司收购以后新增的工具,可以使 SketchUp 软件与 Google 旗下的软件进行紧密协作,如附图 16 所示。

附图 15　动态组件

附图 16　Google 工具栏

8. 填充工具

填充工具用于给模型中的实体分配材质(颜色和贴图)。可以给单个元素上色,填充一组相连的表面,或者置换模型中的某种材质。

(1) 应用材质

激活填充工具。自动打开材质浏览器。材质面板可以游离或吸附于绘图窗口的任意位置。当前激活的材质显示在面板的左上角。"X"表示当前材质是默认材质。

选中标签中的材质样本就可以改变当前材质。"材质库"标签显示的是保存在材质库中的材质,可以在下拉框中选择材质库。"模型中"标签显示的是当前模型中的材质。

在面板中选好需要的材质后,移动鼠标到绘图窗口中,光标显示为一个油漆桶,在要上色的物体元素上单击就可赋予材质。如果先用选择工具选中多个物体,则可以同时给所有选中的物体上色。

(2) 填充的修改快捷键

利用 Ctrl、Shift、Alt 修改键,填充工具可以快速地给多个表面同时分配材质。这些修改键可以加快设计方案的材质推敲过程。

① 单个填充

填充工具会给单击的单个边线或表面赋予材质。如果先用选择工具选中多个物体,则可以同时给所有选中的物体上色。

② 邻接填充(Ctrl)

填充一个表面时按住 Ctrl 键,会同时填充与所选表面相邻接并且使用相同材质的所有表面,如附图 17 所示。

如果先用选择工具选中多个物体,则邻接填充操作会被限制在选集之内。

③ 替换材质(Shift)

填充一个表面时按住 Shift 键,会用当前材质替换所选表面的材质,模型中所有使用该材质的物体都会同时改变材质,如附图 18 所示。

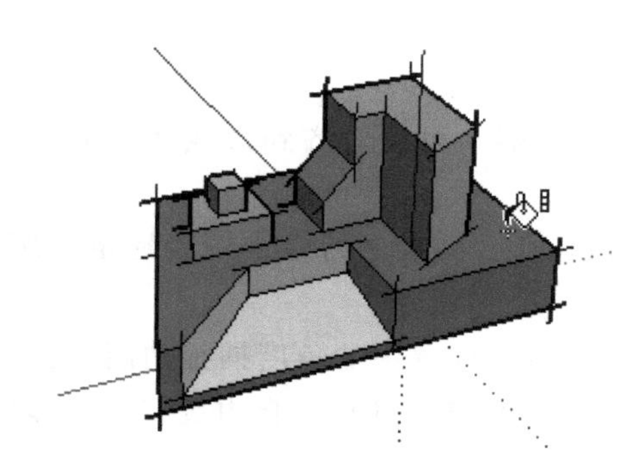

附图 17 邻接填充

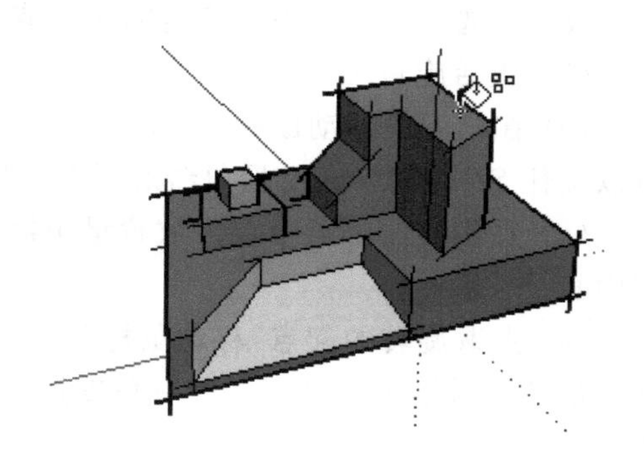

附图 18 替换材质

如果先用选择工具选中多个物体,则替换材质操作会被限制在选集之内。

④ 邻接替换(Ctrl+Shift)

填充一个表面时同时按住 Ctrl 和 Shift 键,就会实现上述两种的组合效果。填充工具会替换所选表面的材质,但替换的对象限制在与所选表面有物理连接的几何体中。

如果先用选择工具选中多个物体,则邻接替换操作会被限制在选集之内。

⑤ 提取材质(Alt)

激活填充工具时,按住 Alt 键,再单击模型中的实体,就能提取该实体的材质,如附图 19 所示。

提取的材质会被设置为当前材质。然后就可以用这个材质来填充了。

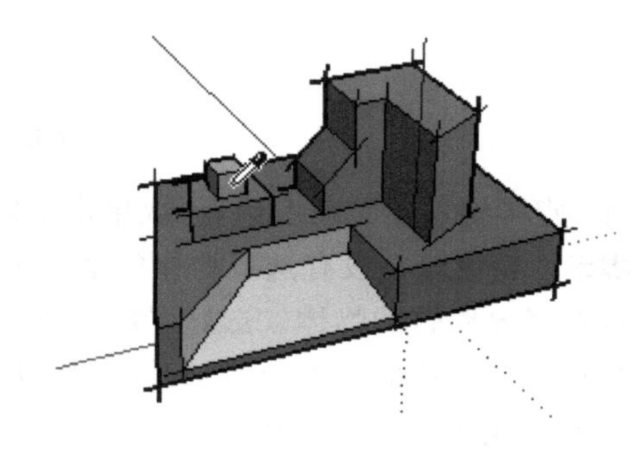

附图 19 提取材质

(3) 给组或组件上色

当给组或组件上色时,是将材质赋予整个组或组件,而不是内部的元素。组或组件中所有分配了默认材质的元素都会继承赋予组件的材质。而那些分配了特定材质的元素(例如下面卡车的挡风玻璃、缓冲器和轮胎)则会保留原来的材质不变,如附图 20 所示。

将组或组件分解后,使用默认材质的元素的材质就会固定下来。

9. 旋转工具

可以在同一旋转平面上旋转物体中的元素,也可以旋转单个或多个物体。如果是旋转某个物体的一部分,则旋转工具可以将该物体拉伸或扭曲。

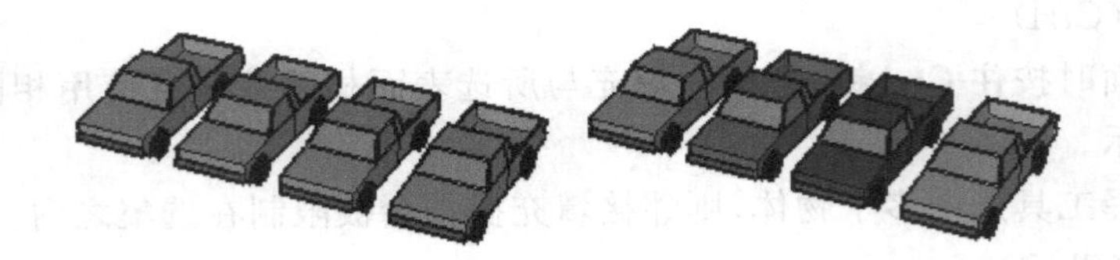

附图 20　给组或组件上色

(1) 旋转几何体

(a) 用选择工具选中要旋转的元素或物体。

(b) 激活旋转工具。

(c) 在模型中移动鼠标时,光标处会出现一个旋转“量角器”,可以对齐到边线和表面上。可以按住 Shift 键来锁定量角器的平面定位。

(d) 在旋转的轴点上单击放置量角器。可以利用 SketchUp 的参考特性来精确地定位旋转中心。

(e) 点取旋转的起点,移动鼠标开始旋转。如果开启了参数设置中的角度捕捉功能,会发现在量角器范围内移动鼠标时有角度捕捉的效果,光标远离量角器时就可以自由旋转了,如附图 21 所示。

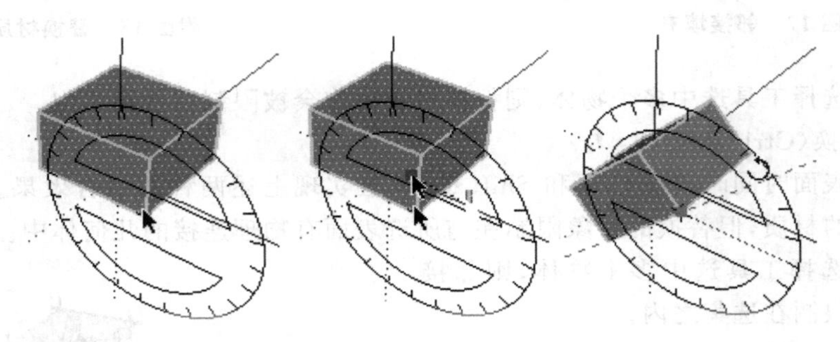

附图 21　旋转效果

(f) 旋转到需要的角度后,再次单击确定。可以输入精确的角度和环形阵列值。

提示:也可以在没有选择物体的情况下激活旋转工具。此时,旋转工具按钮显示为灰色,并提示选择要旋转的物体。选好以后,可以按 Esc 键或旋转工具按钮重新激活旋转工具。

当只选择物体的一部分时,旋转工具也可以用来拉伸几何体。如果旋转会导致一个表面被扭曲或变成非平面时,将激活 SketchUp 的自动折叠功能,如附图 22 所示。

附图 22　自动折叠效果

（2）旋转复制

和移动工具一样，旋转前按住Ctrl键可以开始旋转复制。

（3）利用多重复制创建环形阵列

用旋转工具复制好一个副本后，还可以用多重复制来创建环形阵列。和线性阵列一样，可以在数值控制框中输入复制份数或等分数。例如，旋转复制后输入“5x”表示复制5份，效果如附图23所示。

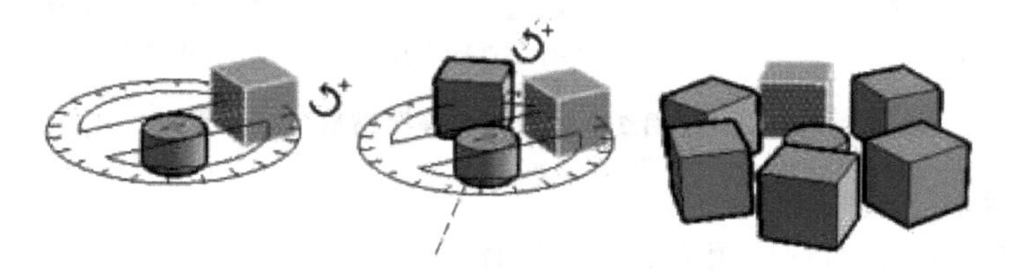

附图23　复制创建环形阵列

使用等分符号“5/”，也可以复制5份，但它们将等分原物体和第一个副本之间的旋转角度。在进行其他操作之前，可以持续输入复制的份数以及复制的角度。

10. 缩　放

（1）Ctrl键：中心缩放

夹点缩放的默认行为是以所选夹点的对角夹点作为缩放的基点。但是可以在缩放时按住Ctrl键来进行中心缩放，如附图24所示。

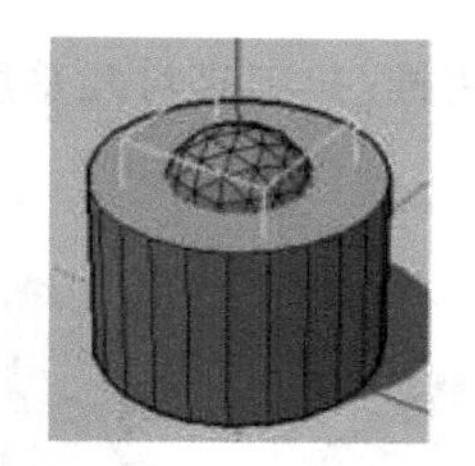

(a) 开始缩放

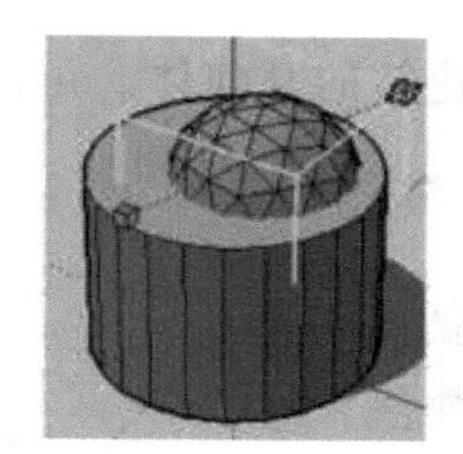

(b) 默认行为

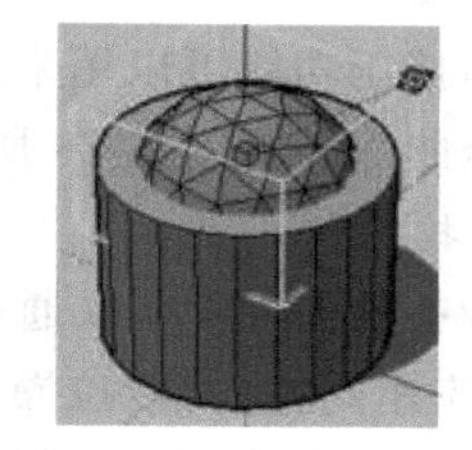

(c) 用Ctrl键锁定为中心缩放

附图24　中心缩放

（2）Shift键：等比/非等比缩放

Shift键可以切换等比缩放。虽然在推敲形体的比例关系时，边线和表面上夹点的非等比缩放功能是很有用的。但有时保持几何体的等比例缩放也是很有必要的。

在非等比缩放操作中，可以按住Shift键，这时就会对整个几何体进行等比缩放而不是拉伸变形，如附图25所示。

同样地，在使用对角夹点进行等比缩放时，可以按住Shift键切换到非等比缩放。

（3）Ctrl＋Shift

同时按住Ctrl键和Shift键，可以切换到所选几何体的等比/非等比的中心缩放。

11. 推/拉工具

推/拉工具可以用来扭曲和调整模型中的表面。可以用来移动、挤压、结合和减去表面。不管是进行体块研究还是精确建模，都是非常有用的。

注意：推/拉工具只能作用于表面，因此不能在线框显示模式下工作。

(a) 小　树

(b) 操作顶面的夹点

(c) 用Shift键锁定为等比例

附图 25　等比/非等比缩放

(1) 使用推/拉

激活推/拉工具后，有两种使用方法可以选择：

(a) 在表面上按住鼠标左键拖曳、松开。

(b) 在表面上单击，移动鼠标，再单击确定。

根据几何体的不同，SketchUp 会进行相应的几何变换，包括移动、挤压或挖空。推/拉工具可以完全配合 SketchUp 的捕捉参考进行使用。

推/拉值会在数值控制框中显示。可以在推拉的过程中或推拉之后，输入精确的推拉值进行修改。在进行其他操作之前可以一直更新数值。也可以输入负值，表示往当前的反方向推/拉。

(2) 用推/拉来挤压表面

推/拉工具的挤压功能可以用来创建新的几何体。可以用推/拉工具对几乎所有的表面进行挤压(不能挤压曲面)，如附图 26 所示。

(3) 重复推/拉操作

完成一个推/拉操作后，可以通过鼠标双击对其他物体自动应用同样的推/拉操作数值。

注意：在地面(红色/绿色面)创造出一个一个面时，SketchUp 中将把这个面视为该建筑物的地面。这个面的前方(绿色)指向下面，后面(紫色)指向上面。因此，朝上(沿蓝轴)拉一个面(绿色)时，实际上是从这个面的后面向上拉，蓝色的面会被临时指派成“地面下”方向。此项操作后，双击会重复此项操作或者回到开始操作的那个面。

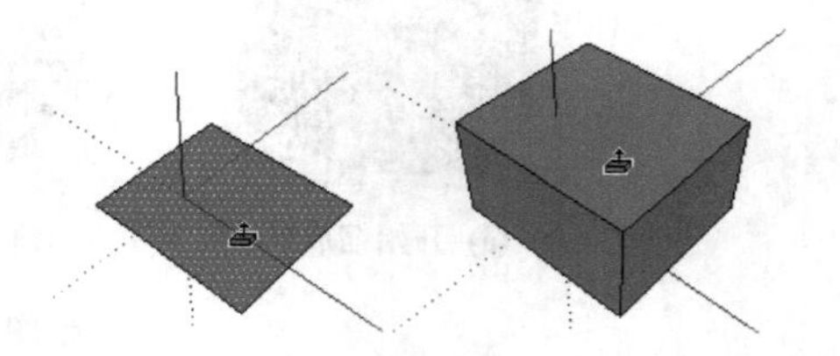
附图 26　推/拉挤压表面

(4) 用推/拉来挖空

如果在一面墙或一个长方体上画了一个闭合形体，则用推/拉工具往实体内部推拉，可以挖出凹洞，如果前后表面相互平行，则可以将其完全挖空，SketchUp 会减去挖掉的部分，重新整理三维物体，从而挖出一个空洞，如附图 27 所示。

(5) 使用推/拉工具垂直移动表面

使用推/拉工具时，可以按住 Ctrl 键强制表面在垂直方向上移动。这样可以使物体变形，或者避免不需要的挤压。同时，会屏蔽自动折叠功能，如附图 28 所示。

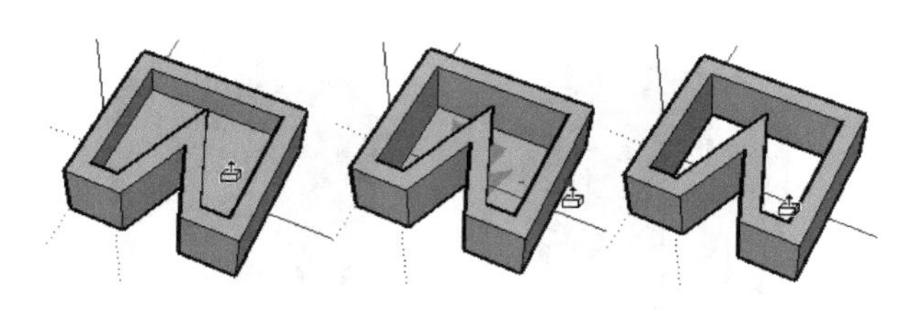

附图 27　推/拉挖空

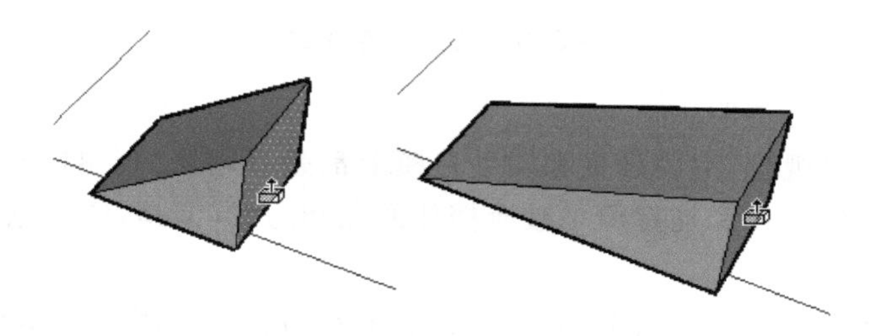

附图 28　推/拉工具垂直移动表面

12. 渲染工具

(1) 线框模式

线框模式以一系列的线条来显示模型。所有的表面都被隐藏,将不能使用那些基于表面的工具,如推/拉工具。

(2) 消隐线模式

消隐线模式以边线和表面的集合来显示模型,但是没有着色和贴图。这在打印输出黑白图像进行传统编辑时很有用,可以在图纸上进行手工描绘,如附图 29 所示。

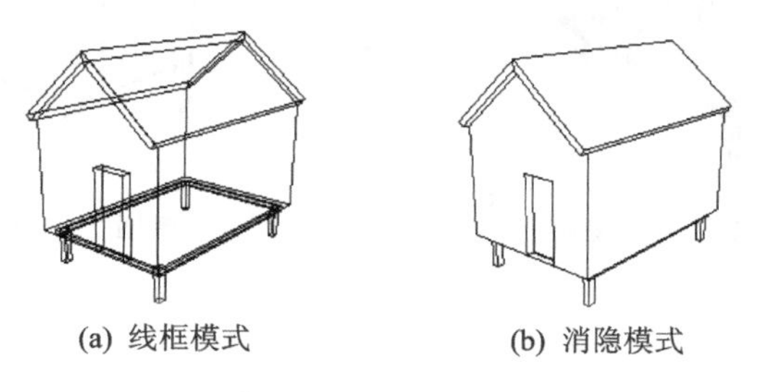

(a) 线框模式　(b) 消隐模式

附图 29　消隐线模式

(3) 着色模式

在着色模式下,模型表面被着色,并反映光源。赋予表面的颜色将显示出来(在 SketchUp 中,表面的正反两面可以赋予不同的颜色和材质),如果表面没有赋予颜色,将显示默认颜色(在参数设置的颜色标签中指定)。

(4) 贴图着色模式

在贴图着色模式下,赋予模型的贴图材质将显示出来。因为渲染贴图会减慢显示刷新的速度,应该经常切换到着色模式,在进行最后渲染时才切换到贴图着色模式,如附图 30 所示。

(5) X 光透视模式

X 光透视模式可以和其他显示模式结合使用(线框模式除外,它已经是透明的了)。该模

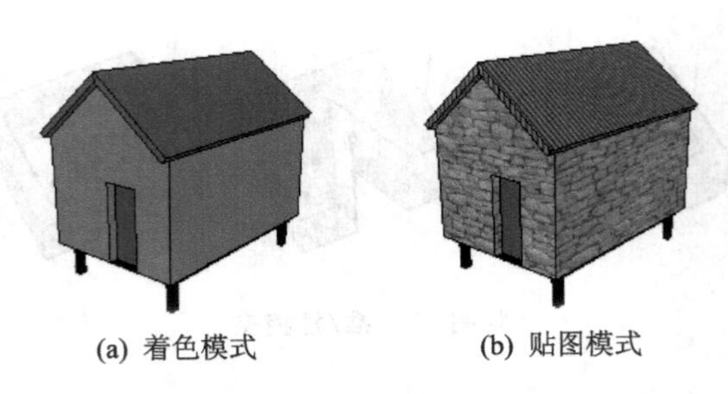
(a) 着色模式　　(b) 贴图模式

附图 30　贴图着色模式

式让所有的可见表面变得透明。

X 光透视模式在可视化/渲染设置和辅助建模上都是有用处的。打开 X 光透视模式进行建模，就可以轻易看到、选择和捕捉原来被遮挡住的点和边线（但是，要注意被遮挡住的表面是无法选择的）。

遗憾的是，"表面"阴影在 X 光透视模式下是无效的。地面阴影显示也只有打开后才可见。请注意 X 光透视模式不同于透明材质。

(6) 单色模式

在单色模式下，模型就像是线和面的集合体，就像消隐线模式。但是，单色模式提供默认的投影，这样，把面从前面转到后面，然后就可以显示投影，如附图 31 和附图 32 所示。

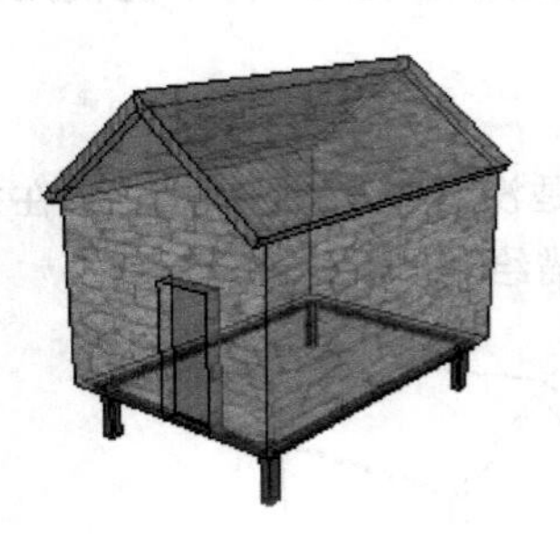

附图 31　X 光透视模式

附图 32　单色模式

参考文献

[1] 王卫卫.太阳能光伏发电系统项目教程[M].北京：机械工业出版社，2016.

[2] 詹新生，吉智，等.光伏发电工程技术[M].北京：机械工业出版社，2014.

[3] 李钟实.太阳能光伏组件生产制造工程技术[M].北京：人民邮电出版社，2012.

[4] 何道清，何涛，等.太阳能光伏发电系统原理及应用技术[M].北京：化学工业出版社，2012.

[5] 李钟实.太阳能光伏发电系统设计施工与应用[M].北京：人民邮电出版社，2012.

[6] 张春朋，姜齐荣.太阳能光伏发电系统[M].北京：机械工业出版社，2011.

[7] 赵书安.太阳能光伏发电及应用技术[M].南京：东南大学出版社，2010.

[8] 周志敏，纪爱华.太阳能光伏发电系统设计与应用实例[M].北京：电子工业出版社，2010.

[9] 杨金焕，于化丛，葛亮.太阳能光伏发电及应用技术[M].北京：电子工业出版社，2009.